U0394293

项目案例开发超详细攻略

——GUI开发、网络爬虫、Web开发、数据分析与可视化、机器学习

吕云翔 姚泽良 张扬 姜峤 孔子乔 等 ◎ 编著

清華大學出版社

北京

内容简介

本书完全为零基础的初学者量身定制，结合大量实例介绍了 Python 的基本语法、编码规范和一些编程思想。

本书第 1～6 章为 Python 语言基础，主要介绍 Python 的基本用法；第 7～11 章介绍一些 Python 的实际应用。其中，第 7 章介绍如何用 Python 进行 GUI 开发；第 8 章介绍如何用 Python 进行网络爬虫；第 9 章介绍如何用 Python 进行 Web 开发；第 10 章介绍如何使用 Python 进行数据分析和可视化处理；第 11 章介绍如何使用 Python 实现常见机器学习算法。

本书既可以作为高等院校计算机与软件相关专业的教材，也可以作为软件从业人员、计算机爱好者的学习指导用书。

图书在版编目(CIP)数据

Python 项目案例开发超详细攻略：GUI 开发、网络爬虫、Web 开发、数据分析与可视化、机器学习/吕云翔等编著. —北京：清华大学出版社，2021.1（2022.2重印）
（清华开发者书库・Python）
ISBN 978-7-302-57187-2

Ⅰ.①P… Ⅱ.①吕… Ⅲ.①软件工具－程序设计－高等学校－教材 Ⅳ.①TP311.561

中国版本图书馆 CIP 数据核字(2020)第 260223 号

责任编辑：赵 凯
封面设计：刘 键
责任校对：徐俊伟
责任印制：沈 露

出版发行：清华大学出版社
网 址：http://www.tup.com.cn，http://www.wqbook.com
地 址：北京清华大学学研大厦 A 座 **邮 编**：100084
社 总 机：010-62770175 **邮 购**：010-83470235
投稿与读者服务：010-62776969，c-service@tup.tsinghua.edu.cn
质量反馈：010-62772015，zhiliang@tup.tsinghua.edu.cn
课件下载：http://www.tup.com.cn，010-83470236
印 装 者：三河市天利华印刷装订有限公司
经 销：全国新华书店
开 本：185mm×260mm **印 张**：20.25 **插 页**：1 **字 数**：492 千字
版 次：2021 年 3 月第 1 版 **印 次**：2022 年 2 月第 2 次印刷
印 数：2001～3000
定 价：79.00 元

产品编号：089016-01

其他参编人员

袁劭涵　张　凡　陈　唯

仇善召　杨　光　高允初

张　元　狄尚哲　巩孝刚

前言

Python 语言是一种解释型、支持面向对象特性的、动态数据类型的高级程序设计语言。自 20 世纪 90 年代 Python 公开发布以来，经过几十年的发展，Python 以其语法简洁而高效、类库丰富而强大，适合快速开发等优势，成为当下最流行的脚本语言之一，也广泛应用到了统计分析、计算可视化、图像工程、网站开发等许多专业领域。

相比于 C++、Java 等语言来说，Python 语言更加易于学习和掌握，并且利用其大量的内置函数与丰富的扩展库来快速实现许多复杂的功能。在 Python 语言的学习过程中，仍然需要通过不断地练习与体会来熟悉 Python 的编程模式，尽量不要将其他语言的编程风格用在 Python 上，而要从自然、简洁的角度出发，以免设计出荣昌而低效率的 Python 程序。

Python 作为一种高级动态编程语言，在大数据时代越来越受人们青睐。Python 独特的魅力和丰富的功能使其几乎可以应用于任何行业，这也是越来越多的非计算机专业学生选择 Python 作为入门编程语言的原因。

本书首先讲解了 Python 编程的基础，然后选取了 Python 几个热门的应用方向做了深入介绍，并且提供了相关案例，适合初学者系统地学习 Python。

本书具有以下特点：

(1) 非常适合初学者。本书针对的是没有学过编程的初学者，内容不但简单明了，而且会将繁杂的概念说明减至最少，从而专注于通过实践去理解。

(2) 基于实践的理论学习。很多人学习编程的时候存在一个误区，认为书看懂了就掌握了，结果一动手就大脑空白。正如 Linux 的创始人 Linus Torvalds 所说的"Talk is cheap, show me the code"。在本书的讲解中，实践贯穿始终，促使初学者去动手练习，在书写代码中掌握知识。

(3) 习题设计。小练习和实践可以帮助初学者将所学的知识融会贯通，并且激发其探索编程领域中其他知识的欲望。

(4) 丰富的案例。从第 7 章开始，每章都有两个案例供读者借鉴学习。这些案例能够帮助初学者在实际应用中掌握编程知识，熟悉编程技巧，为掌握更高层阶的编程技能做一个良好过渡。

(5) 良好的实用性。本书考虑了非计算机专业学生对 Python 学习的需求，为此专门设计了一些内容，使 Python 真正可以成为学习工作中的利器。

本书的作者为吕云翔、姚泽良、张扬、姜峤、孔子乔、袁劭涵、张凡、陈唯、仇善召、杨光、高允初、张元、狄尚哲、巩孝刚，曾洪立参与了部分内容的编写并进行了素材整理及配套资源制作等工作。

由于作者水平有限，本书难免会有疏漏和错误之处，恳请各位同仁和广大读者批评指正，也希望各位能将实践过程中的经验和心得与我们交流。

编　者

2021 年 1 月

目录

习题答案

课件下载

第 1 章

Python 入门知识

工欲善其事,必先利其器,这一章主要介绍 Python 的安装及相关编程工具的使用。此外,还涉及 Python 编程的规范,这些规范会伴随着整个学习过程,需要在实践中体会制定这些规范背后的原因。

1.1 欢迎来到 Python 的世界

Python 是什么?

Python 是一门语言,但是这门语言跟现在印在书上的中文、英文这些自然语言不太一样,它是为了跟计算机“对话”而设计的,所以相对来说 Python 作为一门语言更加结构化,表意更加清晰简洁。

但是别忘了,在异国的时候是需要一名翻译员来把你的语言翻译成当地语言才能沟通的,想在计算机的国度里用 Python 和系统沟通,也需要一个“解释器”来充当翻译员的角色,在后面的章节中我们就可以看到怎么请来这个翻译员。

Python 是一个工具。工具是让完成某件特定的工作更加简单高效的一类介质,例如中性笔可以让书写更加简单,鼠标可以让计算机操作更加高效。Python 也是一种工具,它可以帮助我们完成计算机日常操作中繁杂重复的工作,例如把文件批量按照特定需求重命名,再例如去掉手机通讯录中重复的联系人,或者把工作中的数据统一计算一下等,Python 都可以把我们从无聊重复的操作中解放出来。

Python 是一瓶胶水。胶水是用来把两种物质粘连起来的物品,但是胶水本身并不关注这两种物质是什么。Python 也是一瓶这样的“胶水”,例如现在有数据在一个文件 A 中,但是需要上传到服务器 B 处理,最后存到数据库 C。这个过程就可以用 Python 轻松完成(别忘了 Python 是一个工具),而且我们并不需要关注这些过程背后系统做了多少工作,有什么指令被 CPU 执行——这一切都被放在了一个黑盒子中,只要把想实现的逻辑告诉 Python 就够了。

1.2 Python 开发环境的搭建与使用

在 1.2.1 节会介绍在主流操作系统上如何获取 Python，在 1.2.2～1.2.5 节会介绍一些帮助我们更有效率地使用 Python 的工具。

1.2.1 获取 Python

在开始探索 Python 的世界之前，我们首先需要在自己的机器上安装 Python。值得高兴的是，Python 不仅免费、开源，而且坚持轻量级，安装过程并不复杂。如果使用的是 Linux 系统，可能已经内置了 Python（虽然版本有可能是较旧的）；使用苹果电脑（macOS 系统）的话，一般也已经安装了命令行版本的 Python 2.x。在 Linux 或 macOS 系统上检测 Python 3 是否安装的最简单办法是使用终端命令，在 terminal 应用中输入 Python 3 命令并回车执行，观察是否有对应的提示出现。至于 Microsoft Windows 系统，在目前最新的 Windows 10 版本上也并没有内置 Python，因此我们必须手动安装。

1. 在 Windows 上安装

访问 Python.org/download/并下载与计算机架构对应的 Python 3 安装程序，一般而言只要有新版本，就应该选择最新的版本。这里需要注意的是选择对应架构的版本，需要首先弄清楚自己的系统是 32 位还是 64 位的，如图 1-1 所示。

Windows x86-64 embeddable zip file	Windows	for AMD64/EM64T/x64	04cc4f6f6a14ba74f6ae1a8b685ec471	7190516	SIG
Windows x86-64 executable installer	Windows	for AMD64/EM64T/x64	9e96c934f5d16399f860812b4ac7002b	31776112	SIG
Windows x86-64 web-based installer	Windows	for AMD64/EM64T/x64	640736a3894022d30f7babff77391d6b	1320112	SIG
Windows x86 embeddable zip file	Windows		b0b099a4fa479fb37880c15f2b2f4f34	6429369	SIG
Windows x86 executable installer	Windows		2bb6ad2ecca6088171ef923bca483f02	30735232	SIG
Windows x86 web-based installer	Windows		596667cb91a9fb20e6f4f153f3a213a5	1294096	SIG

图 1-1　Python.org/download 页面（部分）

根据安装程序的导引，一步步进行就能完成整个安装。如果最终看到类似图 1-2 这样的提示，就说明安装成功。

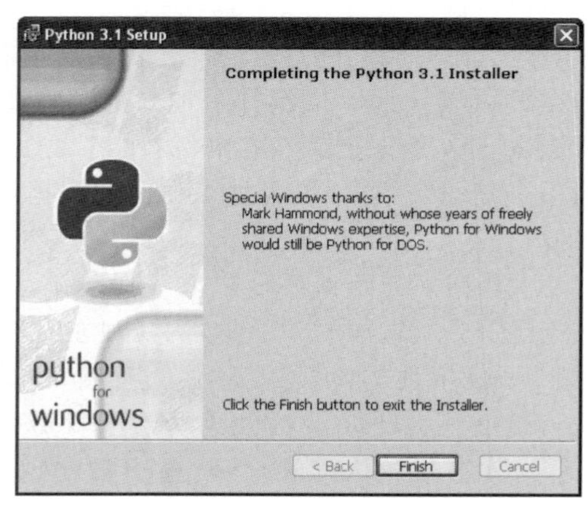

图 1-2　Python 安装成功的提示

这时检查我们的“开始”菜单，就能看到 Python 应用程序，见图 1-3，其中有一个 IDLE (Integrated Development Environment，集成开发环境）程序，可以单击此项目开始在交互式窗口中使用 Python Shell，如图 1-4 所示。

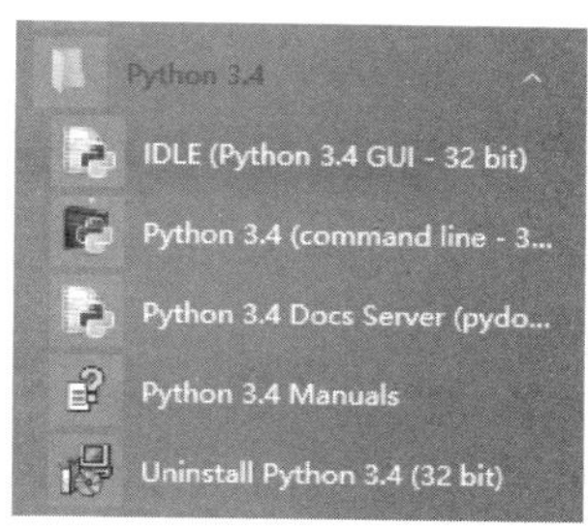

图 1-3　安装完成后的“开始”菜单

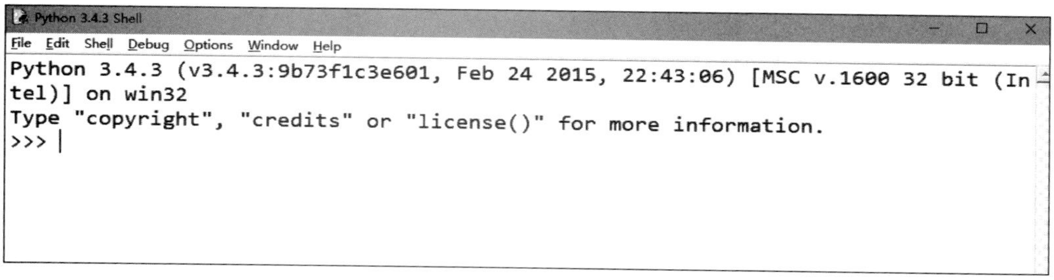

Python 3.4.3 Shell

File　Edit　Shell　Debug　Options　Window　Help

```
Python 3.4.3 (v3.4.3:9b73f1c3e601, Feb 24 2015, 22:43:06) [MSC v.1600 32 bit (In
tel)] on win32
Type "copyright", "credits" or "license()" for more information.
>>> 
```

图 1-4　IDLE 的界面

2. 在 Ubuntu 和 macOS 上安装

Ubuntu 是诸多 Linux 发行版中受众较多的一个系列。我们可以通过 App 中的添加应用程序进行安装，在其中搜索 Python 3，并在结果中找到对应的包，进行下载。如果安装成功，我们将在 Applications(应用程序）中找到 Python IDLE，进入 Python Shell 中。

访问 Python. org/download/并下载对应的 mac 平台安装程序，根据安装包的指示进行操作，最终将看到类似图 1-5 的成功提示。

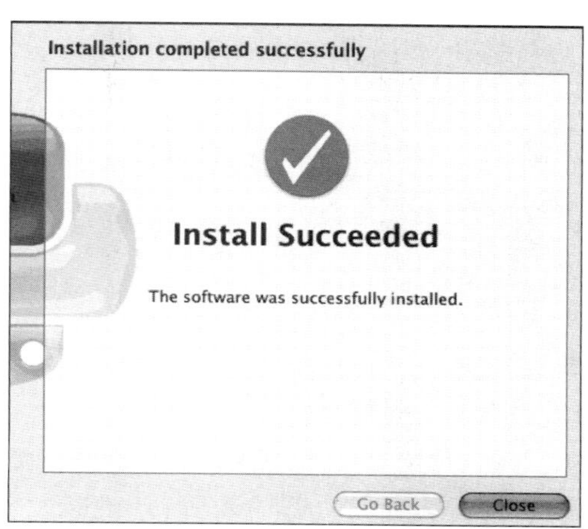

图 1-5　Mac 上的安装成功提示

关闭该窗口，并进入 Applications（或者是从 LaunchPad 页面打开）中，我们就能找到 Python Shell IDLE，启动该程序，看到的结果应该和 Windows 平台上的结果类似。

1.2.2 IDLE

前面我们提到了集成开发环境，那么什么是集成开发环境？集成开发环境是一种辅助程序开发人员开发软件的应用软件，在开发工具内部就可以辅助编写源代码文本并编译打包成为可用的程序，有些甚至可以设计图形接口。

也就是说 IDLE 的作用就是把跟写代码有关的东西全部打包在一起，方便程序员的开发。Python 在安装的时候就自带了一个简单的 IDLE，在 Windows 10 下可以通过直接搜索 IDLE 来启动，如图 1-6 所示。

对于其他的 Windows 系统，可以在开始菜单中找到 Python 的文件夹，选中 IDLE 启动。

我们马上就看到了熟悉的界面，如图 1-7 所示。

图 1-6　启动 IDLE

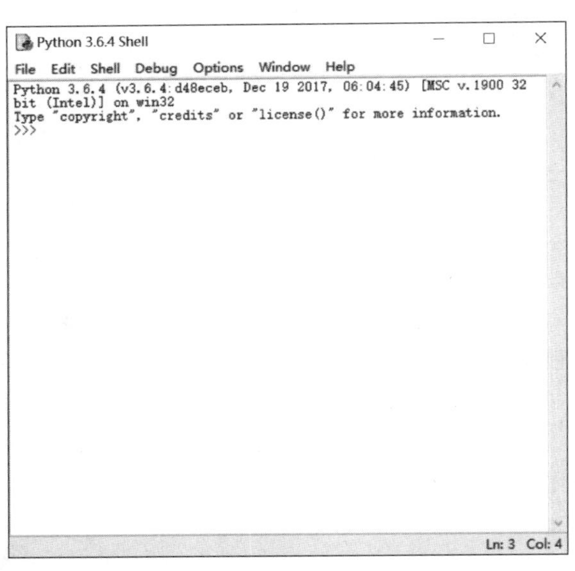

图 1-7　IDLE 启动界面

这就是所谓的集成，如果仔细观察上面的菜单栏可以看到 IDLE 还有文件编辑和调试功能。接下来通过一个简单的例子来快速熟悉一下 IDLE 的基础使用和一些 Python 的基础知识。

首先在 IDLE 中输入以下两句代码，如图 1-8 所示。

这里出现了一个没见过的名字 print 和一种不同的语法，不用担心，这里只要知道 print(...)会把括号中表达式的返回值打印到屏幕上就行了。

接下来我们选择 File→New File 建立一个新文件输入同样的两行代码，注意输入“print(”后就会出现相应的代码提示，而且全部输入后 print 也会被高亮，这就是 IDLE 的基本功能之一，如图 1-9 所示。

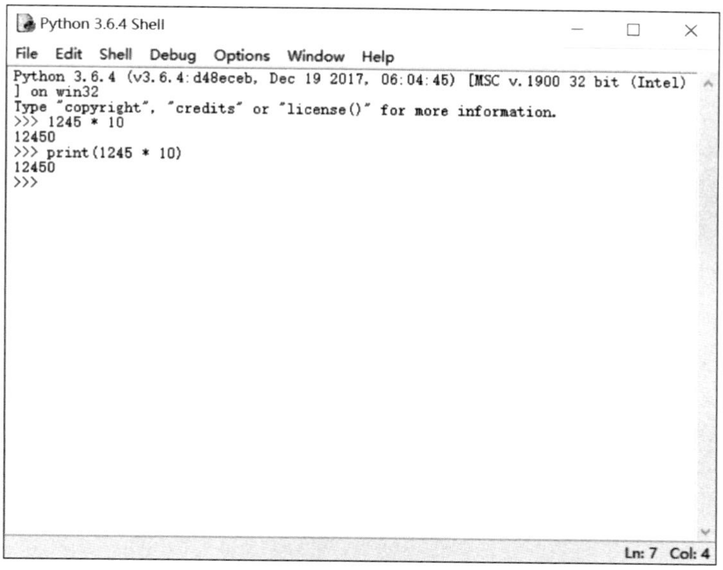

```
Python 3.6.4 Shell
File  Edit  Shell  Debug  Options  Window  Help
Python 3.6.4 (v3.6.4:d48eceb, Dec 19 2017, 06:04:45) [MSC v.1900 32 bit (Intel)
] on win32
Type "copyright", "credits" or "license()" for more information.
>>> 1245 * 10
12450
>>> print(1245 * 10)
12450
>>>
Ln: 7  Col: 4
```

图 1-8　在 IDLE 中执行代码

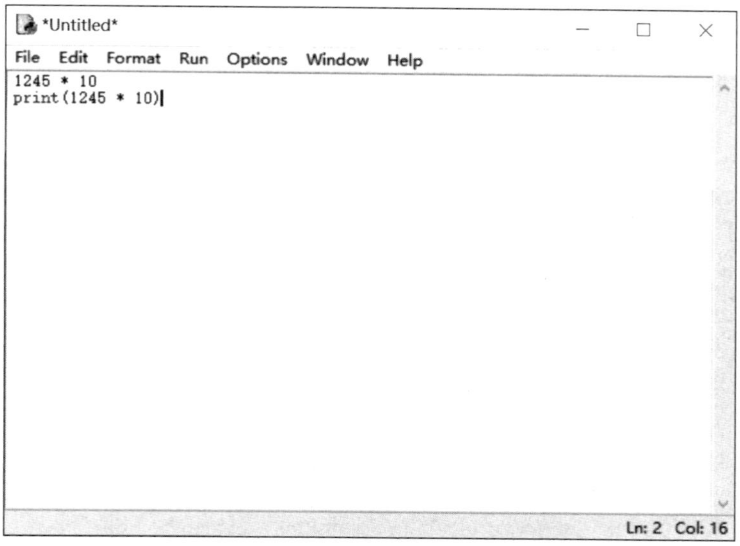

```
*Untitled*
File  Edit  Format  Run  Options  Window  Help
1245 * 10
print(1245 * 10)
Ln: 2  Col: 16
```

图 1-9　在 IDLE 中输入代码

然后选择 Run→Run Module 来运行这个脚本，这时候会提示保存文件，选择任意位置保存后再运行可以得到如图 1-10 所示的结果。

竟然只有一个 12450！那么刚才我们输入的第一句执行了吗？事实是的确执行了，因为对于 Python 脚本来说，运行一遍就相当于每句代码放到交互式解释器里去执行。

那为什么第一句的返回值没有被输出呢？因为在执行 Python 脚本的时候返回值是不会被打印的，除非用 print(...)要求把某些数值打印出来，这是 Python 脚本执行和交互式解释器的一点区别。

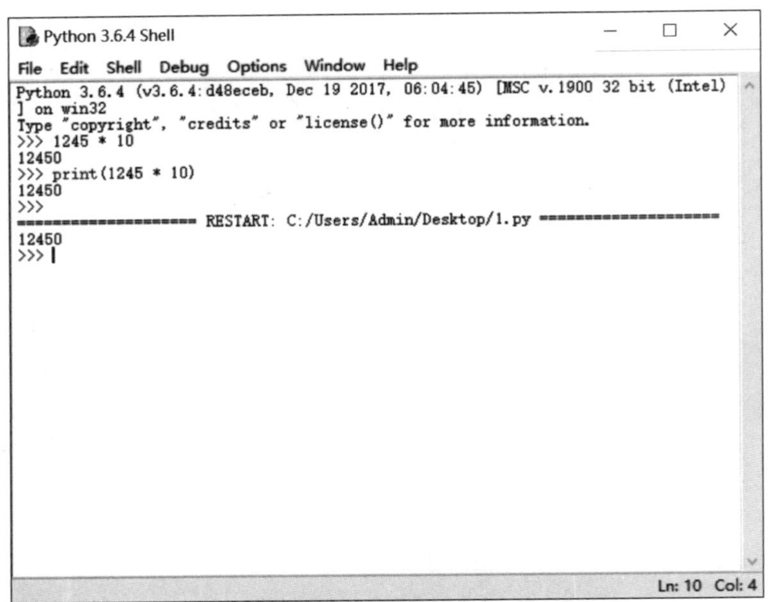

图 1-10 执行脚本

当然这个过程也可以通过命令行完成，例如保存文件的路径是 C:\Users\Admin\Desktop\1. py，我们只要在命令提示符中输入 Python C:\Users\Admin\Desktop. py\1. py 就可以执行这个 Python 脚本，这跟在 IDLE 中 Run Module 是等价的，如图 1-11 所示。

图 1-11 在命令提示符中执行

除了直接执行脚本，很多时候我们还需要去调试程序，IDLE 同样提供了调试的功能，如图 1-12 所示，我们在第二行上右击可以选择 Set Breakpoint 设置断点。

然后先选择 IDLE 主窗口的 Debug→Debugger 启动调试器，然后再在文件窗口的 Run→Run Module 运行脚本，这时候程序很快就会停在有断点的一行，如图 1-13 所示。

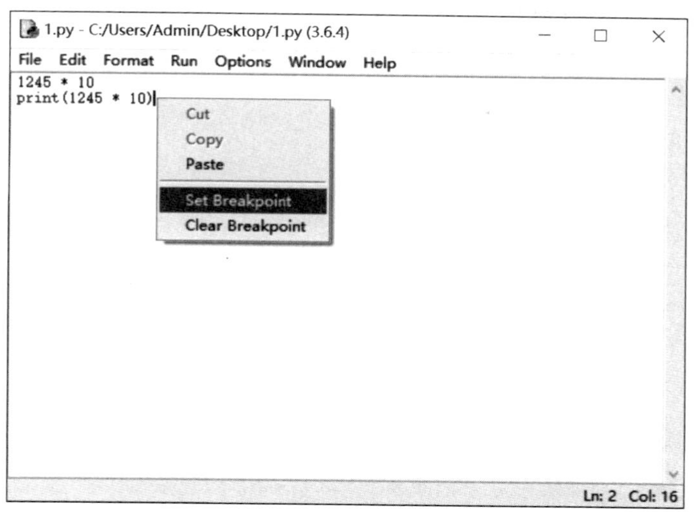

图 1-12　设置断点

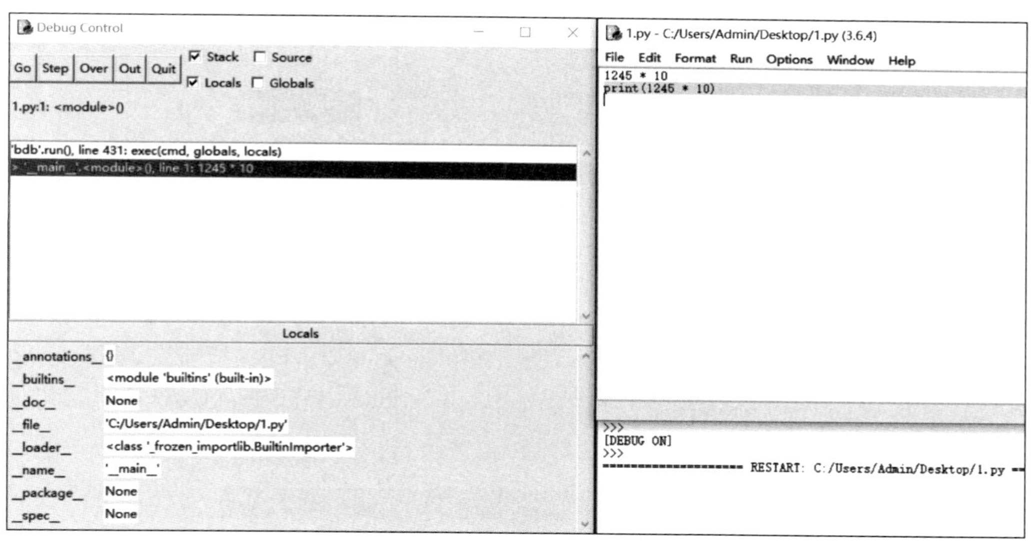

图 1-13　在第二行暂停

接下来我们可以在 Debug Control 中单击 Go 继续执行，也可以单击 Step，也可以查看调用堆栈，还可以查看各种变量数值等等。一旦代码变多变复杂，这样去调试是一种非常重要的排除程序问题的方法。

总体来说，IDLE 基本提供了一个 IDE 应该有的功能，但是其项目管理能力几乎没有，比较适合单文件的简单脚本开发。

1.2.3　Pycharm 的使用

虽然 Python 自带的 IDLE Shell 是绝大多数人对 Python 的第一印象，但如果通过 Python 语言编写程序、开发软件，它并不是唯一的工具，很多人更愿意使用一些特定的编辑器或者由第三方提供的集成开发环境软件(IDE)。借助 IDE 的力量,我们可以提高开发的效率,但对开发者而言,只有最适合自己的,没有"最好的",习惯一种工具后再接受另一种总是不容易的。这里我们简单介绍一下 PyCharm——一个由 JetBrain 公司出品的 Python 开发工具,谈谈它的安装和配置。

可以在官网中下载到该软件:

https://www.jetbrains.com/pycharm/download/#section=windows

Pycharm 支持 Windows、Mac、Linux 三大平台,并提供 Professional 和 Community Edition 两种版本选择(见图 1-14)。其中前者需要购买正版(提供免费试用),后者可以直接下载使用。前者功能更为丰富,但后者也足以满足一些普通的开发需求。

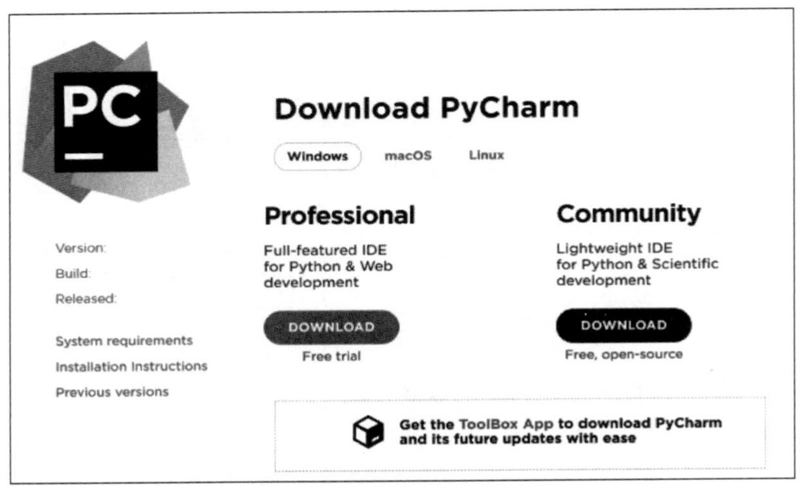

图 1-14 PyCharm 的下载页面

选择对应的平台并下载后,安装程序(见图 1-15)将会导引我们完成安装,安装完成后,从"开始"菜单中(对于 Mac 和 Linux 系统是从 Applications 中)打开 PyCharm,就可以创建自己的第一个 Python 项目(见图 1-16)。

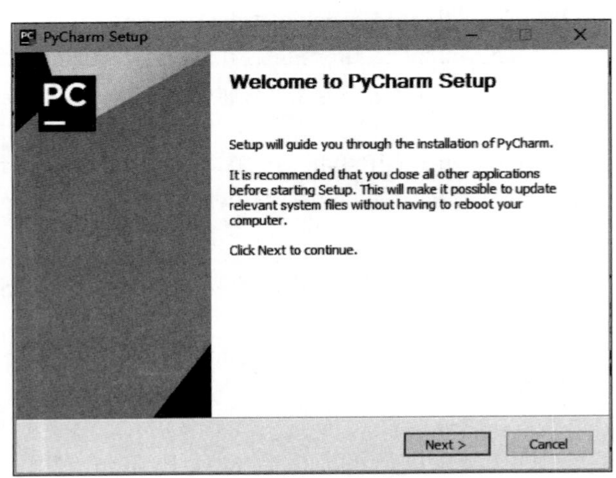

图 1-15 PyCharm 安装程序(Windows 平台)

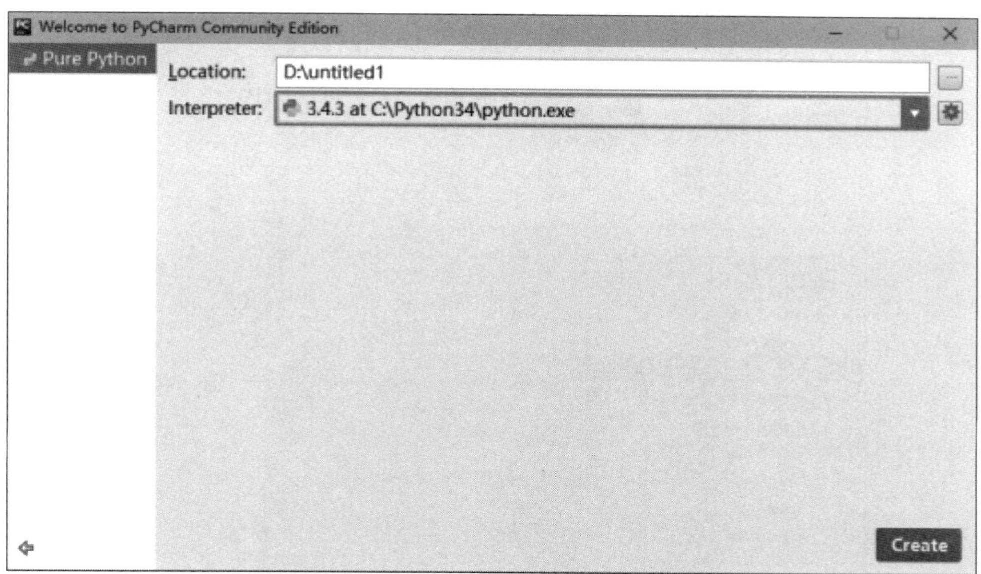

图 1-16　PyCharm 创建新项目

创建项目后，还需要进行一些基本的配置。可以在菜单栏中使用 File→Settings 打开 PyCharm 设置。

首先是修改一些 UI 上的设置，例如修改界面主题，如图 1-17 所示。

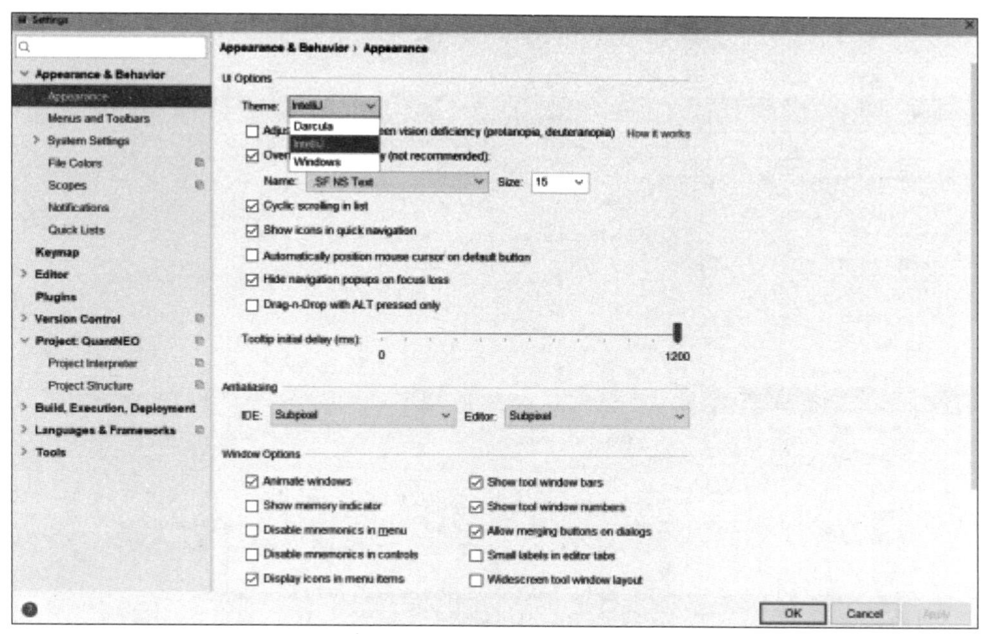

图 1-17　PyCharm 更改界面主题

在编辑界面中显示代码行号，如图 1-18 所示。

修改编辑区域中代码的字体和大小，如图 1-19 所示。

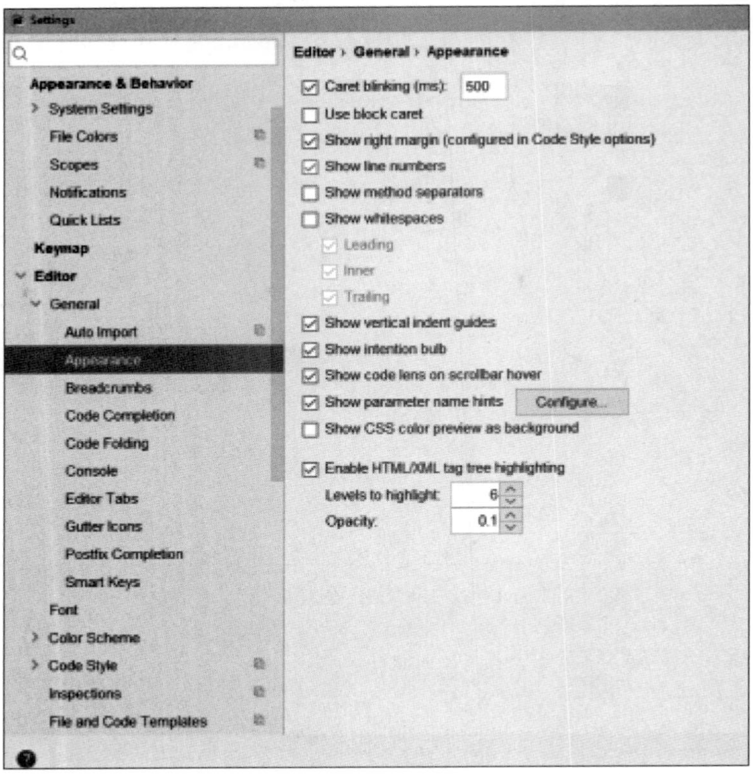

图 1-18　PyCharm 设置为显示代码行号

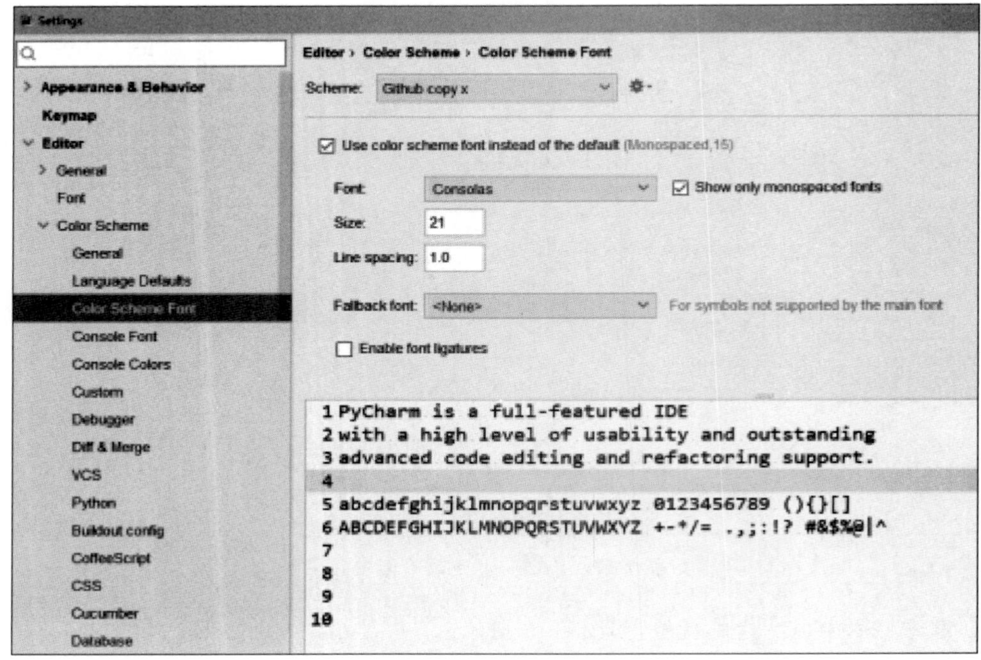

图 1-19　PyCharm 设置代码字体大小

如果是想要设置软件 UI 中的字体大小，可在 Appearance&Behavior 中修改，如图 1-20 所示。

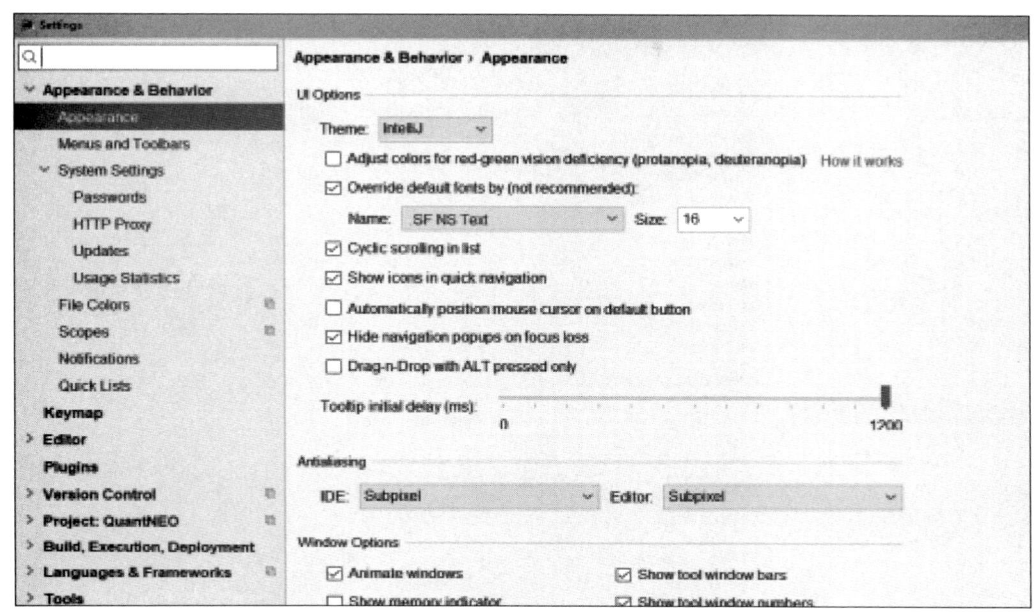

图 1-20　调整 PyCharmUI 界面的字体

在运行编写的脚本前，需要添加一个 Run/Debug 配置，主要是选择一个 Python 解释器，如图 1-21 所示。

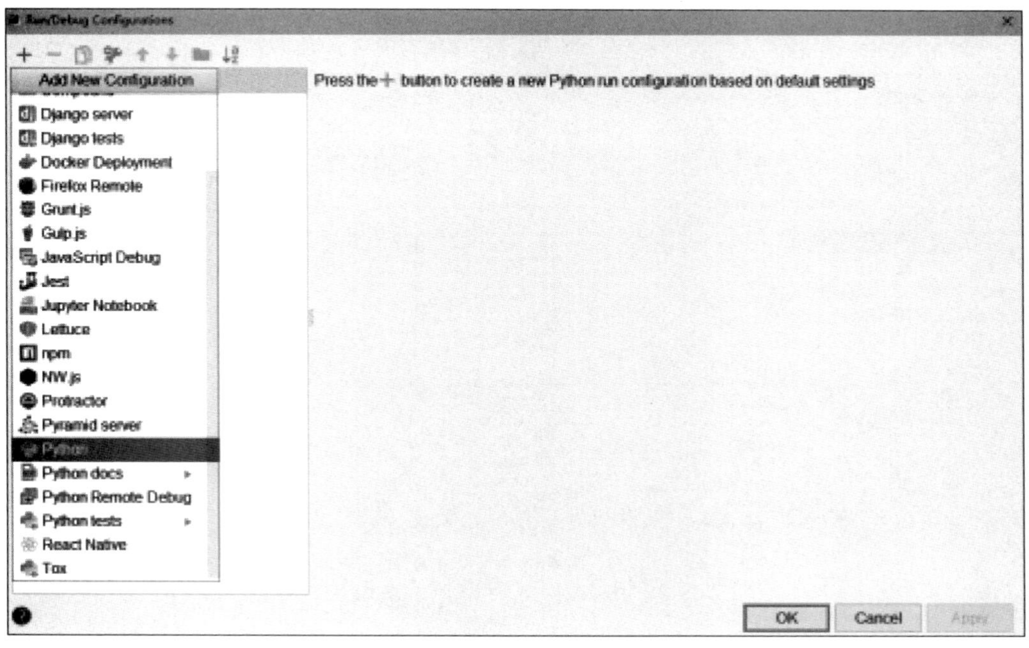

图 1-21　在 PyCharm 中添加 Python Run/Debug Configuration

还可以更改代码高亮规则,如图 1-22 所示。

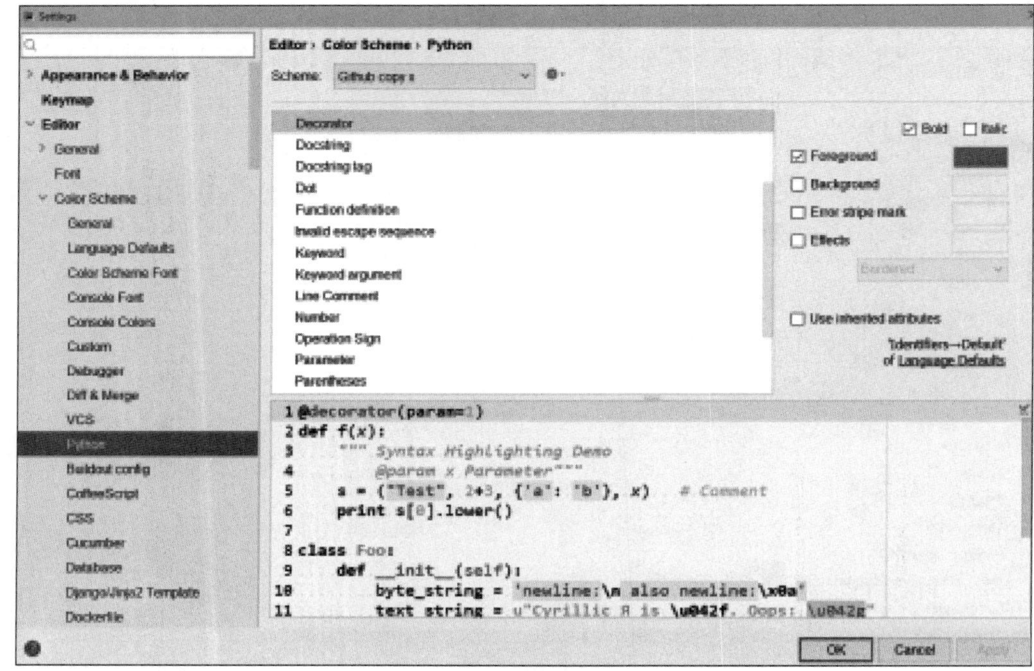

图 1-22 编辑代码高亮设置

最后,PyCharm 提供了一种便捷的包安装界面,使得不必使用 pip 或者 easyinstall 命令(两个常见的包管理命令)。在设置中找到当前的 Python Interpreter,单击右侧的"+"按钮,搜索想要安装的包名,单击安装即可,如图 1-23 所示。

Appearance & Behavior
Keymap
Editor
Plugins
Version Control
Project:
Project Interpreter
Project Structure
Build, Execution, Deployment
Languages & Frameworks
Tools

Project Interpreter:

Package	Version	Latest
Flask	0.10.1	➡ 0.12.2
Jinja2	2.8	➡ 2.10
MarkupSafe	0.23	➡ 1.0
Pillow	4.3.0	➡ 5.0.0
PyDispatcher	2.0.5	2.0.5
PyInstaller	3.2	➡ 3.3.1
Pygments	2.2.0	2.2.0
Send2Trash	1.5.0	1.5.0
SimpleCV	1.3	1.3
Twisted	16.3.2	➡ 18.4.0rc1
Werkzeug	0.11.11	➡ 0.14.1
beautifulsoup4	4.5.1	➡ 4.6.0
bleach	2.1.3	2.1.3
bs4	0.0.1	0.0.1
certifi	2017.7.27.1	➡ 2018.1.18
cffi	1.7.0	➡ 1.11.5
chardet	3.0.4	3.0.4
colorama	0.3.9	0.3.9
cryptography	1.4	➡ 2.2.2
cssselect	0.9.2	➡ 1.0.3
cycler	0.10.0	
decorator	4.2.1	4.2.1
entrypoints	0.2.3	0.2.3
future	0.16.0	0.16.0

图 1-23 Interpreter 安装的 Package

1.2.4　Jupyter Notebook

Jupyter Notebook 并不是一个 IDE 工具，正如它的名字，这是一个类似于“笔记本”的辅助工具。Jupyter 是面向编程过程的，而且由于其独特的“笔记”功能，代码和注释在这里会显得非常整齐直观。可以使用“pip install jupyter”命令来安装。在 PyCharm 中也可以通过 Interpreter 管理来安装，如图 1-24 所示。

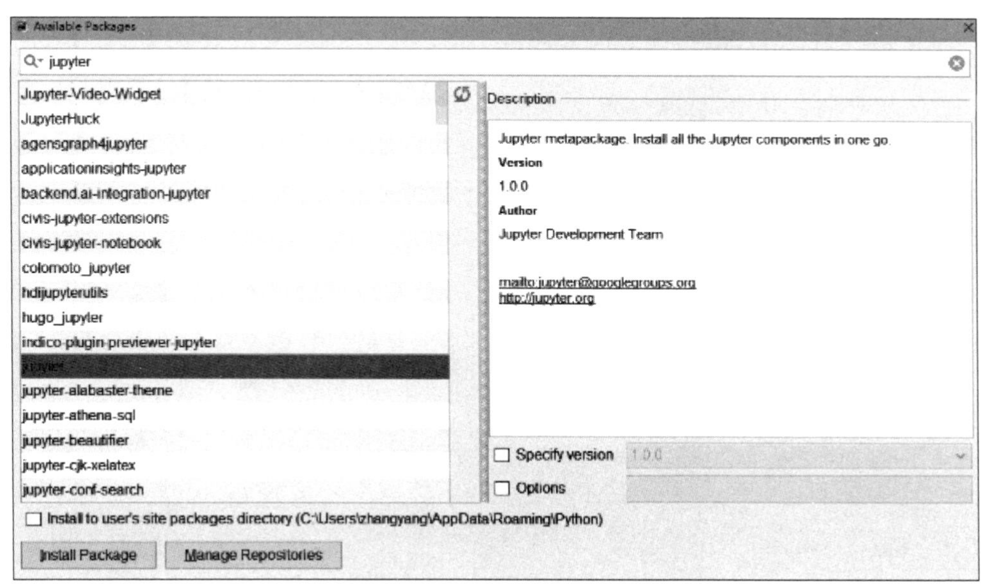

图 1-24　通过 PyCharm 安装 jupyter

在 PyCharm 中新建一个 Jupyter Notebook 文件，如图 1-25 所示。

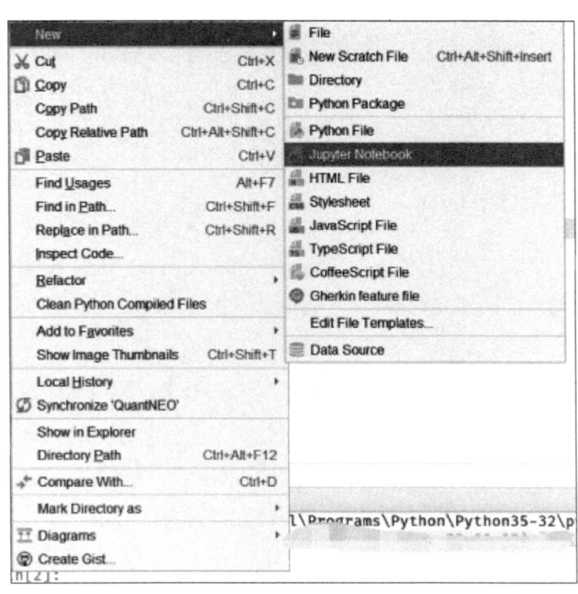

图 1-25　新建一个 Notebook 文件

单击“运行”按钮后，会要求输入 token，这里可以不输入，直接单击“Run Jupyter Notebook”，按照提示进入笔记本电脑页面，如图 1-26 所示。

```
[I 19:43:17.704 NotebookApp] Use Control-C to stop this server and shut down all kernels (twice to skip confirmation).
[C 19:43:17.711 NotebookApp]

    Copy/paste this URL into your browser when you connect for the first time,
    to login with a token:
```

图 1-26　Run Jupyter Notebook 后的提示

Notebook 文档被设计为由一系列单元(Cell)构成，主要有两种形式的单元：代码单元用于编写代码，运行代码的结果显示在本单元下方；Markdown 单元用于文本编辑，采用 Markdown 的语法规范，可以设置文本格式、插入链接、图片甚至数学公式，如图 1-27 所示。

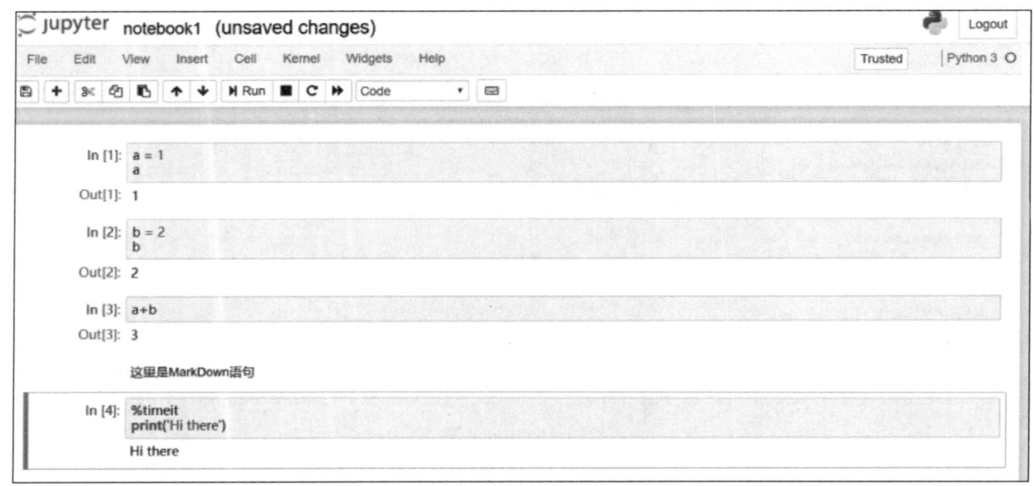

图 1-27　Notebook 的编辑页面

Jupyter Notebook 还支持插入数学公式、制作演示文稿、特殊关键字等。也正因如此，Jupyter 在创建代码演示、数据分析等方面非常受欢迎，掌握这个工具将会使学习和开发更为轻松快捷。

1.2.5　强大的包管理器 pip

包管理器是什么？如果是常年使用 Windows 的人可能闻所未闻，但是在编程领域常见的 Linux 系统生来就伴随着包管理器。它是如此的重要以至于我们要花一节去学习什么是包，以及为什么专门要用包管理器去管理它。

本章会从包和包管理器的概念和必要性出发，介绍 Python 中的包管理器 pip。

1. 包

在介绍包管理器前，先明确一个概念，什么是“包”？

我们假设有这种场景，A 写了一段代码可以连接数据库，B 现在需要写一个图书馆管理系统要用 A 这段代码提供的功能，由于代码重复向来是程序员讨厌的东西，所以 A 就可以把代码打包后给 B 使用以避免重复劳动，在这种情况下 A 打包后的代码就是一个包，同时我们也说这个包是B程序的一个依赖项。简单来说，包就是发布出来的具有一定功能的程序或代码库，它可以被别的程序使用。

2. 包管理器

包的概念看起来简单无比，只要B写代码的时候通过某种方式找到A分发的包就行了，然后B把这个包加到了自己的项目中，却无法正常使用，因为A写这个包的时候还依赖了C的包。于是B不得不再费一番周折去找C发布的包，然而却因为版本不对应仍然无法使用，B又不得不花费时间去配置依赖关系……

在真正的开发中，包的依赖关系很多时候可能会非常复杂，人工去配置不仅容易出错而且往往费时费力，在这种需求下包管理器就出现了，但是包管理器的优点可远不止这一点。

① 节省搜索时间：很多网龄稍微大一点的人可能还记得早些年百花齐放的“XXX 软件站”——相比每个软件都去官网下载，用这样软件站去集中下载软件往往可以节省搜索的时间。包管理器也是如此，所有依赖都可以通过同一个源下载，非常方便。

② 减少恶意软件：刚才其实已经提到了，在包管理器中还有一个很重要的概念是“源”，也就是所有下载的来源。一般来说只要采用可信的源，就可以完全避免恶意软件。

③ 简化安装过程：如果经常在 Windows 下使用各种各样的 Installer 的话，大部分人可能已经厌倦于单击“我同意”“下一步”“下一步”“完成”这种毫无意义的重复劳动，而包管理器可以一键完成这些操作。

④ 自动安装依赖：正如一开始所说，依赖关系是一种非常令人头疼的问题，有时候在 Windows 上运行软件弹出类似“缺少 xxx.dll，因此程序无法运行”的错误就是依赖缺失导致的，而包管理器就很好地处理了各种依赖项的安装。

⑤ 有效版本控制：在依赖关系里还有一点就是版本的问题，例如某个特定版本的包可能需要依赖另一个特定版本的包，而现在要升级这个包，依赖的包的版本该怎么处理呢？不用担心，包管理器会处理好一切。所以在编程的领域，包管理器一直是一个不可或缺的工具。

3. pip

Python 之所以优美强大，优秀的包管理功不可没，而 pip 正是集上述所有优点于一身的 Python 包管理。

但是这里有一个问题，正如我们之前看到的那样，Python 有很多版本，对应的 pip 也有很多版本，仅仅用 pip 是无法区分版本的。所以为了避免歧义，在命令行使用 pip 的时候可以用 pip3 来指定 Python 3.x 的 pip，如果同时还有多个 Python 3 版本存在的话，那么还可以进一步用 pip3.6 来指明 Python 版本，这样就解决了不同版本 pip 的问题。

我们先启动一个命令提示符，然后输入 pip3 就可以看到默认的提示信息，如图 1-28 所示。

这里对常见的几个 pip 指令进行介绍。

(1) pip3 search

pip3 search 用来搜索名字中或者描述中包含指定字符串的包，例如这里输入 pip3 search numpy，就会得到如图 1-29 所示的一个列表，其中左边一列是具体的包名和相应的最新版本,稍候安装的时候就指定这个包名,而右边一列是简单的介绍。由于 Python 的各种包都是在不断更新的,所以这里实际显示的结果可能会与书上有所不同。

```
选择命令提示符

C:\Users\Admin\Desktop>pip3

Usage:
  pip <command> [options]

Commands:
  install                     Install packages.
  download                    Download packages.
  uninstall                   Uninstall packages.
  freeze                      Output installed packages in requirements format.
  list                        List installed packages.
  show                        Show information about installed packages.
  check                       Verify installed packages have compatible dependencies.
  search                      Search PyPI for packages.
  wheel                       Build wheels from your requirements.
  hash                        Compute hashes of package archives.
  completion                  A helper command used for command completion.
  help                        Show help for commands.

General Options:
  -h, --help                  Show help.
  --isolated                  Run pip in an isolated mode, ignoring
                              environment variables and user configuration.
  -v, --verbose               Give more output. Option is additive, and can be
                              used up to 3 times.
  -V, --version               Show version and exit.
  -q, --quiet                 Give less output. Option is additive, and can be
                              used up to 3 times (corresponding to WARNING,
                              ERROR, and CRITICAL logging levels).
```

图 1-28　直接输入 pip3

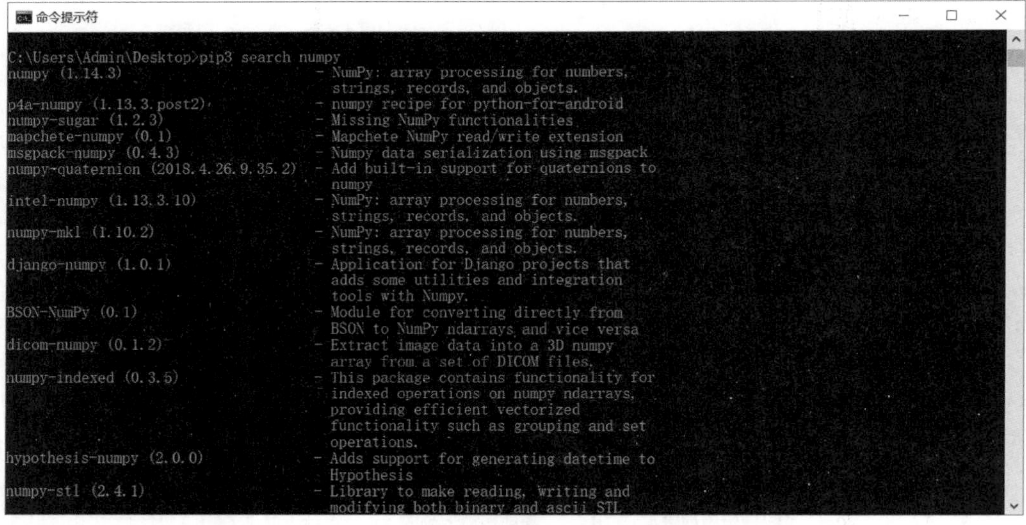

```
命令提示符

C:\Users\Admin\Desktop>pip3 search numpy
numpy (1.14.3)                        - NumPy: array processing for numbers,
                                        strings, records, and objects.
p4a-numpy (1.13.3.post2)              - numpy recipe for python-for-android
numpy-sugar (1.2.3)                   - Missing NumPy functionalities
mapchete-numpy (0.1)                  - Mapchete NumPy read/write extension
msgpack-numpy (0.4.3)                 - Numpy data serialization using msgpack
numpy-quaternion (2018.4.26.9.35.2)   - Add built-in support for quaternions to
                                        numpy
intel-numpy (1.13.3.10)               - NumPy: array processing for numbers,
                                        strings, records, and objects.
numpy-mkl (1.10.2)                    - NumPy: array processing for numbers,
                                        strings, records, and objects.
django-numpy (1.0.1)                  - Application for Django projects that
                                        adds some utilities and integration
                                        tools with Numpy.
BSON-NumPy (0.1)                      - Module for converting directly from
                                        BSON to NumPy ndarrays and vice versa
dicom-numpy (0.1.2)                   - Extract image data into a 3D numpy
                                        array from a set of DICOM files.
numpy-indexed (0.3.5)                 - This package contains functionality for
                                        indexed operations on numpy ndarrays,
                                        providing efficient vectorized
                                        functionality such as grouping and set
                                        operations.
hypothesis-numpy (2.0.0)              - Adds support for generating datetime to
                                        Hypothesis
numpy-stl (2.4.1)                     - Library to make reading, writing and
                                        modifying both binary and ascii STL
```

图 1-29　pip3 search numpy

(2) pip3 list

pip3 list 用来列出已经安装的包和具体的版本,如图 1-30 所示。

(3) pip3 check

pip3 check 用来手动检查依赖缺失问题,当然可能会有人质疑:之前不是讲包管理器会自动处理好一切吗,为什么还要手动检查呢?依旧是考虑一个实际场景,例如现在包 A 依赖包 B,同时包 B 依赖包 C,这时候用户卸载了包 C,对于包 A 来说依赖是满足的但是对于 B 来说就不是了,所以这时候就需要一个辅助手段来检查这种依赖缺失。由于我们还没

图 1-30　pip3 list

有装过很多包，所以现在检查一般不会有缺失的依赖，如图 1-31 所示。

图 1-31　pip3 check

(4) pip3 download

pip3 download 用来下载特定的 Python 包，但是不会安装，这里以 numpy 为例，如图 1-32 所示。

要注意的是，默认会把包下载到当前目录下。

(5) pip3 install

当安装某个包的时候，以 numpy 为例，只要输入 pip3 install numpy 然后等待安装完成即可，有包管理器的话就是这么简单高效！ pip 会自动解析依赖项，然后安装所有的依赖项。

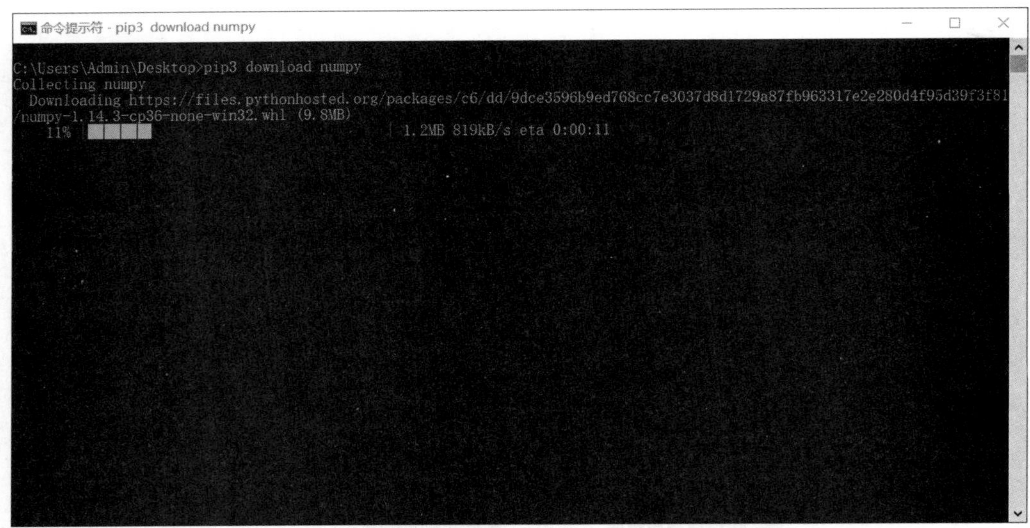

图 1-32 pip3 download numpy

另外，由于之前已经下载过了 numpy，所以这里安装的时候会直接用缓存中的包进行安装，如图 1-33 所示。

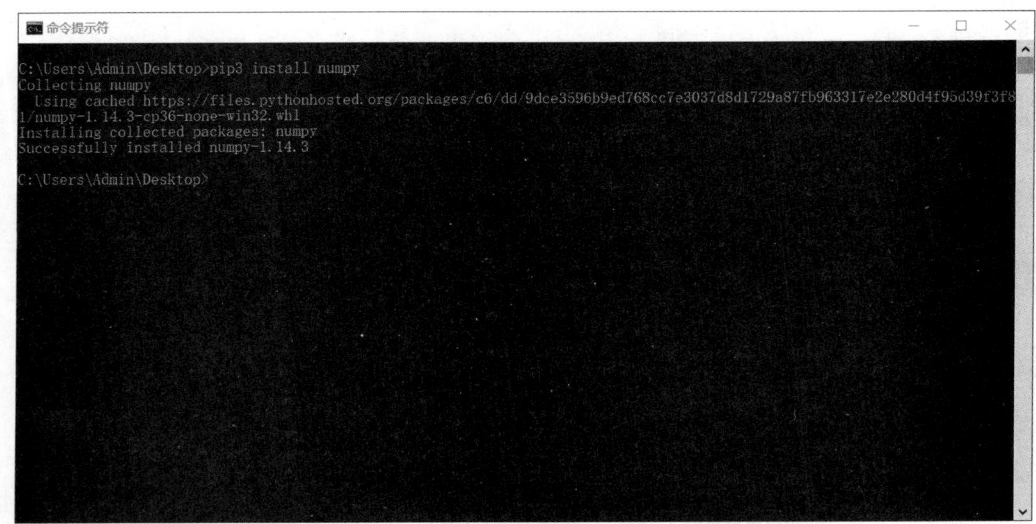

图 1-33 pip3 install numpy

在看到 Successfully installed 之后即表示安装成功。不过之前在第二章安装 IPython 的时候就提到了一个小问题，那就是在 Windows 和 Linux 下普通用户是没有权限用 pip 安装的，所以 Linux 下需要获取 root 权限，而 Windows 下需要一个管理员命令提示符。如果安装失败并且提示了类似"Permission denied"的错误请务必检查用户权限。

当然还有一个问题，这里下载的源是什么呢？其实是 Pypi，一个 Python 官方认可的第三方软件源，它的网址是 https://pypi.org/，在上面搜索手动安装的效果是跟 pip3 install 一样的。

(6) pip3 freeze

pip3 freeze 用于列出当前环境中安装的所有包的名称和具体的版本,如图 1-34 所示。

```
C:\Users\Admin\Desktop>pip3 freeze
backcall==0.1.0
colorama==0.3.9
decorator==4.3.0
ipython==6.3.1
ipython-genutils==0.2.0
jedi==0.12.0
numpy==1.14.3
parso==0.2.0
pickleshare==0.7.4
prompt-toolkit==1.0.15
Pygments==2.2.0
simplegeneric==0.8.1
six==1.11.0
traitlets==4.3.2
wcwidth==0.1.7

C:\Users\Admin\Desktop>
```

图 1-34 pip3 freeze

pip3 freeze 和 pip3 list 的结果非常相似,但是有一个区别是,pip3 freeze 输出的内容对于 pip3 install 来说是可以用来自动安装的。如果将 pip3 freeze 的结果保存成文本文件,例如 requirements. txt,则可以用命令 pip3 install -r requirements. txt 来安装所有依赖项。

(7) pip3 uninstall

pip3 uninstall 用来卸载某个特定的包,要注意的是这个包的依赖项和被依赖项不会被卸载,例如以卸载 numpy 为例,如图 1-35 所示。

```
C:\Users\Admin\Desktop>pip3 uninstall numpy
Uninstalling numpy-1.14.3:
  Would remove:
    c:\users\admin\appdata\local\programs\python\python36-32\lib\site-packages\numpy-1.14.3.dist-info\*
    c:\users\admin\appdata\local\programs\python\python36-32\lib\site-packages\numpy\*
    c:\users\admin\appdata\local\programs\python\python36-32\scripts\f2py.py
Proceed (y/n)? y
  Successfully uninstalled numpy-1.14.3

C:\Users\Admin\Desktop>
```

图 1-35 pip3 uninstall numpy

看到 Successfully uninstalled 就表示卸载成功了。

1.3 Python 编码规范

代码总是要给人看的，尤其是对于大项目而言，可读性往往跟鲁棒性的要求一样高。跟其他语言有所不同的是，Python 官方就收录了一套“增强提案”，也就是 Python Enhancement Proposal，其中第 8 个提案就是 Python 代码风格指导书，足以见得 Python 对编码规范的重视。

本节会重点介绍 PEP 8 提案，为写出一手漂亮的 Python 代码打下基础。本节内容可能需要结合后面章节知识学习。PEP 8 就是 Python 增强提案 8 号，标题为 Style Guide for Python Code，主要涉及 Python 代码风格上的一些约定，其中值得一提的是 Python 标准库遵守的也是这份约定。

由于 PEP 8 涉及的内容相当多，我们只选择一些比较重要的进行讲解。

1.3.1 代码布局

1. 空格还是 Tab

PEP 8 中提到，无论任何时候都应该优先使用空格来对齐代码块，只有在原代码为 Tab 对齐时出于兼容考虑才应该使用 Tab 对齐，同时在 Python 3 中空格和 Tab 混用是无法执行的。

对于这个问题大部分编辑器或者 IDE 都有相应选项，可以把 Tab 自动转换为 4 个空格，图 1-36 就是 noptepad++ 中的转换选项。

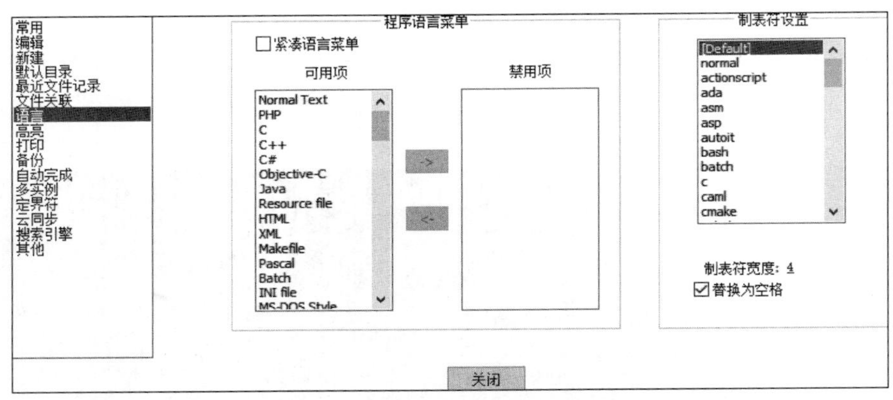

图 1-36 noptepad++制表符设置

2. 缩进对齐

PEP 8 中明确了换行对齐的要求。

对于函数调用，如果部分参数换行，应该做到与分隔符垂直对齐，例如：

```
# Aligned with opening delimiter.
foo = long_function_name(var_one, var_two,
                         var_three, var_four)
```

但是如果是函数定义中全部参数悬挂的话，应该多一些缩进来区别正常的代码块，例如：

```
# More indentation included to distinguish this from the rest.
def long_function_name(
        var_one, var_two, var_three,
        var_four):
    print(var_one)
```

在函数调用中对于完全悬挂的参数也是同理，例如：

```
# Hanging indents should add a level.
foo = long_function_name(
    var_one, var_two,
    var_three, var_four)
```

但是对于 if 语句，由于 if 加上空格和左括号构成了四个字符的长度，因此 PEP 8 对 if 的换行缩进没有严格的要求，例如下面这三种情况都是完全合法的：

```
# No extra indentation.
if (this_is_one_thing and
    that_is_another_thing):
    do_something()

# Add a comment, which will provide some distinction in editors
if (this_is_one_thing and
    that_is_another_thing):
    # Since both conditions are true, we can frobnicate.
    do_something()

# Add some extra indentation on the conditional continuation line.
if (this_is_one_thing
        and that_is_another_thing):
    do_something()
```

此外对于用于闭合的）、[、]等有两种合法情况，一种是跟之前最后一行的缩进对齐，例如：

```
my_list = [
    1, 2, 3,
    4, 5, 6,
    ]
result = some_function_that_takes_arguments(
    'a', 'b', 'c',
    'd', 'e', 'f',
    )
```

但是也可以放在行首，例如：

```
my_list = [
    1, 2, 3,
    4, 5, 6,
]
result = some_function_that_takes_arguments(
    'a', 'b', 'c',
    'd', 'e', 'f',
)
```

此外如果有操作符的话，操作符应该放在每行的行首，因为可以简单地看出对每个操作数的操作是什么，例如：

```
# easy to match operators with operands
income = (gross_wages
          + taxable_interest
          + (dividends - qualified_dividends)
          - ira_deduction
          - student_loan_interest)
```

当然，去记忆这些缩进规则是非常麻烦的，如果浪费过多时间在调整格式上的话就本末倒置了，之后会学习如何自动检查和调整代码，使其符合 PEP 8 的要求。

3. 每行最大长度

在 PEP 8 中明确约定了每行最大长度应该是 79 个字符。之所以这么约定，主要是有三个原因：

① 限制每行的长度意味着在读代码的时候代码不会超出一个屏幕，提高阅读体验。

② 如果一行过长可能是这一行完成的事情太多，为了可读性应该拆成几个更小的步骤。

③ 如果仅仅是因为变量名太长或者参数太多，应该按照上述规则换行对齐。

这里要注意的是，还有一种方法可以减少每行的长度，那就是续行符，例如：

```
with open('/path/to/some/file/you/want/to/read') as file_1, \
     open('/path/to/some/file/being/written', 'w') as file_2: #这里垂直对齐的原因马上会提到
     file_2.write(file_1.read())
```

这里虽然 with 的语法我们还没有提到，不过不影响阅读，只要知道反斜杠这里表示续行就行了，也就是说这一段代码等价于：

```
with open('/path/to/some/file/you/want/to/read') as file_1, open('/path/to/some/file/being/
written', 'w') as file_2:
    file_2.write(file_1.read())
```

第二种是不是可读性要差得多？这就是限制每行长度的好处。

4. 空行

合理的空行可以很大程度增加代码的段落感，PEP 8 对空行有以下规定：

① 类的定义和最外层的函数定义之间应该有 2 个空行。

② 类的方法定义之间应该有 1 个空行。（类和方法的概念下一章会提到，这里有个印象就可以了。）

③ 多余的空行可以用来给函数分组，但是应该尽量少用。

④ 在函数内使用空行把代码分为多个小逻辑块是可以的，但是应该尽量少用。

5. 导入

PEP 8 对 import 也有相应的规范。

对于单独的模块导入，应该一行一个，例如：

```
import os
import sys
```

但是如果用 from ... import ...后面的导入内容允许多个并列，例如：

```
from subprocess import Popen, PIP
```

但是应该避免使用 * 来导入，例如下面这样是不被推荐的：

```
from random import *
```

此外导入语句应该永远放在文件的开头，同时导入顺序应该为：

① 标准库导入。

② 第三方库导入。

③ 本地库导入。

6. 字符串

在 Python 中既可以使用单引号也可以使用双引号来表示一个字符串，因此 PEP 8 建议在写代码的时候尽量使用同一种分隔符，但是如果使用单引号字符串的时候要表示单引号，可以考虑混用一些双引号字符串来避免反斜杠转义进而获得代码可读性的提升。

7. 注释

我们在第 1 章就接触到了注释的写法，并且自始至终一直在代码示例中使用，足以见得注释对提升代码可读性的重要程度。但是 PEP 8 对注释也提出了要求：

① 和代码矛盾的注释不如不写。

② 注释更应该和代码保持同步。

③ 注释应该是完整的句子。

④ 除非确保只有和你相同语言的人阅读你的代码，否则注释应该用英文书写。

Python 中的注释以 # 开头，分为两类，第一种是跟之前代码块缩进保持一致的块注释，例如：

```
#This is a
#block comment
Some code...
```

另一种是行内注释，用至少两个空格和正常代码隔开，例如：

```
Some code... #This is a line comment
```

但是 PEP 8 中提到这样会分散注意力，建议只有在必要的时候再使用。

8. 文档字符串

文档字符串即 Documentation Strings，是一种特殊的多行注释，可以给模块、函数、类或者方法提供详细的说明。更重要的是，文档字符串可以直接在代码中调用，例如：

```
def add_number(number1, number2):
    """
    calculate the sum of two numbers
    :param number1: the first number
    :param number2: the second number
    :return: the sum of the two numbers
    """
    return number1 + number2

print(add_number.__doc__)
```

这样就会输出：

```
calculate the sum of two numbers
:param number1: the first number
:param number2: the second number
:return: the sum of the two numbers
```

在 PyCharm 中只要输入三个双引号就可以自动创建一个文档字符串的模板。至于文档字符串的写作约定，PEP 8 没有提到太多，更多地可以参考 PEP257。

9. 命名规范

PEP 8 中提到了 Python 中的命名约定。在 Python 中常见的命名风格有以下这些：

- b 单独的小写字母。
- B 单独的大写字母。
- lowercase 全小写。
- lower_case_with_underscores 全小写并且带下画线。
- UPPERCASE 全大写。
- UPPER_CASE_WITH_UNDERSCORES 全大写并且带下画线。
- CamelCase 大驼峰。

- camelCase 小驼峰。
- Capitalized_Words_With_Underscores 带下画线的驼峰。

除了这些命名风格，在特殊的场景还有一些别的约定，这里只挑出一些常用的：

① 避免使用 l 和 o 为单独的名字，因为它们很容易被弄混。

② 命名应该是 ASCII 兼容的，也就是说应该避免使用中文名称，虽然是被支持的。

③ 模块和包名应该是全小写并且尽量短的。

④ 类名一般采用 CamelCase 这种驼峰式命名。

⑤ 函数和变量名应该是全小写的，下画线只有在可以改善可读性的时候才使用。

⑥ 常量应该是全大写的，下画线只有在可以改善可读性的时候才使用。

有些概念我们还没有学习，可以只作了解。

1.3.2 自动检查调整

PEP 8 的内容相当详细烦琐，纯手工调整格式显然是浪费时间的，所以这里介绍两个工具来帮助我们写出符合 PEP 8 要求的代码。

1. pycodestyle

pycodestyle 是一个用于检查代码风格是否符合 PEP 8 并且给出修改意见的工具，可以通过 pip 安装它：

```
pip install pycodestyle
```

安装后，只要在命令行中继续输入：

```
pycodestyle -h
```

就可以看到所有的使用方法，这里借用官方给出的一个例子：

```
pycodestyle --show-source --show-pep8 testsuite/E40.py
testsuite/E40.py:2:10: E401 multiple imports on one line
import os, sys
         ^
    Imports should usually be on separate lines.

    Okay: import os\nimport sys
    E401: import sys, os
```

其中"--show-source"表示显示源代码，"--show-pep8"表示为每个错误显示相应的 PEP 8 具体文本和改进意见，而后面的路径表示要检查的源代码。

2. PyCharm

虽然 pycodestyle 使用简单，结果提示也清晰明确，但是这个检查不是实时的，而且总要额外切出来一个终端去执行指令，这都是不太方便的。这时候我们的救星就出现了——PyCharm。

PyCharm 的强大功能之一就是实时的 PEP 8 检查，例如对于上面的例子，在 PyCharm 中会出现提示，如图 1-37 所示。

并且只要把光标移动到相应位置后按下 Alt+Enter 就可以出现修改建议，如图 1-38 所示。

选择 Optimize imports 后可以看到 PyCharm 把代码格式化为了符合 PEP 8 的样式，如图 1-39 所示。

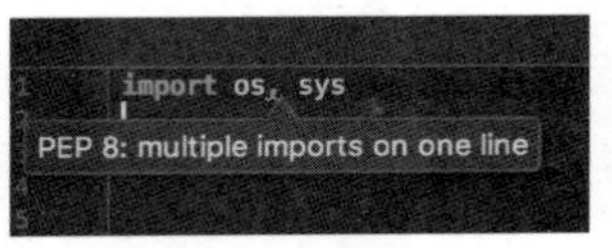

图 1-37 PyCharm PEP 8 提示

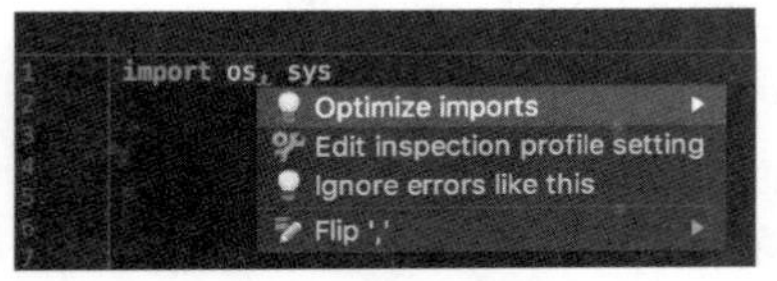

图 1-38 修改建议

图 1-39 修改后的代码

所以如果喜欢用简单的文本编辑器书写代码的话，可以使用 pycodestyle；但是如果更青睐使用 IDE 的话，PyCharm 的 PEP 8 提示可以在写出漂亮代码的同时节省大量的时间。

特殊地，PyCharm 也有一个代码批量格式化快捷键，在全选之后按下 Ctrl+Alt+L 快捷键，即可格式化所有代码。

本章小结

Python 作为尚未接触过编程的初学者的第一门语言有着以下无法取代的优势：

① 简单清晰的语法。

② 没有晦涩难懂的概念。

③ 简短的代码可以实现复杂的逻辑。

④ 所见即所得，非常具有鼓舞性，容易形成正反馈。

⑤ 用最简单易懂的方式理解编程语言相通的一些概念。

在使用 Python 时，对于不同的任务，应该用不同的工具完成，例如简单计算器功能，直接用交互式解释器最快、最方便，但是如果脚本稍微复杂一点，那么有代码提示的 IPython 毫无疑问就是更好的选择了。如果还需要保存代码和计算后的数据，那么这时候就要用上 IDLE 或者 PyCharm 了。总之，工具是用来解决问题的，不是用来攀比的。

另外，在使用 Python 时不要忽略包管理。包管理器是一种可以简化安装过程、高效管理依赖关系、进行版本控制的工具，而 pip 正是 Python 最常用的包管理器，使用 pip 管理 Python 的依赖，往往可以事半功倍。

最后，在学习使用 Python 的全过程中，好的代码风格将使我们受益匪浅。学有余力的读者可以去 https://www.Python.org/dev/peps/阅读 PEP 8 提案原文来进一步提升，同时国内也有一些中文翻译的版本可供参考。

本章习题

1. 使用 Python 命令行交互程序，计算简单加减法。
2. 使用 Python 命令行交互程序，计算带有括号优先级的算式。

3. 选择一个你认为有趣的 Python 应用，查阅相关资料，了解它都能做什么。

4. 先不去学习具体的使用，寻找你认为有趣的 Python 应用的 Demo（示例），并尝试运行。

5. 安装 PyCharm，练习创建项目等流程。

6. 通过多个 print 语句，输出多行的内容。

7. 使用 pip 安装 pillow 库，这是一个图像处理库。

8. 使用 pip 卸载 pillow 库。

9. 使用 pip 搜索“image”，寻找与图像处理有关的库。

10. 打印所有安装过的包。

第 2 章

数据类型、基本计算

第 1 章我们已经接触到了如何用 Python 完成一些简单的计算，但是并没有涉及太多和 Python 相关的知识，这一章就从最简单的运算出发，去揭开 Python 神奇的面纱。

本章会从基本计算出发讲解 Python 中的基本语法。

2.1 常用数值类型

新建并打开一个 Jupyter Notebook 文件，输入一些表达式：

```
In [1]: 1 + 2
Out[1]: 3

In [2]: 5 * 4
Out[2]: 20

In [3]: 3 / 5
Out[3]: 0.6

In [4]: 123 - 321
Out[4]: -198
```

可以看到 Out 就是表达式的结果，这跟我们在第 1 章做过的事情没什么区别，接下来看看这个过程背后的知识有哪些。

如果仔细观察会发现，上面的运算中，出现了整数和小数。当然从数学的角度来说它们都是实数完全没有区别，但是计算机只能处理离散有限的数据，小数因为有可能无限长，所以精度不可能无限高，而整数只要空间足够总能表示精确值，因此整数和实数应该是两种不同的类型。

数学中的实数在计算机领域一般用“浮点数”来表达，从字面上理解就是小数点位置可变的小数，也就是说浮点数的整数部分和小数部分的位数是不固定的，当然也有位数固定的定点数，不过定点数实际上就是整数除以 2 的幂而已。所以 Python 实际上有三种内置的数值类型，分别是整型(integer)、浮点数(float)和复数(complex)。此外还有一种特殊的类型叫布尔类型(bool)。这些数据类型都是 Python 的基本数据类型。

2.1.1　整型(integer)

从数学的角度来说，整型就是整数，下面叙述的过程中也不再严格区分两种说法。

一般来说一个整数占用的内存空间是固定的，所以范围一般是固定的，例如在 C++ 中一个 int 在 32 位平台上占用 4 个字节也就是 32 位，表示整数的范围是 −2147483648～2147483647，如果溢出了就会损失精度。当然有人会说只要位数随着输入动态变化不就解决了，但是事实上动态总是伴随着代价的，所以 C++ 为了高效选择的是静态分配空间。不过 Python 从易用性出发选择的是动态分配空间，所以 Python 的整数是没有范围的，这跟数学中的概念是完全一致的，只要是整数运算我们总可以确信结果不会溢出从而一定是正确的。

所以，我们可以随意地进行一些整数运算，例如：

```
In [5]: 2147483647 + 1    #这个表达式的结果放到 C++的 int 中会导致溢出
Out[5]: 2147483648

In [6]: 2 ** 1024           #这里计算的是 2 的 1024 次方，结果很大但是不会溢出!
Out[6]:
1797693134862315907729305190789024733617976978942306572734300811577326758055009631327
0847732240753602112011387987139335765878976881441662249284743063947412437776789342486
5485276302219601246094119453082952085005768838150682342462881473913110540827237163350
5106845862982399472459384797163048353563296224224137216
```

当然提到整数就不得不提到进制转换，我们首先看看不同进制的数字在 Python 是如何表示的？

```
In [7]: 12450   #这是一个很正常的十进制数字
Out[7]: 12450

In [8]: 0b111   #这是一个二进制表示的整数，0b 为前缀
Out[8]: 7

In [9]: 0xFF    #这是一个十六进制表示的整数，0x 为前缀
Out[9]: 255

In [10]: 0o47   #这是一个八进制表示的整数，0o 为前缀
Out[10]: 39
```

但是如果数值并不由我们输入，怎么转换呢？Python 提供了一些方便的内置函数：

```
In [11]: hex(1245)          #转十六进制
Out[11]: '0x4dd'

In [12]: oct(1245)          #转八进制
Out[12]: '0o2335'

In [13]: bin(1245)          #转二进制
Out[13]: '0b10011011101'

In [14]: int("0xA", 16)  #用 int()转换，第一个参数是要转换的字符串，第二参数是对应的进制
Out[14]: 10

In [15]: int("0b111", 2)
Out[15]: 7

In [16]: int("0o74", 8)
Out[16]: 60

In [17]: int("1245")        #默认采用十进制
Out[17]: 1245
```

注意这里的 hex()、oct()、bin()、int()都是函数，括号内用逗号隔开的是参数，虽然还没有介绍 Python 的函数，但是这里完全可以当作数学中函数的形式来理解，此外用单引号或者双引号括起来的"0xA""0b111"表示的是字符串，后面也会介绍。这里有一个细节是 hex()、oct()、bin()返回都是字符串，而 int()返回的是一个整数。

此外要注意的是，进制只改变数字的表达形式，并不改变其大小。

2.1.2 浮点型(float)

在 Python 中输入浮点数的方法有以下几种：

```
In [18]: 1.             #如果小数部分是 0 那么可以省略
Out[18]: 1.0

In [19]: 2.5e10         #科学计数法
Out[19]: 25000000000.0

In [20]: 2.5e-10
Out[20]: 2.5e-10

In [21]: 2.5e308        #上溢出
Out[21]: inf

In [22]: -2.5e308   #上溢出
Out[22]: -inf
```

```
In [23]: 2.5e-3088 #下溢出
Out[23]: 0.0

In [24]: 1.5
Out[24]: 1.5
```

要注意的是 Python 中的浮点数精度是有限的，也就是说有效数字位数不是无限的，所以浮点数过大会引起上溢出为+inf 或-inf，同时过小会引起下溢出为 0.0。同时浮点数的表示支持科学计数法，可以用 e 或 E 加上指数来表示，例如 2.5e10 就表示 2.5×10^{10}。

2.1.3 复数类型(complex)

Python 内置了对复数类型的支持，对于科学计算来说是非常方便的。Python 中输入复数的方法为“实部+虚部 j”，注意与数学中常用 i 来表示复数单位不同，Python 使用 j 来表示，例如：

```
In [25]: 1                    #返回值是个整型!
Out[25]: 1

In [26]: a = 1 + 0j           #这里是创建一个变量 a 并且赋值为 1 + 0j,后面会提到什么是变量和
                              #赋值运算符

In [27]: a.real               #实部
Out[27]: 1.0

In [28]: a.imag               #虚部
Out[28]: 0.0

In [29]: abs(a)               #模
Out[29]: 1.0
```

这里要强调的一点是，如果想创建一个虚部为 0 的复数，一定要指定虚部为 0，不然得到的是一个整型。

2.1.4 布尔型(bool)

布尔型是一种特殊的数值，它只有两种值，分别是 True 和 False。注意这里要大写首字母，因为 Python 是大小写敏感的语言。在下面讲解二元运算符的时候，我们会看到布尔型的用法和意义。

2.2 数值类型转换

上述就是 Python 的内置数值类型了，但是我们在处理数据的时候往往类型不是一成不变的，那么怎么把一种类型转换为另一种类型呢？

在 Python 里内置类型的转换很容易完成，只要用把想转换的类型当作函数使用就行了，例如：

```
In [30]: a = 12345.6789   #创建一个变量并赋值为 12345.6789

In [31]: int(a)           #转为整型
Out[31]: 12345

In [32]: complex(a)       #转为复数
Out[32]: (12345.6789 + 0j)

In [33]: float(a)         #本来就是浮点数，所以再转为浮点数也不会有变化
Out[33]: 12345.6789
```

还有需要注意的一点是，Python 在类型转换的过程中为了避免精度损失会自动升级。例如对于整型的运算，如果出现浮点数，那么计算的结果会自动升级为浮点数。这里升级的顺序为 complex>float>int，所以 Python 在计算的时候跟我们平时的直觉是完全一致的，例如：

```
In [34]: 1 + 9/5 + (1 + 2j)
Out[34]: (3.8 + 2j)

In [35]: 1 + 9/5
Out[35]: 2.8
```

可以看到计算结果是逐步升级的，这样就避免了无谓的精度损失。

2.3 基本计算

2.3.1 变量

在程序中，我们需要保存一些值或者状态之后再使用，这种情况就需要用一个变量来存储它，这个概念跟数学中的"变量"非常类似，例如下面这一段代码：

```
In [36]: a = input()   #input()表示从终端接收字符串后赋值给 a
Type something here.

In [37]: print(a)      #print 把 a 原样打印到屏幕上
Type something here.
```

我们在 36 行回车后并不会出现新的一行，而是光标在最左端闪动等待用户输入，输入任意内容，例如 Type something here，回车后才会出现新的一行，这时候 a 中就存储了输入的内容。显然，根据输入内容的不同 a 的值也是不同的，所以说 a 是一个变量。

要注意的是，在编程语言中单个等号（＝）一般不表示“相等”的语义，而是表示“赋值”的语义，即把等号右边的值赋给等号左边的变量，后面讲解运算符的时候会看到更加详细的解释。

在 Python 中声明一个变量是非常简单的事情，如果变量的名字之前没有被声明过的话，只要直接赋值就可以声明新变量了，例如：

```
In [38]: a = 1          #声明了一个变量为 a 并赋值为 1

In [39]: b = a          #声明了一个变量为 b 并且用 a 的值赋值

In [40]: c = b          #声明了一个变量为 c 并且用 b 的值赋值
```

我们考虑下面这段代码：

```
In [41]: a = 1          #声明一个变量 a 并且赋值为整型 1

In [42]: a = 1.5        #赋值为浮点数 1.5

In [43]: a = 1 + 5j     #赋值为虚数 1 + 5j

In [44]: a = True       #赋值为布尔型 True
```

注意到了吗？a 的类型是在不断变化的，这也是 Python 的特点之一——动态类型，即变量的类型可以随着赋值而改变，这样很符合直觉同时也易于程序的编写。

变量的名称叫作标识符，而开发者可以近乎自由地为变量取名。之所以说是“近乎”自由，是因为 Python 的变量命名还是有一些基本规则的，如下：

① 标识符必须由字母、数字、下画线构成。

② 标识符不能以数字、开头。

③ 标识符不能是 Python 关键字。

什么是关键字呢？关键字也叫保留字，是编程语言预留给一些特定功能的专有名字。Python 具体的关键字列表如下：

```
False     class     finally   is        return
None      continue  for       lambda    try
True      def       from      nonlocal  while
and       del       global    not       with
as        elif      if        or        yield
assert    else      import    pass
break     except    in        raise
```

这些关键字的具体功能会在后续章节覆盖到，例如我们马上就会遇到 True、False、and、or、not 这几个关键字。

2.3.2 算数运算符

运算符用于执行运算,运算的对象叫操作数。例如对于"+"运算符,在表达式 1+2 中,操作数就是 1 和 2。运算符根据操作数的数量不同有一元运算符、二元运算符和三元运算符。在 Python 中,根据功能还可分为算术运算符、比较运算符、赋值运算符、逻辑运算符、位运算符、成员运算符、身份运算符六种。其中算数运算符、比较运算符、赋值运算符、逻辑运算符和位运算符比较基础且常用,我们将马上认识这些运算符。而剩下两种,成员运算符和身份运算符,则需要一些前置知识才方便理解,将在后面的章节介绍它们。

接下来我们依次认识一下这些运算符。

Python 除了支持之前提到的四则运算,它还支持取余、乘方、取整除这三种运算。这些运算都是二元运算符,也就是说他们需要接受两个操作数,然后返回一个运算结果。

为了方便举例,定义两个变量,alice=9 和 bob=4,具体的运算规则如表 2-1 所示。

表 2-1　算术运算符

算术运算符	作　　用	举　　例
+	两个数字类型相加	alice+bob 返回 13
−	两个数字类型相减	alice−bob 返回 5
*	两个数字类型相乘	alice * bob 返回 36
/	两个数字类型相除	alice/bob 返回 2.25
%	两个数字类型相除的余数	alice%bob 返回 1
**	alice 的 bob 次幂,相当于 $alice^{bob}$	alice ** bob 返回 6561
//	alice 被 bob 整除	alice // bob 返回 2

值得注意的一点是,通过 duck typing 其实可以让上述运算符支持任意两个对象之间的运算,这是 Python 中很重要的一种特性,我们会在面向对象编程中提到它,这里简单理解为算术运算符只用于数字类型运算就行了。

特殊的,+和−还是两个一元运算符,例如−alice 可以获得 alice 的相反数。

1. 比较运算符和逻辑运算符

比较运算符,顾名思义,是将两个表达式的返回值进行比较,返回一个布尔型变量。它也是二元运算符,因为需要两个操作数才能产生比较。

逻辑运算符,是布尔代数中最基本的三个操作,也就是与、或、非,例如:

```
In [45]: 1 + 2 > 2          #注意运算符也有优先级,之后会具体提到
Out[45]: True

In [46]: 5 * 3 < 10
Out[46]: False

In [47]: 3 + 3 == 6         #两个等号一起表示"相等"的语义,之后会详解
Out[47]: True
```

要注意的是，这些表达式最后输出的值只有两种——True 和 False，这跟之前介绍的布尔型变量取值只有两种是完全吻合的。其实与其理解为两种取值，不如理解为两种逻辑状态，即一个命题总有一个值，真或者假。所有的比较运算符运算规则如表 2-2 所示。

表 2-2 比较运算符

比较运算符	作　用	举　例
==	判断两个操作数的值是否相等，相等为真	alice == bob
!=	判断两个操作数的值是否不等，不等为真	alice != bob
>	判断左边操作数是不是大于右边操作数，大于为真	alice > bob
>=	判断左边操作数是不是大于或等于右边操作数，大于或等于为真	alice >= bob
<	判断左边操作数是不是小于右边操作数，小于为真	alice < bob
<=	判断左边操作数是不是小于或等于 bob，小于或等于为真	alice <= bob

注意这里正如之前提到的，单个等号的语义为“赋值”，而两个等号放一起的语义才是“相等”。

但是如果想同时判断多个条件，那么这时候就需要逻辑运算符了，例如：

```
In [48]: 1 > 2 or 2 < 3
Out[48]: True

In [49]: 1  ==  1 and 2 > 3
Out[49]: False

In [50]: not 5 < 4
Out[50]: True

In [51]: 1 > 2 or 3 < 4 and 5 > 6 #这里也和有优先级有关系
Out[51]: False
```

通过逻辑运算符，我们可以连接任意个表达式进行逻辑运算，然后得出一个布尔类型的值。

逻辑运算符只有 and、or 和 not，具体的运算规则如表 2-3 所示。

表 2-3 逻辑运算符

逻辑运算符	作　用	举　例
and	两个表达式同时为真结果才为真	1 < 2 and 2 < 3
or	两个表达式有一个为真结果就为真	1 > 2 or 2 < 3
not	表达式结果为假，结果为真，表达式为真，结果为假	not 1 > 2

2. 赋值运算符

二元运算符中最常用的就是赋值运算符"="，它的意思是把等号右边表达式的值赋值给左边的变量，当然要注意这么做的前提是赋值运算符的左值必须是可以修改的变量。如果我们赋值给了不可修改的量，就会产生如下的错误。

```
In [52]: 1 = 2
  File "< iPython - input - 77 - c0ab9e3898ea >", line 1
    1 = 2
        ^
SyntaxError: can't assign to literal

In [53]: True   = False
  File "< iPython - input - 78 - ee10fad43c38 >", line 1
    True   = False
                ^
SyntaxError: can't assign to keyword
```

对一个字面量或者关键词进行赋值操作,这显然是没有意义并且不合理的,所以它报错的类型是 SyntaxError,意思是语法错误。这里是第一次接触到了 Python 的异常机制,后面的章节会更加详细地介绍它,因为这是写出一个强鲁棒性程序的关键。

3. 复合赋值运算符

很多时候操作数本身就是赋值对象,例如 i=i+1。由于这样的语句会经常出现,所以为了方便和简洁,就有了算术运算符和赋值运算符相结合的复合赋值运算符。它们相当于将一个变量本身作为左侧的操作数,然后将相关的运算结果赋给本身。

算术运算符对应的复合赋值运算符,如表 2-4 所示。

表 2-4　复合赋值运算符

复合赋值运算符	作　　用	举　例
+=	赋值为相加的结果	alice += 2
-=	赋值为相减的结果	alice -= 1
*=	赋值为相乘的结果	alice *= 3
/=	赋值为除以一个数的结果	alice /= 2
%=	赋值为除以一个数的余数	alice %= 2
**=	赋值为它本身的 n 次幂	alice **= 3
//=	赋值为除以一个数的商的整数部分	alice //= 2

来动手试一试复合赋值运算符,代码如下:

```
In [54]: a = 1

In [55]: a += 2        #等价于 a = a + 2

In [56]: a
Out[56]: 3

In [57]: a *= 2        #等价于 a = a * 2

In [58]: a
Out[58]: 6
```

```
In [59]: a //= 4   #等价于 a = a // 4

In [60]: a
Out[60]: 1
```

可以看到复合赋值运算符的确简化了代码，同时也增强了可读性。

4. 位运算符

所有的数值类型在计算机中都是二进制存储的，例如对于一个整数 30 而言，在计算机内的存储形式可能就是 0011110，而位运算就是以二进制位为操作数的运算。

所有的位运算符如表 2-5 所示。

表 2-5　位运算符

位运算符	作　用	举　例
<<	按位左移	2 << 1
>>	按位右移	2 >> 1
&	按位与	2 & 1
|	按位或	2 | 1
^	按位异或，注意不是乘方	2 ^ 1
～	按位取反	～ 2

位运算比较抽象，我们就直接看例子吧。

(1) 移位运算

我们先看按位左移和右移，代码如下：

```
In [61]: a = 211

In [62]: bin(a)          #a 的二进制表示
Out[62]: '0b11010011'

In [63]: a << 1          #a 左移一位后数值大小
Out[63]: 422

In [64]: bin(a << 1)     #a 左移一位后的二进制表示
Out[64]: '0b110100110'

In [65]: a >> 1          #a 右移一位后的数值大小
Out[65]: 105

In [66]: bin(a >> 1)     #a 右移一位后的二进制表示
Out[66]: '0b1101001'
```

a 是一个十进制表示为 211，二进制表示为 11010011 的整数，我们对它进行左移 1 位，得到了 422。不难发现，这就是乘以 2。从二进制的角度来看，我们就是在这个数最后加了个 0，但是从位运算的角度看，实际的操作是所有的比特位全都向左移动了一位，而新增的最后一位用 0 补上。这里要注意的是移位运算符的右操作数是移动的位数。

我们用一个表来精细对比下前后的二进制表示，其中表的第一行是二进制表示的位数，低位在右，高位在左边，如表 2-6 所示。

表 2-6　按位左移

位	8	7	6	5	4	3	2	1	0
左移前	0	1	1	0	1	0	0	1	1
左移后	1	1	0	1	0	0	1	1	0

对于左移而言，所有的二进制位会向左移动数位，空出来的位用 0 补齐。如果丢弃的位中没有 1，也就是说没有溢出的话，等价于原来的数乘以 2。

类似的，右移就是丢弃最后几位，剩下的位向右移动，空出来的位使用 0 补齐。从十进制的角度来看，这就是整除以 2，如表 2-7 所示。

表 2-7　按位右移

位	7	6	5	4	3	2	1	0
右移前	1	1	0	1	0	0	1	1
右移后	0	1	1	0	1	0	0	1

(2) 与运算

先看一个例子。

```
In [67]: a = 211

In [68]: bin(a)              #a 的二进制表示
Out[68]: '0b11010011'

In [69]: a & 0b0110000       #a 与运算后的结果
Out[69]: 16

In [70]: bin(a & 0b0110000)  #a 与运算结果的二进制表示
Out[70]: '0b10000'
```

这里给出与运算的运算规则，在离散数学中这也叫真值表，如表 2-8 所示。

表 2-8　与运算真值表

与　运　算	0	1
0	0	0
1	0	1

对于与运算的规则其实非常好理解，只要参与运算的两个二进制位中任意一位为 0 那么结果就是 0，是不是觉得和之前讲的逻辑运算符 and 有点像？实际上从逻辑运算的角度来看，两者就是等价的。

直接看可能与运算有些难理解，用一个表格来说明，如表 2-9 所示。

表 2-9　与运算

位	7	6	5	4	3	2	1	0
左操作数	1	1	0	1	0	0	1	1
右操作数	0	0	1	1	0	0	0	0
结果	0	0	0	1	0	0	0	0

从低位到高位一位一位地分析此例。

- 第 0 位，1 & 0 = 0。
- 第 1 位，1 & 0 = 0。
- 第 2 位，0 & 0 = 0。
- 第 3 位，0 & 0 = 0。
- 第 4 位，1 & 1 = 1。
- 第 5 位，0 & 1 = 0。
- 第 6 位，1 & 0 = 0。
- 第 7 位，1 & 0 = 0。

所以，我们就得到了结果 00010000。与运算有一个常见的应用就是掩码，例如我们想获得某个整数二进制表示中的前三位，那么就可以把这个整数和 7 相与，因为 7 的二进制表示是 0b00000111，这样一来结果中除了前三位以外所有的二进制位都是 0，而结果中前三位和原来前三位是一样的，也就是说利用与运算可以获得一个整数二进制表示中任何一位，这就是“掩码”的作用。

(3) 或运算

```
In [71]: a = 211

In [72]: bin(a)
Out[72]: '0b11010011'

In [73]: a | 0b0110000
Out[73]: 243

In [74]: bin(a | 0b0110000)
Out[74]: '0b11110011'
```

这里给出或运算的规则，如表 2-10 所示。

表 2-10　或运算真值表

或　运　算	0	1
0	0	1
1	1	1

对于或运算来说，参与运算的两个二进制位只要有一个为 1 结果就为 1，这跟之前讲过的 or 运算符是一致的。

我们再用表格分析上述或运算，如表 2-11 所示。

表 2-11　或运算

位	7	6	5	4	3	2	1	0
左操作数	1	1	0	1	0	0	1	1
右操作数	0	0	1	1	0	0	0	0
结果	1	1	1	1	0	0	1	1

从低位到高位一位一位的分析。

- 第 0 位，1 | 0 = 1。
- 第 1 位，1 | 0 = 1。
- 第 2 位，0 | 0 = 0。
- 第 3 位，0 | 0 = 0。
- 第 4 位，1 | 1 = 1。
- 第 5 位，0 | 1 = 1。
- 第 6 位，1 | 0 = 1。
- 第 7 位，1 | 0 = 1。

所以我们就得到了结果 11110011。或运算可以用来快速把二进制中某些位置 1，例如想把某个数的前三位置 1，只要跟 7 或运算即可，因为 7 的二进制表示是 0b00000111，可以确保前三位运算的结果一定是 1 而其他位和原来一致。

5. 按位取反

按位取反是一个一元运算符，因为它只有一个操作数，它的用法如下：

```
In [75]: a = 211

In [76]: bin(a)
Out[76]: '0b11010011'

In [77]: ~a
Out[77]: -212

In [78]: bin(~a)
Out[78]: '-0b11010100'

In [79]: ~1
Out[79]: -2
```

同时我们看一下按位取反的运算规则，如表 2-12 所示。

表 2-12　按位取反真值表

位表示	0	1
按位取反	1	0

也就是每一位如果是 0 就变成 1，如果是 1 就变成 0。按照这个运算规则，运算的结果应该如表 2-13 所示。

表 2-13 按位取反

输入	7	6	5	4	3	2	1	0
取反前	1	1	0	1	0	0	1	1
取反后	0	0	1	0	1	1	0	0

但是上面的例子中按位取反后的二进制表示有点奇怪，它竟然有一个负号，而且也跟上面表格中的结果不太一样，问题出在哪了呢？

回想一下，计算机内所有数据都是以二进制存储的，负号也是一样，为了处理数据方便计算机采用了一种叫作"补码"的方法来存储负数，具体的做法是二进制表示最高位为符号位，0 表示正数，1 表示负数，对于一个用补码表示的二进制整数 $w_{n-1}w_{n-2}\dots w_1$，它的实际数值为 $(-1)^{w_{n-1}} * 2^{n-1} + \sum_{i=0}^{n-2} w_i * 2^i$。

这看起来非常抽象，为了方便叙述回到上面这个例子，对于 211 来说，因为 Python 输出二进制的时候省略了符号位，只用正负号表示，所以它的二进制表示其实应该是 011010011，按照上述给的公式计算的话就是 $2^7+2^6+2^4+2^1+2^0=221$，接着按照取反的运算规则我们会得到 100101100，同样按照公式计算的话有 $-2^8+2^5+2^3+2^2=-212$，结果和例子中是一样的。

所以就本例而言，取反得到的负数在计算机内的存储形式的确是 100101100。但是由于 Python 输出二进制的时候没有符号位，只有正负号，也就是说如果原样输出 0b100101100，最高位 1 其实不是符号位，实际表示的是正数 0100101100（这里最高位 0 表示正数），这是不合理的，所以 Python 输出的是 -0b11010100，因为 0b11010100 表示的整数是 011010100，即 212。

6. 异或运算

仍然是先看一个例子：

```
In [80]: a = 211

In [81]: bin(a)
Out[81]: '0b11010011'

In [82]: a ^ 0b0110000
Out[82]: 227

In [83]: bin(a ^ 0b0110000)
Out[83]: '0b11100011'
```

异或的具体规则如表 2-14 所示。

表 2-14　异或运算真值表

异 或 运 算	0	1
0	0	1
1	1	0

异或的运算规则是参与运算的两个二进制位相异则为 1,相同则为 0。

我们再用表格分析上述异或运算,如表 2-15 所示。

表 2-15　异或运算

位	7	6	5	4	3	2	1	0
左操作数	1	1	0	1	0	0	1	1
右操作数	0	0	1	1	0	0	0	0
结果	1	1	1	0	0	0	1	1

从低位到高位一位一位分析:

- 第 0 位,1 ^ 0 = 1。
- 第 1 位,1 ^ 0 = 1。
- 第 2 位,0 ^ 0 = 0。
- 第 3 位,0 ^ 0 = 0。
- 第 4 位,1 ^ 1 = 0。
- 第 5 位,0 ^ 1 = 1。
- 第 6 位,1 ^ 0 = 1。
- 第 7 位,1 ^ 0 = 1。

所以我们就得到了结果 0b11100011。

7. 复合赋值运算符

位运算也有相应的复合赋值运算符,如表 2-16 所示。

表 2-16　位运算对应的复合赋值运算符

复合赋值运算符	作　　用	举　　例
<<=	赋值为一个数左移后的值	alice <<= 2
>>=	赋值为一个数右移后的值	alice >>= 1
&=	赋值为和一个数相与后的值	alice &= 3
|=	赋值为和一个数相或后的值	alice |= 2
^=	赋值为和一个数异或后的值	alice ^= 2

2.3.3　运算符优先级

Python 中不同的运算符具有不同的优先级,高优先级的运算符会优先于低优先级的运算符计算,例如乘号的优先级应该比加号高,幂运算的优先级应该比乘法高等,看一个简单的例子:

```
In [84]: 1 + 2 * 3
Out[84]: 7

In [85]: (1 + 2) * 3
Out[85]: 9
```

但是 Python 的运算符远不止加减乘除几个，表 2-17 中按照优先级从高到低列出了常用的运算符。

表 2-17　运算符优先级

运　算　符	作　　用
**	乘方
~,+,-	按位取反、数字的正负
*,/,%,//	乘、除、取模、取整除
+,-	二元加减法
<<,>>	移位运算符
&	按位与
^	按位异或
|	按位或
>=,>,<=,<,==,!=,is,is not,in,not in	大于等于、大于、小于等于、小于、is、is not、in、not in
= += -= *= /= **= ...	复合赋值运算符
not	逻辑非运算
and	逻辑且运算
or	逻辑或运算

如果我们需要改变优先级，可以通过圆括号()来提升优先级。()优先于一切运算符号，程序会优先运算最内层的()的表达式。

本章小结

本章在介绍 Python 简单计算的同时也介绍了 Python 中类型和变量等基本知识，可以看到这些基础语法都是相当符合直觉的，这也是 Python 的优点之一。但是光有这些运算语句是没法组成一个完整的程序的，我们会看到一个程序的逻辑是如何构成的，以及如何用 Python 去控制程序的逻辑。

本章习题

1. 使用 Python 计算多项式 $255 \cdot x^5 + 127 \cdot x^3 - \frac{63}{x}$ 在 $x=5$ 的大小关系。
2. 使用比较运算符，判断数字 100^{99} 和 99^{100} 的大小关系。
3. 使用数值转换，输出 $(128)_{10}$ 的二进制表示、八进制表示和十六进制表示。

4. 定义一个变量 alice＝1，通过移位运算让他扩大 1024 倍。

5. 给定三角形三边 $a=3$，$b=4$，$c=5$，通过 Python 判断并输出它是不是直角三角形，是不是等腰三角形。

6. 定点数是小数点固定的小数，进而小数部分和整数部分的二进制位数也是固定的，假设一种定点数的整数部分有 23 位，小数部分有 9 位并且这 32 位连续存储，想一想给定一个 32 位整数怎么转为定点数？提示：可以使用刚学到的位运算。

7. 给定任意一个负数，想一想怎么快速得到它的补码表示？（可以参考百度百科，进一步学习补码的相关知识。）

第 3 章 控制语句和函数

Python 除了拥有进行基本运算的能力，同时也具有写出一个完整程序的能力，那么对于程序中各种复杂的逻辑该怎么控制呢？这就到了控制语句派上用场的时候了。

对于一个结构化的程序来说，一共只有三种执行结构，如果用圆角矩形表示程序的开始和结束，直角矩形表示执行过程，菱形表示条件判断，那么三种执行结构可以分别用如图 3-1～图 3-3 所示的三张图表示。

顺序结构：就是做完一件事后紧接着做另一件事，如图 3-1 所示。

选择结构：在某种条件成立的情况下做某件事，反之做另一件事，如图 3-2 所示。

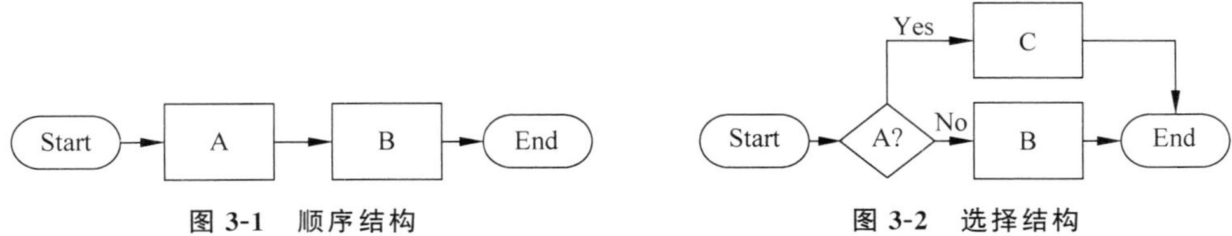

图 3-1　顺序结构　　图 3-2　选择结构

循环结构：反复做某件事，直到满足某个条件为止，如图 3-3 所示。

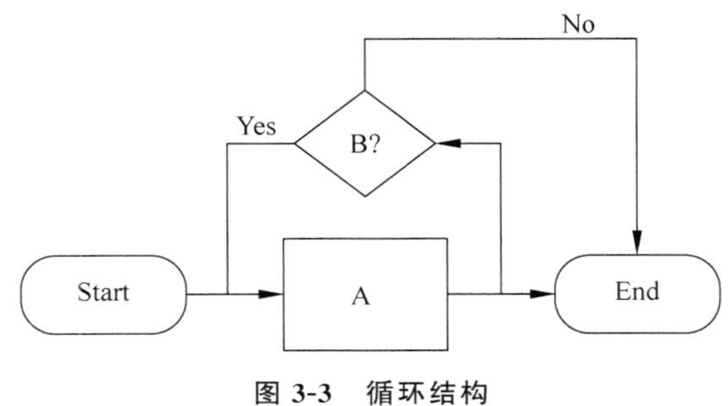

图 3-3　循环结构

程序语句的执行默认就是顺序结构，而条件结构和循环结构分别对应条件语句和循环语句，它们都是控制语句的一部分。

那什么是控制语句呢？这个词出自 C 语言，对应的英文是 Control Statements。它的作用是控制程序的流程，以实现各种复杂逻辑。下面将重点介绍 Python 中实现顺序结构、选择结构、循环结构的语法。

3.1 选择结构

在 Python 中，选择结构的实现是通过 if 语句，if 语句的常见语法是：

```
if 条件 1:
    代码块 1
elif 条件 2:
    代码块 2
elif 条件 3:
    代码块 3
    …
    …
elif 条件 n-1:
    代码块 n-1
else
    代码块 n
```

这表示的是，如果条件 1 成立就执行代码块 1，接着如果条件 1 不成立而条件 2 成立就执行代码块 2，如果条件 1 到条件 n－1 都不满足，那么就执行代码块 n。

另外其中的 elif 和 else 以及相应的代码块是可以省略的，也就是说最简单的 if 语句格式是：

```
if 条件:
   代码段
```

要注意的是，这里所有代码块前应该是 4 个空格，原因稍后会提到，这里先看一段具体的 if 语句。

```
a = 4
if a < 5:
    print('a is smaller than 5.')
elif a < 6:
    print('a is smaller than 6.')
else:
    print('a is larger than 5.')
```

很容易得到结果：

```
a is smaller than 5.
```

这段代码表示的含义就是，如果 a 小于 5 则输出'a is smaller than 5.'，如果 a 不小于 5 而小于 6 则输出'a is smaller than 6.'，否则就输出'a is larger than 5.'。这里值得注意的一点是，虽然 a 同时满足 a<5 和 a<6 两个条件，但是由于 a<5 在前面，所以最终输出的为'a is smaller than 5.'。

if 语句的语义非常直观易懂，但是这里还有一个问题没有解决，那就是为什么要在代码块之前空 4 格？

依旧是先看一个例子：

```
if 1 > 2:
    print('Impossible!')
print('done')
```

运行这段代码可以得到：

```
done
```

但是如果稍加改动，在 print('done')前也加 4 个空格：

```
if 1 > 2:
    print('Impossible!')
    print('done')
```

再运行的话什么也不会输出。

它们的区别是什么呢？对于第一段代码，print('done')和 if 语句是在同一个代码块中的，也就是说无论 if 语句的结果如何 print('done')一定会被执行。而在第二段代码中 print('done') 和 print('Impossible!') 在同一个代码块中的，也就是说如果 if 语句中的条件不成立，那么，print('Impossible!')和 print('done')都不会被执行。

我们称第二个例子中这种拥有相同的缩进的代码为一个代码块。虽然 Python 解释器支持使用任意多但是数量相同的空格或者制表符来对齐代码块，但是一般约定用 4 个空格作为对齐的基本单位。

另外值得注意的是，在代码块中是可以再嵌套另一个代码块的，以 if 语句的嵌套为例：

```
a = 1
b = 2
c = 3
if a > b:   #第 4 行
    if a > c:
        print('a is maximum.')
    elif c > a:
        print('c is maximum.')
    else:
```

```
        print('a and c are maximum.')
elif a < b:  #第 11 行
    if b > c:
        print('b is maximum.')
    elif c > b:
        print('c is maximum.')
    else:
        print('b and c are maximum.')
else:  #第 19 行
    if a > c:
        print('a and b are maximum')
    elif a < c:
        print('c is maximum')
    else:
        print('a, b, and c are equal')
```

首先最外层的代码块是所有的代码，它的缩进是 0，接着它根据 if 语句分成了 3 个代码块，分别是第 5～10 行，第 12～18 行，第 20～27 行，它们的缩进是 4，接着在这 3 个代码块内又根据 if 语句分成了 3 个代码块，其中每个 print 语句是一个代码块，它们的缩进是 8。

从这个例子中我们可以看到代码块是有层级的、是嵌套的，所以即使这个例子中所有的 print 语句拥有相同的空格缩进，仍然不是同一个代码块。

但是单有顺序结构和选择结构是不够的，有时候某些逻辑执行的次数本身就是不确定的或者说逻辑本身具有重复性，那么这时候就需要循环结构了。

3.2 循环结构

Python 的循环结构有两个关键字可以实现，分别是 while 和 for。

3.2.1 while 循环

while 循环的常见语法是：

```
while 条件:
代码块
```

这个代码块表达的含义就是，如果条件满足就执行代码块，直到条件不满足为止，如果条件一开始不满足那么代码块一次都不会被执行。

我们看一个例子：

```
a = 0
while a < 5:
    print(a)
    a += 1
```

运行这段代码可以得到输出如下：

```
0
1
2
3
4
```

对于 while 循环，其实和 if 语句的执行结构非常接近，区别就是从单次执行变成了反复执行，以及条件除了用来判断是否进入代码块以外还被用来作为是否终止循环的判断。

对于上面这段代码，结合输出我们不难看出，前五次循环的时候 a<5 为真因此循环继续，而第六次经过的时候，a 已经变成了 5，条件就为假，自然也就跳出了 while 循环。

3.2.2　for 循环

for 循环的常见语法是：

```
for 循环变量 in 可迭代对象:
代码段
```

Python 的 for 循环比较特殊，它并不是 C 系语言中常见的 for 语句，而是一种 foreach 的语法，也就是说本质上是遍历一个可迭代的对象，这听起来实在是太抽象了，我们看一个例子：

```
for i in range(5):
    print(i)
```

运行后这段代码输出如下：

```
0
1
2
3
4
```

for 循环实际上用到了迭代器的知识，但是在这里展开还为时尚早，我们只要知道用 range 配合 for 可以写出一个循环即可，例如计算 0～100 整数的和：

```
sum = 0
for i in range(101):   #别忘了 range(n)的范围是[0, n-1)
    sum += i
print(sum)
```

那如果想计算 50～100 整数的和呢？实际上 range 产生区间的左边界也是可以设置

的，只要多传入一个参数：

```
sum = 0
for i in range(50, 101):   #range(50 ,101) 产生的循环区间是 [50, 101)
    sum += i
print(sum)
```

有时候我们希望循环是倒序的，例如从 10 循环到 1，那该怎么写呢？只要再多传入一个参数作为步长即可：

```
for i in range(10, 0, -1): #这里循环区间是 (1, 10]，但是步长是 -1
    print(i)
```

也就是说 range 的完整用法应该是 range(start，end，step)，循环变量 i 从 start 开始，每次循环后 i 增加 step 直到超过 end 跳出循环。

3.2.3　两种循环的转换

其实无论是 while 循环还是 for 循环，本质上都是反复执行一段代码，这就意味着二者是可以相互转换的，例如之前计算整数 0～100 的代码，也可以用 while 循环完成，如下所示：

```
sum = 0
i = 0
while i <= 100:
    sum += i
    i ++
print(sum)
```

但是这样写之后至少存在三个问题：

① while 写法中的条件为 i<=100，而 for 写法是通过 range()来迭代，相比来说后者显然更具可读性。

② while 写法中需要在外面创建一个临时的变量 i，这个变量在循环结束依旧可以访问，但是 for 写法中 i 只有在循环体中可见，明显 while 写法增添了不必要的变量。

③ 代码量增加了两行。

当然这个问题是辩证性的，有时候 while 写法可能是更优解，但是对于 Python 来说，大多时候推荐使用 for 这种可读性强也更优美的代码。

3.3 break、continue 与 pass

学习了三种基本结构，我们已经可以写出一些有趣的程序了，但是 Python 还有一些控制语句可以让代码更加优美简洁。

3.3.1 break 与 continue

break 和 continue 只能用在循环体中，通过一个例子来了解一下其作用：

```
i = 0
while i <= 50:
    i += 1
    if i == 2:
        continue
    elif i == 4:
        break
    print(i)
print('done')
```

这段代码会输出：

```
1
3
done
```

这段循环中如果没有 continue 和 break 的话应该是输出 1～51 的，但是这里输出只有 1 和 3，为什么呢？

我们首先考虑当 i 为 2 的那次循环，它进入了 if i==2 的代码块中，执行了 continue，这次循环就被直接跳过了，也就是说后面的代码包括 print(i)都不会再被执行，而是直接进入了下一次 i=3 的循环。

接着考虑当 i 为 4 的那次循环，它进入了 elif i == 4 的代码块中，执行了 break，直接跳出了循环到最外层，然后接着执行循环后面的代码输出了 done。

所以总结一下，continue 的作用是跳过剩下的代码进入下一次循环，break 的作用是跳出当前循环然后执行循环后面的代码。

这里有一点需要强调的是，break 和 continue 只能对当前循环起作用，也就是说如果在循环嵌套的情况下想对外层循环起控制作用，需要多个 break 或者 continue 联合使用。

3.3.2 pass

pass 很有意思，它的功能就是没有功能。看一个例子：

```
a = 0
if a >= 10:
    pass
else:
    print('a is smaller than 10')
```

我们要想在 a>10 的时候什么都不执行，但是如果什么不写的话又不符合 Python 的缩进要求，为了使得语法上正确，我们这里使用了 pass 来作为一个代码块，但是 pass 本身不会有任何效果。

3.4 函数的定义与使用

还记得我们上一章提到过的一个“内置函数”max 吗？对于不同的 List 和 Tuple，这个函数总能给出正确的结果。当然有人说，用 for 循环实现也很快很方便，但是有多少个 List 或 Tuple 就要写多少个完全重复的 for 循环，这是很让人厌烦的，这时候就需要函数出场了。

本章会从数学中的函数引入，详细讲解 Python 中函数的基本用法。

3.4.1 认识 Python 的函数

函数的数学定义为：给定一个数集 A，对 A 施加对应法则 f，记作 $f(A)$，得到另一数集 B，也就是 $B=f(A)$，那么这个关系式就叫函数关系式，简称函数。

数学中的函数其实就是 A 和 B 之间的一种关系，可以理解为从 A 中取出任意一个输入都能在 B 中找到特定的输出，在程序中，函数也是完成这样的一种输入到输出的映射，但是程序中的函数有着更大的意义。

它首先可以减少重复代码，因为可以把相似的逻辑抽象成一个函数，减少重复代码，其次它有可以使程序模块化并且提高可读性。

以之前多次用到的一个函数 print 为例：

```
print('Hello, Python!')
```

由于 print 是一个函数，因此不用再去实现一遍打印到屏幕的功能，减少了大量的重复代码，同时看到 print 就可以知道这一行是用来打印的，可读性自然就提高了。另外如果打印出现问题，只要去查看 print 函数的内部就可以了，而不用再去看 print 以外的代码，这体现了模块化的思想。

但是，内置函数的功能非常有限，需要根据实际需求编写我们自己的函数，这样才能进一步提高程序的简洁性、可读性和可扩展性。

3.4.2 函数的定义和调用

1. 定义

和数学中的函数类似，Python 中的函数需要先定义才能使用，例如：

```
def ask_me_to(string):
print(f'You want me to {string}?')
if string == 'swim':
    return 'OK!'
else:
    return "Don't even think about it."
```

这是一个基本的函数定义，其中第 1、4、6 行是函数特有的，其他我们都已经学习过了。我们先看第 1 行：

```
def ask_me_to(string):
```

这一行有四个关键点：

① def：函数定义的关键字，写在最前面。

② ask_me_to：函数名，命名要求和变量一致。

③ (string)：函数的参数，多个参数用逗号隔开。

④ 结尾冒号：函数声明的语法要求。

然后第 2～5 行：

```
print(f'You want me to {string}?')
if string == 'swim':
    return 'OK!'
else:
    return "Don't even think about it."
```

它们都缩进了四个空格，意味着它们构成了一个代码块，同时从第 2 行可以看到函数内是可以接着调用函数的。

我们接着再看第 4 行。

```
return 'OK!'
```

这里引入了一个新关键字：return，它的作用是结束函数并返回到之前调用函数处的下一句。返回的对象是 return 后面的表达式，如果表达式为空则返回 None。第 6 行跟第 4 行功能相同，这里不再赘述。

2. 调用

在数学中函数需要一个自变量才会得到因变量，Python 的函数也是一样，只是定义的话并不会执行，还需要调用，例如：

```
print(ask_me_to('dive'))
```

注意这里是两个函数嵌套，首先调用的是自定义的函数 ask_me_to，接着 ask_me_to 的返回值传给了 print，所以会输出 ask_me_to 的返回值：

```
You want me to dive?
Don't even think about it.
```

定义和调用都很好理解，接下来看看函数的参数怎么设置。

3.4.3　函数的参数

Python 的函数参数非常灵活，我们已经学习了最基本的一种，例如：

```
def ask_me_to(string):
```

它拥有一个参数,名字为 string。

函数参数的个数可以为 0 个或多个,例如:

```
def random_number():
    return 4 # 刚用骰子扔的,绝对随机
```

可以根据需求去选择参数个数,但是要注意的是即使没有参数,括号也不可省略。

Python 的一个灵活之处在于函数参数形式的多样性,有以下几种:

- 不带默认参数的:def func(a)。
- 带默认参数的:def func(a, b=1)。
- 任意位置参数:def func(a, b=1, *c)。
- 任意键值参数:def func(a, b=1, *c, ** d)。

第一种就是刚才讲到的一般形式,来看一看剩下三种如何使用。

3.4.4 默认参数

有时候某个函数参数大部分时候为某个特定值,于是我们希望这个参数可以有一个默认值,这样就不用频繁指定相同的值给这个参数了。默认参数的用法看一个例子:

```
def print_date(year, month = 1, day = 1):
    print(f'{year:04d} - {month:02d} - {day:02d}')
```

这是一个格式化输出日期的函数,注意其中月份和天数参数我们用一个等号表明赋予默认值。于是,可以分别以 1,2,3 个参数调用这个函数,同时也可以指定某个特定参数,例如:

```
print_date(2018)
print_date(2018, 2, 1)
print_date(2018, 5)
print_date(2018, day = 3)
print_date(2018, month = 2, day = 5)
```

这段代码会输出:

```
2018 - 01 - 01
2018 - 02 - 01
2018 - 05 - 01
2018 - 01 - 03
2018 - 02 - 05
```

我们依次看一下这些调用。

① print_date(2018)这种情况下由于默认参数的存在等价于 print_date(2018, 1, 1)。

② print_date(2018, 2, 1)这种情况下所有参数都被传入了，因此和无默认参数的行为是一致的。

③ print_date(2018, 5)省略了 day，因为参数是按照顺序传入的。

④ print_date(2018, day=3)省略了 month，由于和声明顺序不一致，所以必须声明参数名称。

⑤ print_date(2018, month=2, day=5)全部声明也是可以的。

使用默认参数可以让函数的行为更加灵活。

3.4.5 任意位置参数

如果函数想接收任意数量的参数，那么可以这样声明使用：

```
def print_args( * args):
    for arg in args:
        print(arg)

print_args(1, 2, 3, 4)
```

诊断代码会输出：

```
1
2
3
4
```

任意位置参数的特点就是它只占一个参数，并且以 * 开头。其中 args 为一个 List，包含了所有传入的参数，顺序为调用时候传参的顺序。

3.4.6 任意键值参数

除了接收任意数量的参数，如果希望给每个参数一个名字，那么可以这么声明参数：

```
def print_kwargs( ** kwargs):
    for kw in kwargs:
        print(f'{kw} = {kwargs[kw]}')

print_kwargs(a = 1, b = 2, c = 3, d = 4)
```

这段代码会输出：

```
a = 1
b = 2
c = 3
d = 4
```

跟之前讲过的任意位置参数使用非常类似,但是 kwargs 这里是一个 Dict,其中 Key 和 Value 为调用时候传入的参数名称和值,顺序和传参顺序一致。

3.4.7 组合使用

现在知道了这四类参数可以同时使用,但是需要满足一定的条件,例如:

```
def the_ultimate_print_args(arg1, arg2 = 1, *args, **kwargs):
    print(arg1)
    print(arg2)
    for arg in args:
        print(arg)
    for kw in kwargs:
        print(f'{kw} = {kwargs[kw]}')
```

可以看出,四种参数在定义时应该满足这样的顺序:非默认参数、默认参数、任意位置参数、任意键值参数。

调用的时候,参数分两类,即位置相关参数和无关键词参数,例如:

```
the_ultimate_print_args(1, 2, 3, arg4 = 4)   #1,2,3 是位置相关参数,arg4 = 4 是关键词参数
```

这句代码会输出:

```
1
2
3
arg4 = 4
```

其中前三个就是位置相关参数,最后一个是关键词参数。位置相关参数是顺序传入的,而关键词参数则可以乱序传入,例如:

```
the_ultimate_print_args(arg3 = 3, arg2 = 2, arg1 = 3, arg4 = 4)   #这里 arg1 和 arg2 是乱序的!
```

这句代码会输出:

```
3
2
arg3 = 3
arg4 = 4
```

总之在调用的时候参数顺序应该满足的规则是:

① 位置相关参数不能在关键词参数之后。

② 位置相关参数优先。

这么看太抽象,不如看看两个错误用法。第一个错误用法:

```
the_ultimate_print_args(arg4 = 4, 1, 2, 3)
```

这句代码会报错：

```
Traceback (most recent call last):
   File  "/Users/jiangjiao/PycharmProjects/LearnPythonWithPractice/Chapter  8/Parameters.
py", line 43
    the_ultimate_print_args(arg4 = 4, 1, 2, 3)
                                          ^
SyntaxError: positional argument follows keyword argument
```

报错的意思是位置相关参数不能在关键词参数之后。也就是说，必须先传入位置相关参数，再传入关键词参数。

再看第二个错误用法：

```
the_ultimate_print_args(1, 2, arg1 = 3, arg4 = 5)
```

这句代码会报错：

```
Traceback (most recent call last):
   File  "/Users/jiangjiao/PycharmProjects/LearnPythonWithPractice/Chapter  8/Parameters.
py", line 41, in <module>
    the_ultimate_print_args(1, 2, arg1 = 3, arg4 = 5)
TypeError: the_ultimate_print_args() got multiple values for argument 'arg1'
```

报错意思是函数的参数 arg1 接收到了多个值。也就是说，位置相关参数会优先传入，如果再指定相应的参数那么就会发生错误。

3.4.8　修改传入的参数

先补充有关传入参数的两个重要概念。

① 按值传递：复制传入的变量，传入函数的参数是一个和原对象无关的副本。

② 按引用传递：直接传入原变量的一个引用，修改参数就是修改原对象。

在有些编程语言中，可能是两种传参方式同时存在可供选择，但是 Python 只有一种传参方式就是按引用传递，例如：

```
list1 = [1, 2, 3]
def new_element(mylist):
   mylist.append(4)   #mylist 是一个引用!

new_element(list1)
print(list1)
```

注意我们在函数内通过 append()修改了 mylist 的元素，由于 mylist 是 list1 的一个引

用,因此实际上我们修改的就是 list1 的元素,所以这段代码会输出:

```
[1, 2, 3, 4]
```

这是符合我们的预期的,但是我们看另一个例子:

```
num = 1
def edit_num(number):
    number += 2
edit_num(num)
print(num)
```

按照之前的理论,number 应该是 num 的一个引用,所以这里应该输出 3,但是实际上输出是:

```
1
```

为什么会这样呢?在第 6 章会讲到:特别地,字符串是一个不可变的对象。实际上,包括字符串在内,数值类型和 Tuple 也是不可变的,而这里正是因为 num 是不可变类型,所以函数的行为不符合我们的预期。

为了深入探究其原因,引入一个新的内建函数 id,它的作用是返回对象的 id。对象的 id 是唯一的,但是可能有多个变量引用同一个对象,例如下面这个例子:

```
alice = 32768
bob = alice  #看起来我们赋值了
print(id(alice))
print(id(bob))
alice += 1   #这里要修改 alice
print(id(alice))
print(id(bob))
print(alice)
print(bob)
```

可以得到这样的输出(这里 id 的输出不一定跟本书一致,但是第 1,2,4 个 id 应该是相同的):

```
4320719728
4320719728
4320720144
4320719728
32769
32768
```

其实除了函数参数是引用传递,Python 变量的本质就是引用。这也就意味着我们在把 alice 赋值给 bob 的时候,实际上是把 alice 的引用给了 bob,于是这时候 alice 和 bob 实际上引用了同一个对象，因此 id 相同。

接下来，我们修改了 alice 的值，可以看到 bob 的值并没有改变，这符合我们的直觉。但是从引用上看，实际发生的操作是，bob 的引用不变，但是 alice 获得了一个新对象的引用，这个过程充分体现了数值类型不可变的性质——已经创建的对象不会修改，任何修改都是新建一个对象来实现。

实际上，对于这些不可变类型，每次修改都会创建一个新的对象，然后修改引用为新的对象。在这里，alice 和 bob 已经引用两个完全不同的对象了，这两个对象占用的空间是完全不同的。

那么回到最开始的问题，为什么这些不可变对象在函数内的修改不能体现在函数外呢？虽然函数参数的确引用了原对象，但是我们在修改的时候实际上是创建了一个新的对象，所以原对象不会被修改，这也就解释了刚才的现象。如果一定要修改的话，可以这么写：

```
num = 1
def edit_num(number):
    number += 2
    return number
num = edit_num(num)
print(num)  #会输出 3
```

这样输出就是我们预期的 3 了。

特殊地，这里举例用了一个很大的数字是有原因的。由于 0～256 这些整数使用得比较频繁，为了避免小对象的反复内存分配和释放造成内存碎片，所以 Python 对 0～256 这些数字建立了一个对象池。

```
alice = 1
bob = 1
print(id(alice))
print(id(bob))
```

可以得到输出为（这里输出的两个 id 应该是一致的，但是数字不一定跟本书中的相同）：

```
4482894448
4482894448
```

可以看出，虽然 alice 和 bob 无关，但是它们引用的是同一个对象，所以为了方便说明，之前取了一个比较大的数字用于赋值。

3.4.9 函数的返回值

1. 返回一个值

函数在执行的时候，会在执行到结束或者 return 语句的时候返回调用的位置。如果我们的函数需要返回一个值，那需要用 return 语句，例如最简单的，返回一个值：

```
def multiply(num1, num2):
    return num1 * num2

print(multiply(3, 5))
```

这段代码会输出：

```
15
```

这个 multiply 函数将输入的两个参数相乘，然后返回结果。

2. 什么都不返回

如果我们不想返回任何内容，可以只写一个 return，它会停止执行后面代码的立即返回，例如：

```
def guess_word(word):
    if word != 'secret':
        return  #等价于 return None
    print('bingo')

guess_word('absolutely not this one')
```

这里只要函数参数不是'secret'就不会输出任何内容，因为 return 后面的代码不会被执行。另外 return 跟 return None 是等价的，也就是说默认返回的是 None。

3. 返回多个值

和大部分编程语言不同，Python 支持返回多个参数，例如：

```
def reverse_input(num1, num2, num3):
    return num3, num2, num1

a, b, c = reverse_input(1, 2, 3)
print(a)
print(b)
print(c)
```

这里要注意接收返回值的时候不能再像之前用一个变量，而是要用和返回值数目相同的变量接收，其中返回值赋值的顺序是从左到右的，跟直觉一致。

```
3
2
1
```

所以这个函数的作用就是把输入的三个变量顺序翻转一下。

3.4.10 函数的嵌套

可以在函数内定义函数，这对于简化函数内重复逻辑很有用，例如：

```
def outer():
    def inner():
        print('this is inner function')
    print('this is outer function')
    inner()

outer()
```

这段代码会输出：

```
this is outer function
this is inner function
```

需要注意的一点是，内部的函数只能在它所处的代码块中使用，在上面这个例子中，inner 在 outer 外面是不可见的，这个概念称为作用域。

1. 作用域

作用域是一个很重要的概念，看一个例子：

```
def func1():
    x1 = 1

def func2():
    print(x1)

func1()
func2()
```

这里函数 func2 中能正常输出 x1 的值吗？

答案是不能。为了解决这个问题，需要学习 Python 的变量名称查找顺序，即 LEGB 原则。

① L：Local（本地）是函数内的名字空间，包括局部变量和形参。

② E：Enclosing（封闭）外部嵌套函数的名字空间（闭包中常见）。

③ G：Global（全局）全局函数定义所在模块的名字空间。

④ B：Builtin（内建）内置模块的名字空间。

LEGB 原则的含义是，Python 会按照 LEGB 这个顺序去查找变量，一旦找到就拿来用，否则就到更外面一层的作用域去查找，如果都找不到就报错。

可以通过一个例子来认识 LEGB，例如：

```
a = 1              # 对于 func3 和 inner 来说都是 Global
def func3():
    b = 2          # 对于 func3 来说是 Local,对于 inner 来说是 Enclosing
    def inner():
        c = 3      # 对于 inner 来说是 Local,func3 不可见
```

其中要注意的是 func3 没有 Enclosing 作用域，至于闭包是什么我们会在后面的章节中见到，这里只要理解 LEGB 原则就可以了。

2. global 和 nonlocal

根据上述 LEGB 原则，在函数中是可以访问到全局变量的，例如：

```
d = 1
def func4():
    d += 2

func4()
```

但是 LEGB 规则仿佛出了点问题，因为会报错：

```
Traceback (most recent call last):
  File "/Users/jiangjiao/PycharmProjects/LearnPythonWithPractice/Chapter 8/Function within
Function.py", line 36, in <module>
    func4()
  File "/Users/jiangjiao/PycharmProjects/LearnPythonWithPractice/Chapter 8/Function within
Function.py", line 33, in func4
    d += 2
UnboundLocalError: local variable 'd' referenced before assignment
```

这并不是 Python 的问题，反而是 Python 的一个特点，也就是说 Python 阻止用户在不自觉的情况下修改非局部变量，那么怎么访问非局部变量呢？

为了修改非局部变量，我们需要使用 global 和 nonlocal 关键字，其中，nonlocal 关键词是 Python 3 中才有的新关键词，看一个例子：

```
d = 1
def func4():
    global d
    e = 5
    d += 2             # 访问到了全局变量 d
    def inner():
        nonlocal e
        e += 3         # 访问到了闭包中的变量 e
    inner()
    print(e)

func4()
print(d)
```

也就是说，global会使得相应的全局变量在当前作用域内可见，而nonlocal可以让闭包中非全局变量可见，所以这段代码会输出：

```
8
3
```

3.4.11 使用轮子

这里的“使用轮子”可不是现实中那种使用轮子，而是指直接使用别人写好封装好的易于使用的库，进而极大地减少重复劳动，提高开发效率。

Python自带的标准库就是一堆鲁棒性强、接口易用、涉猎广泛的“轮子”，善于利用这些轮子可以极大地简化代码，这里简单介绍一些常用的库。

1. 随机库

Python中的随机库用于生成随机数，例如：

```
import random   #之前 return 4 那个只是开个玩笑
print(random.randint(1, 5))
```

它会输出一个随机的[1,5)范围内的整数。无须关心它的实现，只要知道这样可以生成随机数就可以了。

其中，import关键字的作用是导入一个包，有关包和模块的内容后面章节会细讲，这里只讲基本使用方法。

用import导入的基本语法是：import 包名，包提供的函数的用法是 包名.函数名。当然不仅函数，包里面的常量和类都可以通过类似的方法调用，不过这里会用函数就够了。

此外如果不想写包名，也可以这样：

```
from random import randint
```

然后就可以直接调用randint而不用写前面的random.了。

如果有很多函数要导入的话，还可以这么写：

```
from random import *
```

这样random包里的一切就都包含进来了，可以不用random.直接调用。不过不太推荐这样写，因为不知道包内都有什么，容易造成名字的混乱。

特殊地，import random还有一种特殊写法：

```
import random as rnd
print(rnd.randint(1, 5))
```

它和import random没有本质区别，仅仅是给了random一个方便输入的别名rnd。

2. 日期库

这个库可以用于计算日期和时间，例如：

```
import datetime
print(datetime.datetime.now())
```

这段代码会输出：

```
2018-04-29 20:40:21.164027
```

3. 数学库

这个库有着常用的数学函数，例如：

```
import math
print(math.sin(math.pi / 2))
print(math.cos(math.pi / 2))
```

这段代码会输出：

```
1.0
6.123233995736766e-17
```

其中第二个结果其实就是 0，但是限于浮点数的精度问题无法精确表示为 0，所以在编写代码涉及浮点数比较的时候一定要这么写：

```
EPS = 1e-8
print(abs(math.cos(math.pi / 2)) < EPS)
```

这里 EPS 就是指允许的误差范围。也就是说浮点数没有真正的相等，只有在一定误差范围内的相等。

4. 操作系统库

这个库包含操作系统的一些操作，例如列出目录：

```
import os
print(os.listdir('.'))
```

我们在之后的文件操作章节还会见到这个库。

5. 第三方库

还记得我们第 3 章讲过的 pip 吗，可以用 pip 来方便的安装各种第三方库，例如：

```
pip install numpy
```

通过一行指令就可以安装 numpy 这个库了，然后就可以在代码中正常 import 这个库：

```
import numpy
```

这也正是 pip 作为包管理器强大的地方，方便易用。

本章小结

本章介绍了三种执行结构和 Python 的控制语句，并且引入了代码块这个重要的概念，只要完全掌握这些内容，理论上就可以写出任何程序了，所以一定要在理解的基础上熟练使用 Python 的各种控制语句，打下良好的基础。

通过本章的学习我们还看到 Python 的函数定义简单，而且无论是在参数设置上还是结果返回上都具有极高的灵活性，同时借助函数也接触到了“作用域”这个重要的概念，最后学习了库的简单使用。善用函数，往往可以使代码更加简洁优美。

本章习题

1. 通过选择结构把一门课的成绩转化成绩点并输出，其中成绩点的计算为了简单起见，采用 90～100 分 4.0，80～89 分 3.0，70～79 分 2.0，60～69 分 1.0 的规则。

2. 给定一个分段函数，在 $x\geqslant 0$ 的时候，$y=x$；在 $x<0$ 的时候；为 $x=0$，实现这个函数的计算逻辑。

3. 给定三个整数 a，b，c，判断哪个最小。

4. 使用循环计算 1～100 中所有偶数的和。

5. 水仙花数是指一个 n 位数（$n\geqslant 3$），它的每个位上的数字的 n 次幂之和等于它本身。输出所有三位数水仙花数。

6. 斐波那契数列是一个递归定义的数列，它的前两项为 1，从第三项开始每项都是前面两项的和。输出 100 以内的斐波那契数列。

7. 输入一个数字，判断它在不在斐波那契数列中。

8. 通过自学递归的概念，构造一个递归函数实现斐波那契数列的计算。

9. 通过使用默认参数，实现可以构造一个等差数列的函数，参数包括等差数列的起始、结束以及公差，注意公差应该可以为负数。

10. 写一个日期格式化函数，使用键值对传递参数。

11. 实现能够返回 List 中第 n 大的数字的函数，n 由输入指定。

12. 写一个函数，求两个数的最大公约数。

13. 通过循环和函数，写一个井字棋游戏，并写一个井字棋的 AI。

14. 查询日期库文档，写代码完成当前时间从 UTC+8（北京时间）到 UTC−5 的转换。

15. 查询随机库文档，写一个投骰子程序，要求可以指定骰子面数和数量，并计算投掷的数学期望。

第 4 章

数据结构

在这章开始之前，先思考一个问题，现实世界和我们编写的程序有什么关系？

现实世界的事物关系种类非常繁多复杂，例如排队的人之间的关系、超市的货架上货物的关系等等，而我们编写程序的第一步正是要用结构化的逻辑结构来抽象出这些复杂关系中的内在联系，这就是计算机数据结构的来源。如果没有一个良好的数据结构，那么进一步编写程序的时候就会举步维艰。

本章会从数据结构的概念出发，介绍 Python 中的基本数据结构 Tuple、List、Dict 和字符串。

4.1 什么是数据结构

数据结构是指相互之间存在一种或多种特定关系的数据元素的集合，是计算机存储组织数据的形式。

可以将生活中的事物联系抽象为特定的四种数据结构——集合结构、线性结构、树形结构、图状结构，如图 4-1 所示。

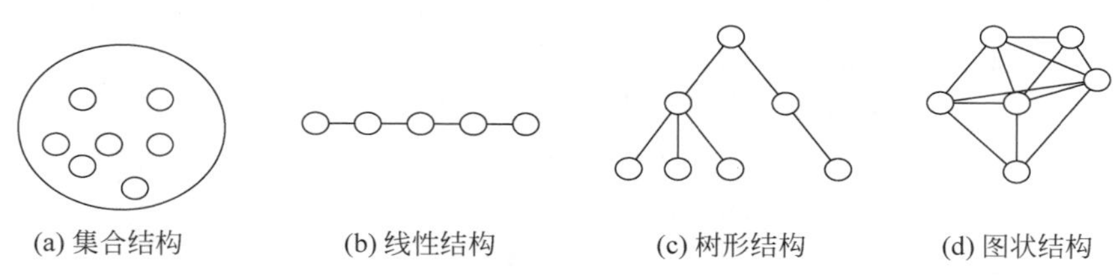

图 4-1　数据结构

1. 集合结构

在数学中集合的朴素定义是指具有某种特定性质的事物的总体，具有无序性和确定性。计算机中的集合结构顾名思义正是对生活中集合关系的抽象，例如对于一筐鸡蛋，筐就是一个集合，其中的元素就是每个鸡蛋。

2. 线性结构

线性结构和集合结构非常类似，但是线性结构是有序的并且元素之间有联系。例如排队中的人就可以看作一个线性结构，每个人是一个元素同时每个人记录自己前面和后面的人是谁，这样存储到计算机中后我们可以从任意一个人访问到另一个人。

3. 树形结构

树形结构直观来看就好像是把现实中的一棵树倒过来一样，从根节点开始，一个节点对应多个节点，而每个节点又可以对应多个节点，例如本书的章节结构就可以看作是一个树形结构。

4. 图状结构

树形结构从根本上还是一对多的关系，但是图状结构是多对多的关系。对于生活中最复杂的关系，例如人际、网络基础设施、师生的关系，用图状关系表达都是非常清晰明了的。

我们暂时不会去关心后两种复杂的结构，学习会以前两种为主，因为它们直接对应了Python 的基本数据类型。

接下来，我们依次认识一下 Tuple、List、Dict 和字符串吧。

4.2 Tuple(元组)

Tuple 又叫元组，是一个线性结构，它的表达形式是这样的：

```
tuple = (1, 2, 3)
```

即用一个圆括号括起来的一串对象就可以创建一个 Tuple，之所以说它是一个线性结构是因为在元组中元素是有序的，例如我们可以这样去访问它的内容：

```
tuple1 = (1, 3, 5, 7, 9)
print(f'the second element is {tuple1[1]}')
```

这段代码会输出：

```
the second element is 3
```

这里可以看到，通过"[]"运算符直接访问了 Tuple 的内容，这个运算符在上一章已经见过了，但是没有深入讲解。这里我们先详细学习一下切片操作符，因为它是一个非常常用的运算符，尤其在 Tuple 和 List 中应用广泛。

4.2.1 切片

1. 背景

切片操作符的和 C/C++的下标运算符非常像，但是在 C/C++中，"[]"只能用来取出指定下标的元素,所以它在 C/C++中叫作下标运算符。

在 Python 中,这个功能被极大地扩展了——它不但能取一个元素,还能取一串元素,甚至还能隔着取、倒着取、反向取等等。由于取一串元素的操作更像是在切片,所以称它为切片操作符。

灵活使用切片操作符,往往可以大大简化代码,这也是 Python 提供的便利之一。

2. 取一个元素

如果有一个 Tuple,并且我们想取出其中一个元素,可以使用具有一个参数的下标运算符:

```
tuple1 = (1, 3, 5, 7, 9)
print(tuple1[2])  #取第三个元素而不是第二个
```

绝大部分编程语言下标都是从 0 开始的,也就是说,在 Python 中对于一个有 n 个元素的 Tuple,自然数下标的范围是 $0 \sim n-1$。

所以这里会输出 tuple1 中下标为 2 的第 3 个元素:

```
5
```

这是切片操作符最简单的形式,它只接收一个参数就是元素的下标,也就是上面例子里的 2。

特别地,Python 支持负数下标表示从结尾倒着取元素,例如,如果想取出最后一个元素:

```
print(tuple1[-1])
```

但是要注意的是负数下标是从 -1 开始的,所以对于一个含有 n 个元素的 Tuple,它的负数下标范围为 $-1 \sim -n$,因此这里得到的是下标为 4 的最后 1 个元素,输出为:

```
9
```

如果取了一个超出范围的元素:

```
print(tuple1[5])
```

那么 Python 解释器会抛出一个 IndexError 异常:

```
Traceback (most recent call last):
  File "/Users/jiangjiao/PycharmProjects/LearnPythonWithPractice/Chapter 7/Slice.py", line
6, in <module>
    print(tuple1[5])
IndexError: tuple index out of range
```

这个异常的详细信息是下标超出了范围。如果遇到这种情况，我们就需要检查一下代码是不是访问了不存在的下标。

3. 取连续的元素

先看一个例子：

```
tuple1 = (1, 3, 5, 7, 9)
print(tuple1[0:3])
```

这段代码会输出：

```
(1, 3, 5)
```

我们会发现结果仍然是一个 Tuple，由第 1 个到第 4 个元素之间的元素构成，其中包含第 1 个元素，但是不包含第 4 个元素。

这种切片操作接收两个参数，开始下标和结束下标，中间用分号隔开，也就是上面例子中的 0 和 3，但是要注意的是元素下标区间是左闭右开的。如果对之前讲循环时候的 range 还有印象的话，可以发现它们区间都是左闭右开的，这是 Python 中的一个规律。

特殊的，如果从第 0 个开始取，或者要一直取到最后一个，可以省略相应的参数，例如：

```
print(tuple1[:3])
print(tuple1[3:])
```

第一句表示从第 1 个元素取到第 3 个元素，第二句表示从第 4 个元素取到最后一个，所以输出为：

```
(1, 3, 5)
(7, 9)
```

同样地，这里也可以使用负下标，例如：

```
print(tuple1[:-1])
```

表示从第 1 个元素取到倒数第 2 个元素，所以输出为：

```
(1, 3, 5, 7)
```

4. 以固定间隔取连续的元素

上述取连续元素的操作其实还可以进一步丰富，例如下面这个例子：

```
tuple1 = (1, 3, 5, 7, 9)
print(tuple1[1:4:2])
```

这段代码会输出：

```
(3, 7)
```

这里表示的含义就是从第 2 个元素取到第 5 个元素，每 2 个取第一个。于是我们取出了第 2 个和第 4 个元素。这也是切片操作符的完整形式，即［开始：结束：间隔］，例如上面的［1：4：2］。

特殊地，这个间隔可以是负数，表示反向间隔。例如：

```
print(tuple1[::-1])
```

这句代码会输出：

```
(9, 7, 5, 3, 1)
```

可以看出就是翻转了整个 Tuple。

4.2.2 修改

这里说“修改”并不是原位的修改，因为 Tuple 的元素一旦指定就不可再修改，而是通过创建一个新的 Tuple 来实现修改，例如下面这个例子：

```
tuple1 = (1, 3, 5, 7, 9)
tuple2 = (2, 4, 6, 8)
tuple3 = tuple1 + tuple2
print(tuple3)
tuple4 = tuple1 * 2
print(tuple4)
```

这段代码会输出：

```
(1, 3, 5, 7, 9, 2, 4, 6, 8)
(1, 3, 5, 7, 9, 1, 3, 5, 7, 9)
```

可以看到通过创建 tuple3 和 tuple4，“修改”了 tuple1 和 tuple2。

同时要注意的是，之前在讲字符串的时候提到的加法和乘法对 Tuple 的操作也是类似的，效果分别是两个 Tuple 元素合并为一个新的 Tuple 和重复自身元素返回一个新的 Tuple。

4.2.3 遍历

遍历有两种方法：

```
#for 循环遍历
for item in tuple1:
```

```
    print(f'{item} ', end = '')

# while 循环遍历
index = 0   # 下标
while index < len(tuple1):
    print(f'{tuple1[index]} ', end = '')
    index += 1
```

这段代码会输出：

```
1 3 5 7 9 1 3 5 7 9
```

我们在 print 函数中加了一个使结束符为空的参数，这个用法会在下一章函数中讲到，这里只要知道这样会使 print 不再自动换行就行了。

可以通过一个 for 循环或者 while 循环直接顺序访问元组的内容。显然 for 循环不仅可读性高而且更加简单，在大多数情况下应该优先采用 for 循环。

另外值得一提的是，之所以 Tuple 可以这样用 for 遍历是因为 Tuple 包括后面马上要提到的 List 和 Dict 对象本身是一个可迭代的对象，这个概念之后会细讲，这里只要学会 for 循环的用法就行了。

4.2.4　查找

在 Tuple 中查找元素可以用 in，例如：

```
if 3 in tuple1:
    print('We found 3!')
else:
    print('No 3!')
```

这段代码会输出：

```
We found 3!
```

in 是一个使用广泛的判断包含的运算符，类似的还有 not in。in 的作用就是判断特定元素是否在某个对象中，如果包含就返回 True，否则返回 False。

4.2.5　内置函数

此外有一些内置函数可以作用于 Tuple 上，例如：

```
print(len(tuple1))
print(max(tuple1))
print(min(tuple1))
```

从上到下分别是求 tuple1 的长度、tuple1 中最大的元素、tuple2 中最小的元素。

这些函数对接下来即将讲到的 List 和 Dict 也有类似的作用。

4.3 List(列表)

List 又叫列表，也是一个线性结构，它的表达形式是：

```
list1 = [1, 2, 3, 4, 5]
```

List 的性质和 Tuple 是非常类似的，上述 Tuple 的操作都可以用在 List 上，但是 List 有一个最重要的特点就是元素可以修改，所以 List 的功能要比 Tuple 更加丰富。

由于 List 的查找和遍历语法和 Tuple 是完全一致的，所以这里就不再赘述了，我们把主要精力放到 List 的特性上。

4.3.1 添加

之前已经提到了，List 是可以修改的，因此可以在尾部添加一个元素，例如：

```
list1 = [1, 2, 3, 4, 5]

#下面是一种标准的错误做法
#list1[5] = 6
#这样会报 IndexError

#下面才是正确做法
list1.append(6)
print(list1)
```

这段代码会输出：

```
[1, 2, 3, 4, 5, 6]
```

append 方法的作用是在 List 后面追加一个元素。类似地，还有 extend 和 insert 可以用于添加元素，例如：

```
list2 = [8, 9, 10, 11]
list1.extend(list2)
print(list1)
list1.insert(0, 8888)
print(list1)
```

这段代码会输出：

```
[1, 2, 3, 4, 5, 6, 8, 9, 10, 11]
[8888, 1, 2, 3, 4, 5, 6, 8, 9, 10, 11]
```

extend 接收一个参数，内容为要合并进这个 list 的一个可迭代对象，所以这里可以传入一个 List 或者 Tuple。

insert 接收两个参数，分别是下标和被插入的对象，可以在指定下标位置插入指定对象。

4.3.2　删除

由于 List 元素是可以修改的，因此删除也是允许的，List 删除元素有三种方法。

4.3.3　del 操作符

del 是一个 Python 内建的一元操作符，只有一个参数是被删除的对象，例如：

```
list1 = [1, 2, 3, 4, 5]
del list1[1]

print(list1)
```

这段代码会输出：

```
[1, 3, 4, 5]
```

del 一般用来删除指定位置的元素。

4.3.4　pop 方法

pop 方法没有参数，默认删除最后一个元素，例如：

```
list1 = [1, 2, 3, 4, 5]
print(list1.pop())

print(list1)
```

这段代码会输出：

```
5
[1, 2, 3, 4]
```

4.3.5　remove 方法

remove 方法接收一个参数，为被删除的对象，例如：

```
list1 = [1, 1, 2, 3, 5]
list1.remove(1)
```

```
print(list1)
```

这段代码会输出：

```
[1, 2, 3, 5]
```

同时我们也可以看出 remove 是从前往后查找，删除遇到第一个相等的元素。

4.3.6 修改

List 可以在原位进行修改，直接用下标访问就可以，例如：

```
list1 = [1, 2, 3, 4, 5]
list1[2] = 99999

print(list1)
```

这段代码会输出：

```
[1, 2, 99999, 4, 5]
```

这样第三个元素就被修改了。

还记得刚刚学习的切片操作符吗？对于 List 来说可以一次修改一段值，例如：

```
list1 = [1, 2, 3, 4, 5]
list1[2:4] = [111, 222]

print(list1)
```

这段代码会输出：

```
[1, 2, 111, 222, 5]
```

也可以等间隔赋值：

```
list1 = [1, 2, 3, 4, 5]
list1[::2] = [111, 222, 333]

print(list1)
```

这段代码会输出：

```
[111, 2, 222, 4, 333]
```

很多时候我们希望在遍历过程中修改值，那么就有了问题，如果删除了一个值，那么之后会不会遍历到已删除的值？而如果在尾部添加了一个值，那么之后新添加的值会不会被遍历到？在 Python 中遍历 List 时候修改值是完全安全的，不会遍历到删除的值并且新添加的值会正常遍历，看一个例子：

```
#这样不能修改内容,因为 item 是一个拷贝
for item in list1:
    item += 1

print(list1)            #依旧是[1, 2, 3, 4, 5]

#需要访问原来的 List
for index, item in enumerate(list1):
    list1[index] += 1  #这样访问是安全的
    if index == 3:
        list1.append(6) #append 也是安全的,添加的 6 也会被遍历到

print(list1)            #输出是[2, 3, 4, 5, 6, 7]
```

在 for 循环中的建立的循环变量 item 只是原对象 list1 中元素的一个拷贝，所以直接修改 item 不会对 list1 造成任何影响，依旧需要用下标或者 List 的方法来修改 list1 的值。

之前我们都是通过 while 来完成跟下标有关的循环的，这里就介绍一下如何用 for 来进行下标相关的循环，那就是利用 enumerate 返回一个迭代器，这个迭代器可以同时生成下标和对应的值用于遍历。当然由于我还没有讲到函数和面向对象的相关知识，这里只要有个印象即可，能模仿使用更好。

4.3.7 排序和翻转

很多时候，希望数据是有序的，而 List 提供了 sort 方法用于排序和 reverse 方法用于翻转，例如：

```
list1 = [1, 2, 3, 4, 5]
list1.reverse()
print(list1)
list1.sort()
print(list1)
list1.sort(reverse = True)
print(list1)
```

这段代码会输出：

```
[5, 4, 3, 2, 1]
[1, 2, 3, 4, 5]
[5, 4, 3, 2, 1]
```

第一个 reverse 方法的作用就是将 List 前后翻转，第二个 sort 方法是将元素从小到大排列，第三个 sort 加了一个 reversed=True 的参数，所以它会从大到小排列元素。

4.3.8 推导式

列表推导式是一种可以快速生成 List 的方法。

例如，想生成一个含有 0～100 中所有偶数的列表可能会这么写：

```
list1  = []

for i in range(101):
    if i % 2 == 0:
        list1.append(i)

#现在 list1 含有 0-100 中所有偶数
```

但是如果使用列表推导式，只用一行即可：

```
list1 = [i for i in range(101) if i % 2 == 0] #和上述写法的效果等价
```

怎么理解这个语法呢？这里的语法很像经典集合论中对集合的定义，其中最开始的 i 是代表元素，而后面的 for i in range(101) 说明了这个元素的取值范围，最后的一个 if 是限制条件。

同时代表元素还可以做一些简单的运算，例如：

```
list1 = [i * i for i in range(10)]
print(list1)
```

这里输出的结果是：

```
[0, 1, 4, 9, 16, 25, 36, 49, 64, 81]
```

这里依靠列表推导式即可快速生成了 100 以内的完全平方数。

另外值得一提的是，列表推导式不仅简洁、可读性高，更关键的是相比之前的循环生成列表推导式的效率要高得多，因此在写 Python 代码中应该善于使用列表推导式。

4.4 Dict(字典)

Dict 中文名为字典，与上面的 Tuple 和 List 不同，是一种集合结构，因为它满足集合的三个性质即无序性、确定性和互异性。创建一个字典的语法是：

```
zergling = {'attack': 5, 'speed': 4.13, 'price': 50}
```

这段代码定义了一个 zergling，它拥有 5 点攻击力，具有 4.13 的移动速度，消耗 50 元。

Dict 使用花括号，里面的每一个对象都需要有一个键，我们称之为 Key，也就是冒号前面的字符串，当然它也可以是 int、float 等基础类型。冒号后面的是值，称之为 Value，同样可以是任何基础类型。所以，Dict 除了被叫作字典以外还经常被称为键值对、映射等。

Dict 的互异性体现在它的键是唯一的，如果我们重复定义一个 Key，后面的定义会覆盖前面的，例如：

```
#请不要这么做
zergling = {'attack': 5, 'speed': 4.13, 'price': 50, 'attack': 6}
print(zergling['attack'])
```

这段代码会输出：

```
6
```

相比 Tuple 和 List，Dict 的特点就比较多了。

① 查找比较快。

② 占用更多空间。

③ Key 不可重复，且不可变。

④ 数据不保证有序存放。

这里最重要的特点就是查找速度快。对于一个 Dict 来说，无论元素有 10 个还是 10 万个，查找某个特定元素花费的时间都是相近的，而 List 或者 Tuple 查找特定元素花费的时间会随着元素数目的增长线性增长。

4.4.1　访问

Dict 的访问和 List 与 Tuple 类似，但是必须要用 Key 作为索引：

```
print(zergling['price'])
#注意 Dict 是无序的，所以没有下标
#print(zergling[0])
```

这里会输出：

```
50
```

如果执行注释里的错误用法，会抛出 KeyError 异常，因为 Dict 是无序的，所以无法用下标去访问，报错为：

```
Traceback (most recent call last):
  File "/Users/jiangjiao/PycharmProjects/LearnPythonWithPractice/Chapter 7/Dict.py", line
8, in <module>
    print(zergling[0])
KeyError: 0
```

为了避免访问不存在的 Key,这里有三种办法。

1. 使用 in

第一种办法是使用 in 操作符,例如:

```
if 'attack' in zergling:
    print(zergling['attack'])
```

in 操作符会在 Dict 所有的 Key 中进行查找,如果找到就会返回 True,反之返回 False,因此可以确保访问的时候 Key 一定是存在的。

2. 使用 get 方法

第二种办法是使用 get 方法,例如:

```
print(zergling.get('attack'))
```

get 方法可以节省一个 if 判断,它如果访问了一个存在的 Key,则会返回对应的 Value,反之返回 None。

3. 使用 defaultdict

这种办法需要用到一个 import,它的作用是导入一个外部的包,这里仅作了解。

```
from collections import defaultdict
zergling = defaultdict(None)
zergling['attack'] = 5
print(zergling['armor'])
```

这段代码会输出:

```
None
```

可以看到 defaultdict 在访问不存在的 Key 的时候会直接返回 None。

4.4.2 修改

修改 Dict 中 Value 非常简单,和 List 类似,只要直接赋值即可:

```
zergling['speed'] = 5.57
```

4.4.3 添加

添加的方式和 Python 中声明变量的方法类似,例如:

```
zergling['targets'] = 'ground'   #zergling 中原来并没有 targets 这个 key!
```

和 List 不同的是，由于 Dict 没有顺序，所以 Dict 不使用 append 等方法进行添加，而是只要对要添加的 Key 直接赋值就会自动创建新 Key，当然如果 Key 已经存在的话会覆盖原来的值。

还有一种与上面 get 方法对应的操作，就是调用 setdefault 方法：

```
zergling = {'attack': 5, 'speed': 4.13, 'price': 50}
print(zergling.setdefault('targets', 'ground'))  #不存在 targets 这个 key,因此赋值
                                                 #为 ground
print(zergling.setdefault('speed', 5.57))        #存在 speed 这个 key,因此什么都不做
```

这段代码会输出：

```
ground
4.13
```

setdefault 是一个复合的 get 操作，它接收两个参数，分别是 Key 和 Value。首先它会尝试去访问这个 Key，如果存在，则返回它对应的值；如果不存在，则创建这个 Key 并将值设置为 Value，然后返回 Value。

4.4.4 删除

和之前 List 的删除类似，可以使用 del 来删除，例如：

```
del zergling['attack']
```

当然除了 del，Dict 也提供了 pop 方法来删除元素，不过稍有区别，例如：

```
zergling.pop('attack')
```

可以看到 Dict 删除元素的时候需要一个 Key 作为参数，那么有没有像 List 那种方便的 pop 呢？这就要用到 popitem 了，例如：

```
zergling.popitem()
```

但是要注意的是，由于 Dict 本身的无序性，这里 popitem 删除的是最后一次插入的元素。

4.4.5 遍历

由于 Dict 由 Key 和 Value 构成，因此 Dict 的遍历是跟 Tuple 和 List 有些区别的。我们先看看如何单独获得 Key 和 Value 的集合：

```
zergling = {'attack': 5, 'speed': 4.13, 'price': 50}
print(zergling.keys())
print(zergling.values())
```

这段代码会输出：

```
dict_keys(['attack', 'speed', 'price'])
dict_values([5, 4.13, 50])
```

我们注意到，这两个输出前面带有 dict_keys 和 dict_values，因为这两个方法的返回值是特殊的对象而不是 List，所以不能直接使用下标访问，例如：

```
print(zergling.keys()[0]) #错误!
```

直接下标访问会报错：

```
Traceback (most recent call last):
  File "/Users/jiangjiao/PycharmProjects/LearnPythonWithPractice/Chapter 7/Dict.py", line
30, in <module>
    print(zergling.keys()[0])
TypeError: 'dict_keys' object does not support indexing
```

它们的用途是遍历，可以用 for 循环去遍历：

```
for key in zergling.keys():
    print(key, end = '')  #避免换行
```

这段代码会输出：

```
attack speed price
```

类似地，还有一个 items 方法，可以同时遍历 Key、Value 对，和之前讲到的 enumerate 非常类似，例如：

```
for key, value in zergling.items():
    print(f'key = {key}, value = {value}')
```

这段代码会输出：

```
key = attack, value = 5
key = speed, value = 4.13
key = price, value = 50
```

这样就可以遍历整个 Dict 了，不过有一点要注意的是，在遍历过程中可以修改但是不能添加删除，例如：

```
for k,v in zergling.items():
    zergling['attack'] = 'ground'  #attack 本身不存在,改变了 Dict 的大小,错误!
```

这样是会报错的，但是修改已有的值是没问题的，例如：

```
for k,v in zergling.items():
    zergling['speed'] = 4.5   # 修改是安全的
```

这一点要尤其注意。

4.4.6　嵌套

只有 Tuple、List、Dict 往往是不够的，有时候需要表示更加复杂的对象，因此这时候就需要嵌套使用这三种类型。例如，如果我们想表示一艘航空母舰：

```
carrier = {
    'cost': {
        'mineral': 350,
        'gas': 250,
        'supply': 6,
        'build_time': 86
    },
    'type': [
        'air',
        'massive',
        'mechanical'
    ],
    'sight': 12,
    'attack': 0,
    'armor': 2
}
```

有了这种操作，就可以存储关系非常复杂的数据了，然后可以通过如下的方式去访问嵌套的元素：

```
if 'air' in carrier['type']:
    print('这个单位需要对空火力才能被攻击')

print(f'这个单位生成需要 {carrier["cost"]["mineral"]} 晶矿,{carrier["cost"]["gas"]} 高能
瓦斯。')
```

这段代码会输出：

```
这个单位需要对空火力才能被攻击
这个单位生成需要 350 晶矿,250 高能瓦斯。
```

可以看出，如果使用嵌套的 Tuple、List、Dict，可以通过一层一层地访问去访问或者修改。例如 carrier 本身就是一个 Dict，因此可以用 Key 访问，接着 carrier["cost"]又返回了一个 Dict，于是依旧需要用 Key 访问，所以最终是用 carrier["cost"]["mineral"] 这种方式

访问到了想要的数据。

4.5 字符串与输入

字符串是计算机与人交互过程中使用最普遍的数据类型。我们在计算机看到的一切文本，实际上都是一个个字符串。

在之前的几章的学习里，输出的内容都非常的简陋，只有一个数字或者一句话。本章将讲解如何从屏幕上输入内容以及如何按照特定的需求来构造字符串。

4.5.1 字符串表示

先来看一下字符串的表示方式，实际上在之前输出 hello world 的时候已经用过了，代码如下：

```
str1 = "I'm using double quotation marks"
str2 = 'I use "single quotation marks"'
str3 = """I am a
multi - line
double quotation marks string.
"""
str4 = '''I am a
multi - line
single quotation marks string.
'''
```

这里使用了 4 种字符串的表示方式，依次认识一下吧。

str1 和 str2 使用了一对双引号或单引号来表示一个单行字符串。而 str3 和 str4 使用了三个双引号或单引号来表示一个多行字符串。

那么使用单引号和双引号的区别是什么？仔细观察一下 str1 和 str2。在 str1 中，字符串内容包含单引号，在 str2 中，字符串内容包括双引号。

如果在单引号字符串中使用单引号会怎么样呢？会出现如下报错：

```
In [1]: str1 = 'I'm a single quotation marks string'
  File "< iPython - input - 1 - e9eb8bee0cd7 >", line 1
    str1 = 'I'm a single quotation marks string'
              ^
SyntaxError: invalid syntax
```

其实在输入的时候就可以看到字符串的后半段完全没有正常的高亮，而且回车执行后还报了 SyntaxError 的错误。这是因为单引号在单引号字符串内不能直接出现，Python 不知道单引号是字符串内本身的内容还是要作为字符串的结束符来处理。所以两种字符串最大的差别就是可以直接输出双引号或单引号，这是 Python 特有的一种方便的写法。

但是另一个问题出现了，如果要同时输出单引号和双引号呢？也就是说我们要用一种没有歧义的表达方式来告诉 Python 这个字符是字符串本身的内容而不是结束符，这就需要用到转义字符了。

4.5.2　转义字符

Python 中的转义字符如表 4-1 所示。

表 4-1　转义字符

转义字符	描　　述
\\(在行尾时)	续行符
\\\\	反斜杠符号
\\'	单引号
\\"	双引号
\\a	响铃
\\b	退格(Backspace)
\\000	空
\\n	换行
\\v	纵向制表符
\\t	横向制表符
\\r	回车
\\f	换页
\\oyy	八进制数 yy 代表的字符，例如：12 代表换行
\\xyy	十进制数 yy 代表的字符，例如：0a 代表换行
\\other	其他的字符以普通格式输出

实际上所有的编程语言都会使用转义字符，因为没有编程语言会不支持字符串，只不过不同的编程语言可能略有差别。

使用转义字符就能输出所有不能直接输出的字符了，例如，可以输出：

```
str1 = 'Hi, I\'m using backslash! And I come with a beep! \a'
print(str1)
```

可以在 IPython 或者 PyCharm 中执行这两句代码，然后会听到一声“哔”。这是因为 \a 是控制字符而不是用于显示的字符，它的作用就是让主板蜂鸣器响一声。

特殊地，如果想输出一个不加任何转义的字符串，可以在前面加一个 r，表示 raw string，例如：

```
str2 = r'this \n will not be new line'
print(str2)
```

这段代码会输出：

```
this \n will not be new line
```

可以看到其中的\n 并没有被当作换行输出。

4.5.3 格式化字符串

如果仅仅是输出一个字符串,那么通过 print 函数就可以直接输出。但是可能会遇到以下几种应用情景:

- 今天是 2000 年 10 月 27 日。
- 今天的最高气温是 26.7 摄氏度。
- 我们支持张先生。

上面三个字符串中,第一个字符串中,我们希望其中的年、月、日是可变的;第二个字符串中,我们希望温度是可变的;第三个字符串中,我们希望姓氏是可变的。

一共有三种方式可以完成这种操作,其中一种方法只支持 3.6 以上的 Python 版本,使用时需要注意。

先看看 Python 3.6 之前的两种方法。

第一种是类似 C 语言中 printf 的格式化方式:

```
str1 = '今天是 %d 年 %d 月 %d 日' % (2000, 10, 27)      # %d 表示一个整数
str2 = '今天的最高气温是 %f 摄氏度' % 26.7               # %f 表示一个浮点数
str3 = '我们支持 %s 先生' % '张'                         # %s 表示一个字符串
print(str1)
print(str2)
print(str3)
```

对于字符串中的%d,%f,%s,可以简单理解为一个指定了数据类型的占位符,会由百分号后面的数据依次填充进去。

这段代码的输出为:

```
今天是 2000 年 10 月 27 日
今天的最高气温是 26.700000 摄氏度
我们支持张先生
```

这个 26.700000 跟我们想象的结果不太一样,有效数字太多了,那么我们怎么控制呢?

实际上在使用格式化字符串的时候,发生了浮点数到字符串的转换,这种转换存在一个默认的精度。要想改变这个精度,需要在格式化字符串的时候添加一些参数:

```
str4 = '今天的最高气温是 %.1f 摄氏度' % 26.7
print(str4)
```

这样的话,就会输出:

```
今天的最高气温是 26.7 摄氏度
```

这样就保留了一位小数。对于%f 来说,控制有效数字的方法是%整数长度,小数长度

f,其中两个长度都是可以省略的。

这是第一种格式化字符串的方式,但是它需要指定类型才能输出,要记这么多占位符有点麻烦也不太人性化,所以接下来讲解一种更加灵活的办法,就是字符串的 format 方法。

这里出现了一个陌生的名词“方法”,一个面向对象程序设计里的概念。举个例子来简单说明:

```
object.dosomething(arg1, arg2, arg3)
```

由于还没有接触过函数的概念,因此这行代码暂时可以这么理解:对 object 这个对象以 arg1, arg2, arg3 的方式做了 dosomething 的操作,其中点表示调用相应对象的方法。总之这里我们只要有一个模糊的认知并且知道语法就行了,具体的原理会随着学习的深入逐渐明白。

回到正题,对于字符串的 format 的方法,依旧是从一个例子入手:

```
str1 = '今天是 {} 年 {} 月 {} 日'.format(2000, 10, 27)
str2 = '今天的最高气温是 {} 摄氏度'.format(26.7)
str3 = '我们支持{}先生'.format('张')
print(str1)
print(str2)
print(str3)
```

format 中的参数被依次填入到了之前字符串的大括号中,所以输出为:

```
今天是 2000 年 10 月 27 日
今天的最高气温是 26.7 摄氏度
我们支持张先生
```

如果我们想改变一下浮点数输出的精度,则需要:

```
str4 = '今天的最高气温是 {0=>3.3f} 摄氏度'.format(26.7)
print(str4)
```

"3.3f"我们已经认识了,表示整数 3 位小数 3 位,前面的"0=>"是什么呢?在这之前我们先看 0 是什么意思,看另一个例子:

```
str5 = '今天是 {2} 年 {1} 月 {0} 日'.format(27, 10, 2000)
print(str5)
```

这段代码会输出:

```
今天是 2000 年 10 月 27 日
```

结合例子不难看出,"0=>"前面的 0 其实是格式化的顺序,也就是说默认格式化顺序是从左到右的，但是我们也可以显示指定这个顺序，不过如果需要用到自定义格式，这个顺序必须显式给出。

特别地，字符串在 Python 中是一个不可变的对象，format 方法的本质是创建了一个新的字符串作为返回值，而原字符串是不变的，这浪费了空间也浪费了时间，而在 Python 3.6 引入的格式串可以有效地解决这个问题。

关于格式串，看一个例子：

```
year = 2000
month = 10
day = 27
str1 = f'今天是 {year} 年 {month} 月 {day} 日'
temp = 26.7
str2 = f'今天的最高气温是 {temp:2.1f} 摄氏度'
lastname = '张'
str3 = f'我们支持{lastname}先生'
print(str1)
print(str2)
print(str3)
```

字符串前加一个 f 表示这是一个格式串，接下来 Python 就会在当前语境中寻找大括号中的变量然后填进去，如果变量不存在会报错。

对于上面这个例子，会输出如下结果：

```
今天是 2000 年 10 月 27 日
今天的最高气温是 26.7 摄氏度
我们支持张先生
```

相对前两种格式化字符串的方式，这种方式非常灵活，例如：

```
#字符串嵌套表达式
a = 1.5
b = 2.5
str1 = f'a + b = {a + b}'

#字符串排版,^表示居中,数字是宽度
str2 = f'a: {a:^10}, b: {b:^10}.'

#指定位数和精度
#这种新格式化方式可以嵌套使用{}
width = 3
precision = 5
str3 = f'a: {a:{width}.{precision}}.'

#进制转换
str4 = f'int: 31, hex: {31:x}, oct: {31:o}'
```

```
print(str1)
print(str2)
print(str3)
print(str4)
```

这段代码会输出：

```
a + b = 4.0
a:    1.5    , b:    2.5    .
a: 1.5.
int: 31, hex: 1f, oct: 37
```

另外值得一提的是，如果需要取消转义，可以连用 'f' 和 'r'。例如：

```
str5 = fr'this \n will not be new line'
print(str5)
```

特殊地，如果在格式串中如果想输出花括号，需要两个相同的花括号连用。例如：

```
str6 = f'{{ <- these are braces -> }}'
print(str6)
```

这段代码会输出：

```
{ <- these are braces -> }
```

可以看到大括号被正常输出。

4.5.4 字符串输入

Python 有一个内建的输入函数，input。可以通过这个函数来获取一行用户输入的文本，例如：

```
number = int(input('input your favorite number:'))   # input 中的参数是输出的提示
print(f'your favorite number is {number}')
```

由于 input 返回的是输入的字符串，如果需要的不是字符串，那么需要对 input 进行一次类型转换。

运行后可以输入 123，就可以得到这样的输出：

```
input your favorite number:123
your favorite number is 123
```

另外需要注意的是，input 一次只获取一行的内容，也就是说只要回车 input 就会立即返回当前这一行的内容,并且不会包含换行符。

4.5.5 字符串运算

字符串也是可以进行一些运算的,我们先看一个例子:

```
alice = 'my name is '
bob = 'Li Hua!'
print(alice + bob)
print(bob * 3)
print('Li' in bob)
print('miaomiao' not in bob)
print(alice[0:7])
```

这段代码会输出:

```
my name is Li Hua!
Li Hua!Li Hua!Li Hua!
True
True
my name
```

不难发现,字符串支持如表 4-2 所示的操作符。

表 4-2 字符串操作符

操 作 符	作 用
+	连接两个字符串,返回连接的结果
*	重复一个字符串
in	判断字符串是否包含
not in	判断字符串是否不包含
[]	截取一个或一段字符串,这个操作叫作切片

在后面章节学习的时候,还会看到这些运算,这里有个印象就够了。

4.5.6 字符串内建方法

像刚刚的 format 一样,字符串还有几十种内建的方法。这里会选择一些常用的简单介绍,其余的方法读者可以自行探索。要注意的是,所有这些方法都不会改变字符串本身的值,而是会返回一个新的字符串。

表 4-3 摘录自 Python 官方的文档,其中中括号表明是可选参数。

表 4-3 字符串内建方法

方 法 名	作 用
count(sub[, start[, end]])	返回 sub 在字符串非重叠出现的次数,可选指定开始和结束位置
find(sub[, start[, end]])	检查 sub 是否在字符串出现过,可选指定开始和结束位置

续表

方 法 名	作　　用
isalpha()	判断字符串是不是不为空，并且全是字母
isdigit()	判断字符串是不是不为空，并且全是数字
join(iterable)	以字符串为间隔，将 iterable 内的所有元素合并为一个字符串
lstrip([chars])	移除字符串左边的连续空格，如果指定字符的话则移除指定字符
replace(old, new[, count])	替换原字符串中出现的 old 为 new，可选指定最大替换次数
rstrip([chars])	移除字符串右边的连续空格，如果指定字符的话则移除指定字符
split(sep=None, maxsplit=-1)	将字符串以 sep 字符为间隔分割成一个字符串数组，如果 sep 未设置，则以一个或多个空格为间隔
startswith(prefix[, start[, end]])	判断一个字符串是否以一个字符串开始
strip([chars])	等同于同时执行 lstrip 和 rstrip
zfill(width)	用 '0' 在字符串前填充至 width 长度，如果开头有 +/- 符号会自动处理

下面举一些例子，来看一看这些方法怎么使用。

1. count(sub[, start[, end]])

其中，start 和 end 均为可选参数，默认是字符串开始和结尾，例如：

```
print('这个字在这句话出现了多少次?'.count('这'))
```

输出是：

```
2
```

2. find(sub[, start[, end]])

默认返回第一次出现的位置，找不到返回-1，例如：

```
print('这个字在这句话出现了多少次?'.find('这'))
print('这个字在这句话出现了多少次?'.find('不存在的'))
```

输出是：

```
0
-1
```

3. isalpha() 和 isdigit()

用来判断是不是纯数字或者纯字母，例如：

```
print('aaaaa'.isalpha())
print('11111'.isdigit())
print('a2a3a4'.isalpha())
```

输出是：

```
True
True
False
```

4. join(iterable)

理解 join 需要用到后面的知识，这里只要有一个直观的感觉就好了，例如：

```
print('.'.join(['8', '8', '4', '4']))
```

输出是：

```
8.8.4.4
```

就是以特定的分割符把一个可迭代对象连接成字符串。

5. lstrip([chars]), rstrip([chars]) 和 strip([chars])

这三个方法的功能非常接近，例如：

```
a = '   abc   '#abc 前后均有三个空格
print(repr(a.lstrip()))
print(repr(a.rstrip()))
print(repr(a.strip()))
```

输出是：

```
'abc   '
'   abc'
'abc'
```

此处为了能够清晰看到数据的内容，引入了一个新的内建函数 repr，它的作用是将一个对象转化成供解释器可读取的字面量。所以，能看到转义符号和两边的引号等等字符，因为它的输出是可以直接写到源代码的。

从输出可以看出前后的空格被移除的情况。如果指定参数，则移除的就不是默认的空格，而是指定的字符了。

6. split(sep= None, maxsplit= - 1)

默认以空格为分割符进行分割，返回分割的结果，另外可以指定最大分割次数，例如：

```
a = 'This sentence will be split to word list.'
print(a.split())
```

输出是：

```
['This', 'sentence', 'will', 'be', 'split', 'to', 'word', 'list.']
```

此外需要注意的是 split()和 split(" ")是有区别的，后者在遇到连续多个空格的时候会分割出多个空字符串。

7. startswith(prefix[, start[, end]])

判断字符串是否具有某个特定前缀，例如：

```
filename = 'image000015'
    print(filename.startswith('image'))
```

输出是：

```
True
```

类似的还有 endswith 方法，用来判断后缀。

8. zfill(width)

指定一个宽度，如果数字的长度大于宽度则什么也不做，但是如果小于宽度剩下的位会用 0 补齐，例如：

```
index = '15'
filename = 'image' + index.zfill(6)
print(filename)
```

输出是：

```
image000015
```

4.5.7　访问

字符串实际上和 Tuple 非常相似，它本身可以像 Tuple 一样去用下标访问单个字符，但是不能修改。例如：

```
str1 = 'En Taro Tassadar'
print(str1[0])  # 输出 E

# 这样是错误的
# str1[0] = 'P'
```

如果按照注释里修改的话，会报错。

```
Traceback (most recent call last):
   File "/Users/jiangjiao/PycharmProjects/LearnPythonWithPractice/Chapter 7/String.py",
line 5, in <module>
```

```
str1[0] = 'P'
TypeError: 'str' object does not support item assignment
```

正如 Tuple 一样，字符串也是一种不可修改的类型，任何形式的“修改”都是创建一个新的对象来完成。

4.5.8 遍历

和 Tuple 类似，字符串也可以用 for 循环来遍历：

```
for char in str1:
    print(char, end = '')
```

这段代码会输出：

```
En Taro Tassadar
```

本章小结

Tuple、List 和 Dict 是 Python 中非常重要的三种基本类型，其中 Tuple 和 List 有许多共性，但是 Tuple 是不可修改的，而 List 允许修改要更灵活一些，而 Dict 是最灵活的，它可以存储任何类型的键值对而且可以快速地查找。同时三种类型又可以相互嵌套形成更复杂的数据结构，这对组织结构化的数据是极有帮助的，所以一定要完全掌握它们的用法。

字符串是一种非常常见的数据类型，也是我们在设计程序过程中经常打交道的对象。本章介绍了 Python 中字符串如何构造和处理以及如何获得用户输入的字符串，可以看到 Python 对字符串操作还是提供了相当丰富的支持。但是这些方法不必全部记住，只要熟练掌握常用的几个方法，其他的留个印象，要用的时候再查即可。

本章习题

1. 统计英文句子"Python is an interpreted language"有多少个单词。

2. 统计英文句子 "Python is an interpreted language" 有多少个字母 'a'。

3. 使用 input 输入一个字符串，遍历每一个字符来判断它是不是全是小写英文字母或者数字。

4. 输入一个字符串，反转它并输出。

5. 统计一个英文字符串中每个字母出现的次数。

6. 输出前 20 个质数。

7. 设计一个嵌套结构，使它可以表示一个学生的全面信息——包括姓名、年龄、学号、班级、所有课的成绩等。

8. 输入一个数字 n,然后输出 n 个'*'。
9. 输出输入的字符串中字母 'a' 出现的次数。
10. 写一个猜数字小游戏,要能提示大了还是小了,并且有轮数限制。
11. 输入一个年份,判断是不是闰年。
12. 输入一个年月日的日期,输出它的后一天。
13. 通过搜索了解 ISBN 的校验规则,输入一个 ISBN 号,输出它是否正确。
14. 输入一个字符串,判断它是不是回文字符串。

第 5 章

文件读写

很多时候我们希望程序可以保存一些数据，例如日志、计算的结果等等。例如用 Python 来处理实验数据，如果能把各种结果保存到一个文件中，即使关闭了终端或者 IDE 下次不用再完全跑一遍也可以直接查看结果，这时候就需要 Python 中相关文件的操作了。

本章会详细讲解在 Python 中文件操作和文件系统相关知识。

5.1 打开文件

用 Python 打开一个文件需要用到内建的 open 函数。这个函数的原型是：

```
open(file, mode = 'r', buffering = -1, encoding = None, errors = None, newline = None, closefd
 = True, opener = None)
```

其中，file、mode、encoding 三个参数比较重要。

5.1.1 file

file 参数就是文件名，文件名可以是相对路径，也可以是绝对路径，总之可以定位到这个文件就行。

绝对路径非常好理解，例如一个文件的完整路径是 C:\Users\user1\file.txt，那么它的绝对路径就是 C:\Users\user1\file.txt。

这就好比在二维坐标系上，一旦 x 和 y 值确定了，那么这个点的位置就确定了。

而要介绍相对路径需要引入工作路径的概念。事实上任何一个程序在运行的时候都会有一个工作路径，所有的相对路径都是相对这个工作路径而言的，在 Python 中我们可以通过这样查看当前工作路径：

```
import os
print(os.getcwd())
```

这段代码一个可能的输出是：

```
/Users/jiangjiao/PycharmProjects/LearnPythonWithPractice/Chapter    12
```

不难发现，这个路径就是文件所在的文件夹。但是要注意的是，工作路径不一定总是这样，如图5-1所示。

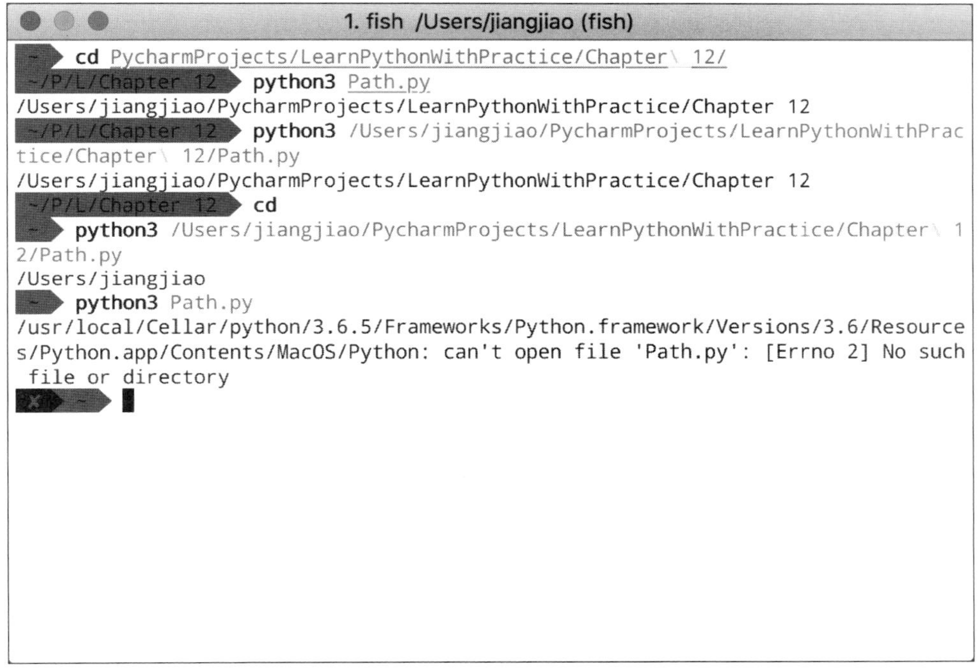

图5-1　相对路径

要注意的是有蓝色条开头的是用户输入，没有蓝色条开头的是程序的输出，这里解释一下上面终端中发生了什么。

① 第一行：cd命令用于切换工作路径，这里是切换到了Path.py所在的目录，注意这时候工作路径就是Path.py所在的目录。

② 第二行：使用Python解释器启动了工作路径下的Path.py，注意这里使用的就是相对路径。

③ 第三行：Path.py输出了工作路径为当前目录。

④ 第四行：使用Python解释器启动了Path.py，但是这次使用了绝对路径。

⑤ 第五行：将工作路径转到了当前用户根目录下，这是mac osx或者linux在cd没有参数的时候默认操作。在Windows下可以使用cd/来切换到当前驱动器的根目录。

⑥ 第六行：再次执行Path.py，但是这里使用了绝对路径，可以看到工作路径并不是文件所在路径了，而是当前终端的工作路径。

⑦ 第七行：如果这时候使用相对路径访问 Path.py，会提示 No such file or directory，意味着用相对路径找不到这个文件或目录。

从这个例子中我们可以看到相对路径和绝对路径的关系，那就是绝对路径＝工作路径＋相对路径。例如，工作路径是 C:\Users\user1，这时候用相对路径 file.txt 去定位文件，实际上是跟绝对路径 C:\Users\user1\file.txt 是等价的，也就是说相对路径是相对工作路径而言的。

特殊地，我们可以用 . 表示当前目录和 .. 表示父目录，例如在工作路径 C:\Users\user1 下用 . 就表示 C:\Users\user1，而用 .. 就表示 C:\User。

如果还用之前二维坐标系的例子来描述的话，相对路径就好比是一个点相对另一个点的偏移 Δx 和 Δy，一旦相对的点和偏移确定了，这个点就确定了。

5.1.2 mode

mode 参数表示我们打开这个文件的时候采取的行为，有如表 5-1 所示的不同模式。

表 5-1 模式

模式	解释
'r'	r 表示读，即以只读方式打开文件。这是默认模式，所以如果用只读方式打开文件，这个参数可以省略
'w'	w 表示写，新建一个文件只用于写入。如文件已存在则会覆盖旧文件
'x'	x 表示创建新文件，如果文件已存在则报错
'a'	a 表示追加，打开一个文件用于追加，后续的写入会从文件的结尾开始。如果该文件不存在，则创建新文件
'b'	二进制读写模式
't'	文本模式
'+'	以更新的方式打开一个文件

这些开关可以自由组合，但是需要注意的是前四种至少要选择一个，同时默认情况下是文本模式读写，如果需要二进制读写必须单独指明。

一些常用的模式组合如表 5-2 所示。

表 5-2 常用模式组合

模式	解释
rb	b 表示二进制读写模式，配合 r 的意思就是二进制只读方式打开
r+	+ 表示更新，打开一个文件用于更新。文件指针将会放在文件的开头。如文件不存在则报错。r+ 会覆盖写原来的文件，覆盖位置取决于文件指针的位置
rb+	相比 r+ 不同之处在于是二进制读写
wb	二进制写入
w+	新建一个文件用于写入，如果文件已经存在则会清空文件内容
wb+	相比 w+ 不同之处在于是二进制写入
ab	相比 a 不同之处在于是二进制追加
a+	相比 a 不同之处是可以读写
ab+	相比 a+ 不同之处是二进制读写

这里出现了一个新名词：文件指针，实际上只要把它理解为 word 中的光标就好了，它代表了我们下次写入或者读取的起始位置。

5.1.3 encoding

这个单词的意思是编码，在这里指的是文件编码，例如 GB18030，UTF-8 等。有的时候我们打开一个文件乱码，就可以尝试修改这个参数。一般来说推荐无论读写都使用 UTF-8 来避免乱码问题。

5.2 关闭文件

对文件操作后应该关闭文件，否则可能会丢失写入的内容，同时如果是写模式打开一个文件却不关闭，那么这个文件会一直被占用，所以一定要养成关闭文件的好习惯。

文件的关闭非常简单，只需要调用 close 方法即可：

```
file = open('file.txt', 'r')
file.close()  #别忘记关闭文件
```

5.3 读文件

读文件一般有四种方式，即 read、readline、readlines 和迭代。

下面要读取的 file.txt 中的内容为：

```
Hello, this is a test file.
Let's read some lines from The Matrix.
This is your last chance.
After this, there is no turning back.
You take the blue pill—the story ends, you wake up in your bed and believe whatever you want to
believe.
You take the red pill—you stay in Wonderland, and I show you how deep the rabbit hole goes.
Remember: all I'm offering is the truth.
Nothing more.
```

5.3.1 read

read 方法的原型是：

```
read(size = -1)
```

它用于读取指定数量的字符，默认参数 -1 表示读取文件中的全部内容。注意如果直到文件末尾还没有读取够 size 个字符，那么会直接返回，也就是说 size 只表示最多读取的字符数量。

例如，读取前 10 个字符可以这么写：

```
file = open('file.txt', 'r')
result = file.read(10)
print(result)
file.close()   #别忘记关闭文件
```

这段代码会输出：

```
Hello, thi
```

5.3.2 readline

readline 的原型是：

```
readline(size = -1)
```

和 read 类似，size 指定了最多读入的字符数量，但是 readline 一次会读入一整行，也就是说遇到换行符\n 会返回一次，例如希望读第一行可以这么写：

```
file = open('file.txt', 'r')
result = file.readline()
print(result)
file.close()   #别忘记关闭文件
```

这段代码会输出：

```
Hello, this is a test file.
```

5.3.3 readlines

readlines 的原型是：

```
readlines(hint = -1)
```

它表示一次读取多行，如果没有指定参数则默认读到最后一行，例如如果想读取文件中所有行可以这么写：

```
file = open('file.txt', 'r')
result = file.readlines()
print(result)
file.close() #别忘记关闭文件
```

这段代码会输出：

```
['Hello, this is a test file.\n', "Let's read some lines from The Matrix.\n", 'This is your last chance.\n', 'After this, there is no turning back.\n', 'You take the blue pill—the story ends, you wake up in your bed and believe whatever you want to believe.\n', 'You take the red pill—you stay in Wonderland, and I show you how deep the rabbit hole goes.\n', "Remember: all I'm offering is the truth.\n", 'Nothing more.']
```

这里可以看到返回的 List 中每个元素就代表文件中的一行。

5.3.4 迭代

此外其实文件对象本身也是一个可迭代对象，也就是说我们可以用 for 循环来遍历每一行，例如：

```
file = open('file.txt', 'r')
for line in file:
    print(line, end = "") # 文件中每一行本身有一个换行所以用 end = "" 让 print 不换行
file.close()            # 别忘记关闭文件
```

这段代码会输出：

```
Hello, this is a test file.
Let's read some lines from The Matrix.
This is your last chance.
After this, there is no turning back.
You take the blue pill—the story ends, you wake up in your bed and believe whatever you want to believe.
You take the red pill—you stay in Wonderland, and I show you how deep the rabbit hole goes.
Remember: all I'm offering is the truth.
Nothing more.
```

5.4 写文件

5.4.1 write 和 writelines

写文件有两种方法，write 和 writelines，例如：

```
file2 = open('file2.txt', 'w')
file2.write('hello world!\n')
file2.writelines(('this ', 'is ', 'a\n', 'file!'))
file2.close()  # 别忘记关闭文件
```

会得到这样一个文件：

```
hello world!
this is a
file!
```

要注意的是，写入的时候不会像 print 那样自动在最后添加一个换行符，因此如果想换行的话需要自己添加换行符。

5.4.2 flush

另外如果想在不关闭文件的前提下把内容写入到文件中，可以使用 flush，例如：

```
from time import sleep
file2 = open('file3.txt', 'w')
file2.write('hello world!\n')
file2.writelines(('this ', 'is ', 'a\n', 'file!'))
file2.flush()
sleep(60)     #这时候去查看文件,已经有写入的内容
file2.close() #但是文件依旧需要正常关闭
```

这个函数的作用就是立即把刚才要写入的内容写到文件中。

5.5 定位读写

刚才在讲模式的时候提到过“文件指针”的概念，实际上还可以像在 Word 里移动光标一样定位或者移动这个指针来为读写做准备。

5.5.1 tell

tell 用来返回光标的位置，或者说是相对文件起始的偏移，例如：

```
file = open('file.txt', 'a')
print(file.tell())
file.close()   #别忘记关闭文件
```

这段代码会输出：

```
391
```

因为我们使用了 'a' 模式，打开的时候指针在文件的末尾。

5.5.2 seek

seek 的原型是：

```
seek(offset[, whence])
```

offset 表示要设置的偏移量，以字节为单位，正数表示正向偏移，负数表示反向偏移。whence 表示偏移的基准，0 表示相对文件起始，1 表示相对当前文件指针位置，2 表示相对文件结尾。如果导入了 io 模块的话还可以相应的使用 io. SEEK_SET、io. SEEK_CUR 和 io. SEEK_END 表示偏移的基准来提高可读性。

例如可以这样使用：

```
import io

file3 = open('file3.txt', 'w+')
file3.write('congratulations, you mastered this skill!')
print(file3.tell())
file3.seek(35)
print(file3.tell())
file3.write('tool!')
file3.close()
```

会输出一个这样的文本文件：

```
congratulations, you mastered this tool!!
```

可以看到我们定位到 skill 这个单词的位置，然后修改了它。

5.6 数据序列化

有时候我们除了希望把变量的值存起来，还希望下次读取的时候可以用这些数据直接恢复当时变量的状态，这时候就需要用到序列化的技术。

5.6.1 Pickle

Pickle 是 Python 内建的序列化工具。它有序列化和反序列化两个过程，对应的就是变量的存储和读取。

我们直接看一个完整的例子：

```
import pickle
import datetime

list1 = ['hello', 1, 'world!']
dict1 = {'key': 'random value'}

time = datetime.datetime.now()
```

```
file = open('pickle.pkl', 'wb+')

#序列化
pickle.dump(list1, file)
pickle.dump(dict1, file)
pickle.dump(time, file)

file.close()

file = open('pickle.pkl', 'rb+')

#反序列化
data = pickle.load(file)
print(data)
print(type(data))
data = pickle.load(file)
print(data)
print(type(data))
data = pickle.load(file)
print(data)
print(type(data))

file.close()
```

这段代码会输出：

```
['hello', 1, 'world!']
<class 'list'>
{'key': 'random value'}
<class 'dict'>
2018-02-24 11:50:31.931213
<class 'datetime.datetime'>
```

可以看到这里核心方法是 pickle.dump 和 pickle.load，前者用于把数据序列化到文件中，后者用于把数据从文件中反序列化赋值给变量。

要注意的是由于 pickle 使用的协议是使用二进制来序列化，因此生成的文件用普通的编辑器是不可读的，而且在 dump 方法中传入的文件对象应该是以'b'模式打开的。

5.6.2 JSON

JSON 是一种轻量化的数据交换格式，它并不是专门为 Python 服务的。但是由于 JSON 数据格式跟 Python 中的 List，Dict 非常相近，因此 JSON 和 Python 的亲和度相当高，所以也常用 JSON 来序列化数据。而且相比之前的 Pickle，JSON 序列化产生的是文本文件，也就是说依旧是可读可编辑的。

例如我们可以轻松地序列化和反序列化这种嵌套式的变量：

```
import json

dict1 = {
    'Name': 'Steve Jobs',
    'Birth Year': 1955,
    'Company Owned': [
        'Apple',
        'Pixar',
        'NeXT'
    ]
}

file = open('data.json', 'w+')

#序列化
json.dump(dict1, file)

file.close()

file = open('data.json', 'r+')

#反序列化
data = json.load(file)
print(data)
print(type(data))

file.close()
```

这段代码可以输出：

```
{'Name': 'Steve Jobs', 'Birth Year': 1955, 'Company Owned': ['Apple', 'Pixar', 'NeXT']}
<class 'dict'>
```

用任意文本编辑器打开刚刚生成的 JSON 文件可以看到文件内容是：

```
{"Name": "Steve Jobs", "Birth Year": 1955, "Company Owned": ["Apple", "Pixar", "NeXT"]}
```

可以发现看出数据的格式基本是跟 Python 中的表示方法是一样的。

如果想进一步提高可读性，可以简单修改一下序列化时候的参数：

```
#把 json.dump(dict1, file) 修改为
json.dump(dict1, file, indent=4)
```

这样序列化的数据就会变成：

```
{
    "Name": "Steve Jobs",
```

```
    "Birth Year": 1955,
    "Company Owned": [
        "Apple",
        "Pixar",
        "NeXT"
    ]
}
```

但是在 Python 中用 JSON 序列化数据也是有缺陷的，如果我们想序列化一个自己写的类，还需要自己写一个 Encoder 和 Decoder 用于编码和解码对象，相比 Pickle 来说就复杂得多了。

5.7 文件系统操作

对于文件系统 Python 提供了一个专门的库 os，其中封装了许多跟操作系统相关的操作，但是其中有的函数只能在特定的平台上使用，例如 chmod 只能在 Linux/OSX 上获得完整的支持，在 Windows 上只能用于设置只读，虽然 Python 是跨平台的，但是毕竟不同平台的特性相差太多，os 中的很多方法都有这样的平台依赖性。

接下来会介绍一些和文件系统相关的方法。

5.7.1 os.listdir(path='.')

这个函数可以列出一个目录下的所有文件，path 是路径，如果不指定则是当前的工作路径，例如：

```
print(os.listdir())
```

会输出：

```
['file2.txt', 'file.txt', 'pickle.pkl', 'file3.txt', 'OS.py', 'data.json', 'File.py', 'Pickle.py', 'Path.py', 'Json.py']
```

5.7.2 os.mkdir(path, mode=0o777)

这个函数可以创建一个目录，path 是路径，mode 是 Linux/OSX 上的文件权限，在 Windows 中这个参数是不可用的。

5.7.3 os.makedirs(name, mode=0o777, exist_ok=False)

os.mkdir 只能创建一个目录，但是 os.makedirs 可以创建包括子目录在内的多个目录。exist_ok 参数决定了如果目录存在会不会报错，如果设置为 False，那就会报错。

看一个例子就能明白 makedirs 的方便之处：

```
os.mkdir('testdir')
os.makedirs('testdir2/testdir')
```

可以看到创建出了两种目录，如图 5-2 所示。

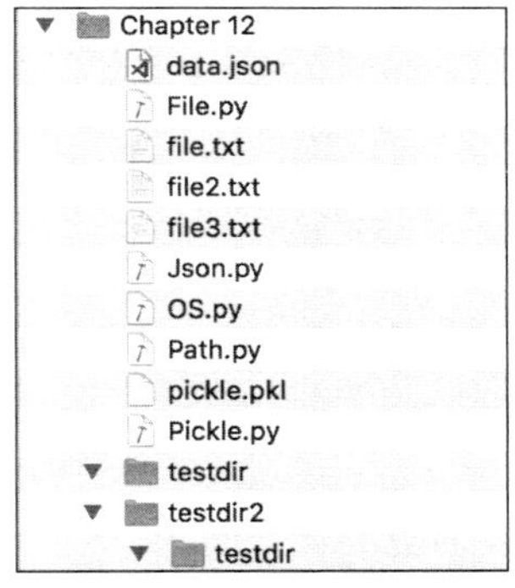

图 5-2　创建目录

其中在创建第二个 testdir 的时候不存在父目录 testdir2 而 makedirs 自动创建了这个目录。

5.7.4　os.remove(path)

删除指定路径的文件，不能用来删除目录。

5.7.5　os.rmdir(path)

删除一个空目录，例如：

```
os.rmdir('testdir')
```

但是如果尝试删除 testdir2 就会报错，因为它非空。

5.7.6　os.removedirs(name)

递归删除一个具有子目录的目录。使用这个函数就可以删除 testdir2 了，例如：

```
os.removedirs('testdir2')
```

5.7.7　os.rename(src, dst)

重命名一个文件。src 是源文件，dst 是目标文件，例如：

```
os.rename('data.json', 'data')
```

5.7.8 os.path.exists(path)

可以判断一个文件是否存在。例如：

```
os.path.exists('./Path.py')
```

5.7.9 os.path.isfile(path)

可以判断一个路径是不是文件，而不是目录或者其他类型。例如：

```
os.path.isfile('./Path.py')
```

5.7.10 os.path.join(path, paths)

这是一个很常用的计算路径的函数，它的作用是将一串 path 按照正确的方式连起来，例如：

```
print(os.path.join('home', 'dir1', 'dir2/dir3', 'something.txt'))
```

这句代码会输出：

```
home/dir1/dir2/dir3/something.txt
```

5.7.11 os.path.split(path)

这个函数用于分离目录和文件名，例如：

```
print(os.path.split('home/dir1/dir2/dir3/something.txt'))
```

这句代码会输出：

```
('home/dir1/dir2/dir3', 'something.txt')
```

至于 os 模块中其他的方法的使用以及不同方法在不同平台上的限制都可以通过查阅文档获知，这里只列出了一些最常用的文件系统操作方法。

本章小结

Python 中与文件的交互是非常简单的，读取文件可以按字节读取也可以按行读取，而写文件的时候可以按字符串写入也可以按行写入，同时 Python 也支持传统的文件指针移动。

本章习题

1. 通过文件操作，写一个记录用户输入的小程序。

2. 写一个给图片按照日期批量重命名的小程序。

3. 写一个文本文件搜索工具，可以在一个文本文件中搜索指定字符串。

4. 通过 Pickle 和 JSON 来序列化学生的信息，学生的信息应该至少包括姓名、学号、班级、年龄、性别。

第 6 章

类和对象

类和对象是面向对象编程的两个核心概念。在编程领域，对象是对现实生活中各种实体和行为的抽象。例如，现实中一辆小轿车就可以看成一个对象，它有四个轮子、一个发动机、五个座位，同时可以加速也可以减速。拥有这些特性的所有的小轿车可以被称作一个“类”。

本章通过介绍类和对象来展示一种强有力的抽象方法：面向对象的编程思想。

6.1 类

类在 Python 中对应的关键字是 class，先看一段类定义的代码：

```
class Vehicle:
    def __init__(self):
        self.movable = True
        self.passengers = list()
        self.is_running = False

    def load_person(self, person: str):
        self.passengers.append(person)

    def run(self):
        self.is_running = True

    def stop(self):
        self.is_running = False
```

这里我们定义了一个交通工具类，先看关键的部分。

① 第 1 行：包含了类的关键词 class 和一个类名 Vehicle，结尾有冒号，同时类里所有的

代码为一个新的代码块。

② 第 2、7、10、13 行：这些都是类方法的定义，它们定义的语法跟正常函数是完全一样的，但是他们都有一个特殊的 self 参数。

③ 其他的非空行：类方法的实现代码。

这段代码实际上定义了一个属性为所有乘客和相关状态，方法为载人、开车、停车的交通工具类，但是这个类到目前为止还只是一个抽象。也就是说仅仅知道有这么一类交通工具，还没有创建相应的对象。

6.2 对象

按照一个抽象的、描述性的类创建对象的过程，叫作实例化。例如对于刚刚定义的交通工具类，可以创建两个对象，分别表示自行车和小轿车，代码如下：

```
car = Vehicle()
bike = Vehicle()
car.load_person('old driver')  #对象加一个点再加上方法名可以调用相应的方法
car.run()
print(car.passengers)
print(car.is_running)
print(bike.is_running)
```

一句一句地看这几行代码：

① 第 1 行：通过 Vehicle()即类名加括号来构造 Vehicle 的一个实例，并赋值给 car。要注意的是每个对象在被实例化的时候都会先调用类的__init__方法，更详细的用法我们会在后面看到。

② 第 2 行：类似地，构造 Vehicle 实例，赋值给 bike。

③ 第 3 行：调用 car 的 load_people 方法，并装载了一个老司机作为乘客。

④ 第 4 行：调用 car 的 run 方法。

⑤ 第 5 行：输出 car 的 passengers 属性。注意属性的访问方式是一个点加上属性名。

⑥ 第 6 行：输出 car 的 is_running 属性。

⑦ 第 7 行：输出 bike 的 is_running 属性。

同时这段代码会输出：

```
['old driver']
True
False
```

可以看到自行车和小轿车是从同一个类实例化得到的，但是却有着不同的状态，这是因为自行车和小轿车是两个不同的对象。

6.3 类和对象的关系

如果之前从未接触过面向对象的编程思想，那么有人可能会产生一个问题：类和对象有什么区别？

类将相似的实体抽象成相同的概念，也就是说类本身只关注实体的共性而忽略特性，例如对于自行车、小轿车甚至是公交汽车，我们只关注它们能载人并且可以正常运动停止，所以抽象成了一个交通工具类。而对象是类的一个实例，有跟其他对象独立的属性和方法，例如通过交通工具类我们还可以实例化出一个摩托车，它跟之前的自行车小轿车又是互相独立的对象。

如果用一个形象的例子来说明类和对象的关系，我们不妨把类看作是设计汽车的蓝图，上面有一辆汽车的各种基本参数和功能，而对象就是用这张蓝图制造的所有汽车，虽然它们的基本构造和参数是一样的，但是颜色可能不一样，例如有的是蓝色的而有的是白色的。

6.4 面向过程还是对象

对于交通工具载人运动这件事，难道用我们之前学过的函数不能抽象吗？当然可以，例如：

```
def get_car():
    return { 'movable': True, 'passengers': [], 'is_running': False}


def load_passenger(car, passenger):
    car['passengers'].append(passenger)


def run(car):
    car['is_running'] = True


car = get_car()
load_passenger(car, 'old driver')
run(car)
print(car)
```

这段代码是"面向过程"的——就是说对于同一件事，我们抽象的方式是按照事情的发展过程进行的。所以这件事就变成了获得交通工具、乘客登上交通工具、交通工具动起来这三个过程，但是反观面向对象的方法，我们一开始就是针对交通工具这个类设计的，也就是说我们从这件事情中抽象出了交通工具这个类，然后思考它有什么属性，能完成什么事情。

虽然面向过程一般是更加符合人类思维方式的，但是随着学习的深入，我们会逐渐意识到面向对象是程序设计的一个利器，因为它把一个对象的属性和相关方法都封装到了一起,在设计复杂逻辑时候可以有效降低思维负担。

但是面向过程和面向对象不是冲突的,有时候面向对象也会用到面向过程的思想。反之亦然,两者没有优劣可言,也不是对立的,都是为了解决问题而存在。

6.5 类的定义

对面向对象有了一个整体的概念后,我们来学习 Python 中相应的具体语法。刚才已经提到了,面向对象的重要概念之一是类,而类在 Python 中由三部分组成:类名、属性和访问。

1. 类名

类名的定义写在类定义的第一行,和函数的定义写法很像,但是关键词不同,例如之前交通工具类的类名定义:

```
class Vehicle:
```

但是要注意的是,这里的定义还可以扩展,在第 7 章中会给出完整的定义。

2. 属性

创建类的属性分两种,分别是类属性和实例属性,它们怎么声明呢?

类属性只要在类的定义内,类方法定义外即可,而实例属性有些特殊,看一个例子:

```
class Vehicle:
    class_property = 0                   #没有 self,并且写在方法外,这是类属性

def __init__(self):
    temporary_var = -1                   #写在方法里,但是没有 self,这是一个局部变量
    self.instance_property = 1           #有 self,这里创建了一个实例属性
    Vehicle.class_property += 1          #操作类属性需要写类名
```

可以看到对于实例属性并不用特别的声明,它跟 Python 的变量很像,只要直接赋值就可以创建。那么两者有什么区别呢?我们可以尝试实例化两个对象:

```
car1 = Vehicle()
print(f'class: {Vehicle.class_property}')
print(f'instance:{car1.instance_property}')

car2 = Vehicle()
print(f'class: {Vehicle.class_property}')
print(f'instance: {car2.instance_property}')
```

这段代码会输出:

```
class: 1
instance: 1
```

```
class: 2
instance: 1
```

这里可以看到随着两个对象的实例化，类的 __init__ 函数被执行了两次，两个对象的实例属性相互独立都是 1，但是类属性由 1 变成了 2。这里可以这么理解，类属性就是一个类的“全局变量”。例如对于一个小轿车类，它的销量就可以当作是一个类属性，每实例化一个小轿车销量就加 1，也就是说类属性是所有对象共享的一个变量。而实例属性就好比小轿车的颜色，每个对象之间是相互独立的。

3. 访问

上面已经提到了，类属性是共享的，而实例属性是针对特定对象的，所以我们访问类变量的时候前面应该是类名，访问实例变量的时候前面应该是具体的对象，否则就会出现一些意想不到的情况，例如：

```
car3 = Vehicle()
print(car3.class_property)          #错误!应该用类名访问,但是也能返回正确的值
car3.class_property = 0             #错误!
print(Vehicle.class_property)       #正确
```

这段程序会输出：

```
3
3
```

虽然尝试修改类属性，但是并没有成功，这是为什么呢？关键原因是当用类名来访问的时候访问到的一定是类属性，但是用特定对象访问类属性的时候，如果是赋值操作那么 Python 解释器会直接创建一个新的同名实例变量或者覆盖已有的实例变量，如果是读取操作，那么 Python 解释器会优先寻找实例属性，否则就返回类属性。这段解释听起来很绕，结合代码看看 Python 解释器做了什么工作：

```
car3 = Vehicle()                    #创建了一个 Vehicle 实例,它有一个类属性 class_property
print(car3.class_property)          #尝试读取 car3 的实例变量 class_property 但是没有找到,
                                    #然后才从类属性找到返回
car3.class_property = 0             #这是个赋值操作,直接创建一个实例属性 class_property
                                    #并赋值为 0
print(Vehicle.class_property)       #直接读取 Vehicle 类的类属性 class_property
```

最后，car3 拥有一个类属性 class_property 值为 3，同时也拥有一个实例属性 class_property 值为 0，所以如果这时候我们这样访问：

```
print(car3.class_property)
```

是完全合法的，因为 car3 的确有一个名为 class_property 的实例属性了，虽然是无意间创建的。

6.6 方法

类的方法有三种，静态方法、类方法、实例方法。

1. 静态方法

静态方法也叫 staticmethod，要注意的是静态方法要在方法定义前一行加上@staticmethod，这是一个装饰器，我们会在后面的章节介绍，这里只要知道定义的时候必须加上就可以了。

所以定义一个静态方法是这样的：

```
class Vehicle:
    @staticmethod
    def static_method():
        print('Old driver, take me!')
```

调用的时候直接用类名进行调用：

```
Vehicle.static_method()
```

这段代码会输出：

```
Old driver, take me!
```

其实一个静态方法跟模块内正常的函数定义除了语法是完全等价的，也就是说这段代码可以写成这样：

```
def static_method():
    print('Old driver, take me!')

static_method()
```

那么静态方法存在的意义是什么呢？当有一些单独的函数跟某个类关系非常紧密的时候，为了统一性也为了易于使用，可以把这些函数拿过来放到这个类中作为静态函数使用。例如现在有一个这样的函数：

```
def is_car(car):
#一些判定逻辑
    return True
```

这个函数不会访问到 Vehicle 的任何属性和方法，但是它的意义跟 Vehicle 非常相近，所以希望用户可以这样直接调用：

```
Vehicle.is_car(car)  #让 is_car 成为 Vehicle 的静态方法
```

这样是非常符合直觉的，同时用户只要导入了 Vehicle 就可以拥有这个方法，这也是相当方便的。

2. 类方法

类方法的名字是 classmethod，和之前的静态方法类似，它也需要一个装饰器@classmethod，所以它的定义是这样的：

```
class Vehicle:
    class_property = 0

    @classmethod
    def class_method(cls):
        print(cls.class_property)
```

然后我们仍然是通过类名调用它：

```
Vehicle.class_method()
```

正如我们期望的那样，输出的结果是：

```
0
```

这里和静态方法最大的不同就是 class_method 有一个参数 cls，并且更神奇的是在调用的时候这个参数并没有被显示指定，这是怎么回事呢？

之前讲过，类属性应该通过类名来访问，其实这里 cls 就是类名，因此这里 cls. class_property 其实就是 Vehicle. class_property，另外为什么不用指定类名就会隐式传递参数呢？是因为这样写是可以支持多态的，也就是说这里传入的 cls 一定是当前对象的类名，具体的在这里就不展开了，下一章学习多态的时候会涉及。总之只要记住，对于类方法，第一个参数总是会隐式传入类名就好了，对于后面马上要提到的实例函数也有类似的情况。

另外这里要注意的是，在类方法中只能访问类属性和其他的类方法，因为只有类名没有具体的对象。

3. 实例方法

最重要的也是最常见的方法就是实例方法了，它对应的英文是 instance method。不过在类中定义方法默认就是实例方法，所以它不需要任何装饰器修饰，例如回到我们最开始的例子：

```
class Vehicle:
    class_property = 0

    def __init__(self):   #__init__ 是一个实例方法，但是它很特殊
        temporary_var = -1
        self.instance_property = 1
```

```
        Vehicle.class_property += 1

        self.passengers = list()

    def load_passengers(self, new_passengers):   # load_passengers 也是一个实例方法
        self.passengers.extend(new_passengers)

car1 = Vehicle()

car1.load_passengers(['alice', 'bob'])
print(car1.passengers)
```

这段代码会输出：

```
['alice', 'bob']
```

在这段代码中出现了两个实例方法，__init__和 load_passengers，我们先看后者。

实例方法的定义和普通函数的定义如出一辙，但是有些不同的地方是实例方法第一个参数一定是 self，并且类似 classmethod，这里的 self 也是隐式传入的，那么这里 self 是什么呢？其实 self 就是调用这个方法的实例自己，也就是说在上面这段代码中，当 car1 调用 load_passengers 的时候其实第一个隐式传入的参数就是 car1 自身，这就是为什么要叫作实例方法。

另外，根据输出可以看出，load_passengers 这个方法将['alice', 'bob']这个 List 里的两个字符串装进了 car1 的实例属性 passengers 里。这就是实例方法存在的意义——对相应的实例操作，表现对象的特性。

当然由于我们拥有一个完整的对象，因此可以操作这个对象的所有属性，调用它任何一个方法，这也是实例方法和之前的类方法、静态方法的重要区别之一。

本章小结

面向对象相比之前学习的面向过程来说是一种全新的思维方式，它依托于两个重要概念：类和对象，把现实中的有共性的实体抽象成一个有自己的属性和行为的类，然后通过实例化多个对象来完成复杂的逻辑关系。

本章主要讲述了类和对象的基础使用方法，但是面向对象的精髓远远不止这些。面向对象有三大特性：封装、继承和多态，学有余力的同学可以查询资料深入理解。

本章习题

1. 写一个 Circle 类，实现可以传入半径的构造方法。
2. 对 Circle 类进行扩展，重载大小比较方法。
3. 实现 Circle 类的面积、周长的计算函数。

第 7 章 Python GUI 开发

在此前的章节中，我们的程序都是在控制台运行且完成用户交互(例如，输入、输出数据)的。然而，单调的命令行界面不仅让没有太多计算机专业背景的用户难以接受，更极大地限制了程序使用效率。20 世纪 80 年代苹果公司首先将 GUI(Graphical User Interface，图形化用户界面)引入计算机领域，其提供的 Macintosh 系统以其全鼠标、下拉菜单式操作和直观的图形界面，引发了微机人机界面的历史性的变革。可以说，GUI 的开发直接影响到终端用户的使用感受和使用效率，是软件质量最直观的体现。

使用 Python 语言，可以通过多种 GUI 开发库进行 GUI 开发，包括内置在 Python 中的 Tkinter，以及优秀的跨平台 GUI 开发库 PyQt 和 wxPython 等。在本章中，我们将以 Tkinter 为例介绍 Python 中的 GUI 开发。

7.1 GUI 编程简介

7.1.1 窗口与组件

GUI 开发过程中，会首先创建一个顶层窗口，该窗口是一个容器，可以存放程序所需的各种按钮、下拉框、单选框等组件。每种 GUI 开发库都拥有大量的组件，可以说一个 GUI 程序就是由各种不同功能的组件组成的。

顶层窗口作为一个容器，包含了所有的组件；而组件本身亦可充当一个容器，包含其他的一些组件。这些包含其他组件的组件被称为父组件，被包含的组件被称为子组件。这是一种相对的概念，组件的所属关系通常可以用树来表示。

7.1.2 事件驱动与回调机制

当每个 GUI 组件都构建并布局完毕之后，程序的界面设计阶段就算完成了。但是此时的用户界面只能看而不能用，接下来还需要为每个组件添加相应的功能。

用户在使用 GUI 程序时，会进行各种操作，例如鼠标移动、鼠标单击、按下键盘按键等，这些操作均称为事件。同时，每个组件也对应着一些自己特有的事件，例如在文本框中输入文本、拖拉滚动条等。可以说，整个 GUI 程序都是在事件驱动下完成各项功能的。GUI 程序从启动时就会一直监听这些事件，当某个事件发生时程序就会调用对应的事件处理函数做出相应的响应，这种机制被称为回调，而事件对应的处理函数被称为回调函数。

因此，为了让一个 GUI 界面具有预期功能，只需为每个事件编写合理的回调函数即可。

7.2 Tkinter 的主要组件

Tkinter 是标准的 Python GUI 库，它可以帮助我们快速而容易地完成一个 GUI 应用程序的开发。使用 Tkinter 库创建一个 GUI 程序只需要做以下几个步骤：

① 导入 Tkinter 模块；

② 创建 GUI 应用程序的主窗口(顶层窗口)；

③ 添加完成程序功能所需要的组件；

④ 编写回调函数；

⑤ 进入主事件循环，对用户触发的事件做出响应。

图 7-1 空白窗口

下面的代码展示了前两个步骤，通过这段代码就可以创建出如图 7-1 所示的一个空白主窗口。

```
#coding:utf-8
import Tkinter          #导入 Tkinker 模块
top = Tkinter.Tk()  #创建应用程序主窗口
top.title(u"主窗口")
top.mainloop()        #进入事件主循环
```

在本节接下来的部分中，将介绍如何在这个空白的主窗口上构建我们需要的组件，而如何将这些组件与事件绑定将在 7.3 节中以实例的形式展示。

7.2.1 标签

标签(Label)是用来显示图片和文本的组件，它可以用来给一些其他组件添加所要显示的文本。下面将为上面创建的主窗口添加一个标签，在标签内显示两行文字，如下方代码所示。

```
#coding:utf-8

from Tkinter import *

top = Tk()
top.title(u"主窗口")
```

```
label = Label(top, text = "Hello World,\nfrom Tkinter") #创建标签组件
label.pack()                                            #将组件显示出来
top.mainloop()                                          #进入事件主循环
```

程序运行结果如图 7-2 所示。值得一提的是,text 只是 Label 的一个属性,如同其他组件一样,Label 还提供了很多设置,可以改变其外观或行为,具体细节可以参考 Python 开发者文档。

图 7-2　标签

7.2.2　框架

框架(Frame)是其他各种组件的一个容器,通常是用来包含一组控件的主体。我们可以定制框架的外观,下面的代码中展示了如何定义不同样式的框架。

```
#coding:utf-8

from Tkinter import *

top = Tk()
top.title(u"主窗口")
for relief_setting in ["raised", "flat", "groove", "ridge", "solid", "sunken"]:
    frame = Frame(top, borderwidth = 2, relief = relief_setting)  #定义框架
    Label(frame, text = relief_setting, width = 10).pack()
    #显示框架,并设定向左排列,左右、上下间隔距离均为 5 像素
    frame.pack(side = LEFT, padx = 5, pady = 5)
top.mainloop()  #进入事件主循环
```

代码的运行结果见图 7-3,可以通过这一列并排的框架中看到不同样式的区别。其中,为了显示浮雕模式的效果,必须将宽度 borderwidth 设置为大于 2 的值。

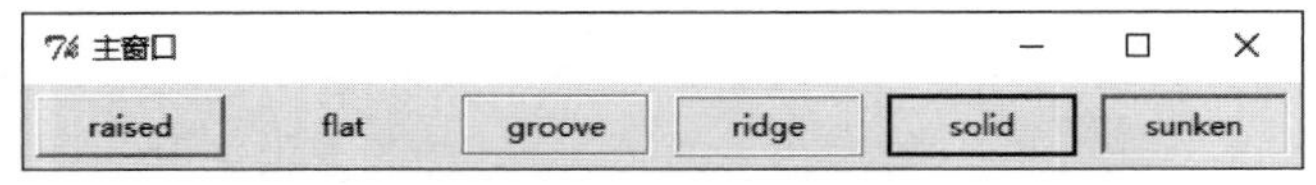

图 7-3　框架

7.2.3　按钮

按钮(Button)是接受用户鼠标单击事件的组件。可以使用按钮的 command 属性为每个按钮绑定一个回调程序,用于处理按钮单击时的事件响应。同时,也可以通过其 state 属性禁用一个按钮的单击行为。下面的代码展示了这个功能。

```
#coding:utf-8

from Tkinter import *

top = Tk()
```

```
top.title(u"主窗口")
bt1 = Button(top, text = u"禁用", state = DISABLED)      #将按钮设置为禁用状态
bt2 = Button(top, text = u"退出", command = top.quit)    #设置回调函数
bt1.pack(side = LEFT)
bt2.pack(side = LEFT)
top.mainloop()                                           #进入事件主循环
```

程序运行截图见图 7-4。其中,可以明显地看出“禁用”按钮是灰色的,并且单击该按钮不会有任何反应;“退出”按钮被绑定了回调函数 top.quit,当单击该按钮后,主窗口会从主事件循环 mainloop 中退出。

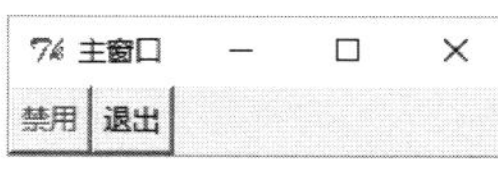

图 7-4 按钮

7.2.4 输入框

输入框(Entry)是用来接收用户文本输入的组件。下面的代码展示了一个登录页面的界面构建。

```
#coding:utf-8

from Tkinter import *

top = Tk()
top.title(u"登录")
#第一行框架
f1 = Frame(top)
Label(f1, text = u"用户名").pack(side = LEFT)
E1 = Entry(f1, width = 30)
E1.pack(side = LEFT)
f1.pack()
#第二行框架
f2 = Frame(top)
Label(f2, text = u"密  码").pack(side = LEFT)
E2 = Entry(f2, width = 30)
E2.pack(side = LEFT)
f2.pack()
#第三行框架
f3 = Frame(top)
Button(f3, text = u"登录").pack()
f3.pack()
top.mainloop()
```

代码的运行效果见图 7-5。在上述代码中,我们利用了框架帮助布局其他的组件。在前两个框架组件中,分别加入了标签和输入框组件,提示并接受用户输入。在最后一个框架组件中,加入了登录按钮。

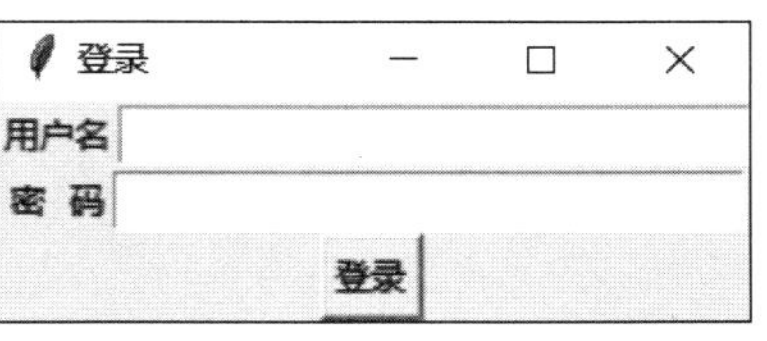

图 7-5 登录界面

最后,与按钮相同,可以通过将 state 属性设置为 DISABLED 的方式禁用输入框,以禁止用户输入或修

改输入框中的内容，这里将不再赘述。

7.2.5 单选按钮和多选按钮

单选按钮（Radiobutton）和多选按钮（Checkbutton）是提供给用户进行选择输入的两种组件。前者是排他性选择，即用户只能选取一组选项中的一个选项；而后者可以支持用户选择多个选项。它们的创建方式也略有不同：当创建一组单选按钮时，必须将这一组单选按钮与一个相同的变量关联起来，以设定或获得单选按钮组当前的勾选状态；当创建一个复选按钮时，需要将每一个选项与一个不同的变量相关联，以表示每个选项的勾选状态。同样，这两种按钮也可以通过 state 属性被设置为禁用。

单选按钮的例子见下方代码。

```
#coding:utf-8

from Tkinter import *

top = Tk()
top.title(u"单选")
f1 = Frame(top)
choice = IntVar(f1)                              #定义动态绑定变量
for txt, val in [('1', 1), ('2', 2), ('3', 3)]:
    #将所有的选项与变量 choice 绑定
    r = Radiobutton(f1, text=txt, value=val, variable=choice)
    r.pack()

choice.set(1)                                    #设定默认选项
Label(f1, text=u"您选择了:").pack()
Label(f1, textvariable=choice).pack()            #将标签与变量动态绑定
f1.pack()
top.mainloop()
```

在这个例子中，将变量 choice 与三个单选按钮绑定实现了一个单选框的功能。同时，变量 choice 也通过动态标签属性 textvariable 与一个标签绑定，当勾选不同选项时，变量 choice 的值发生变化，并在标签中动态地显示出来。例如，在图 7-6 中，勾选了第二个选项，最下方的标签就会更新为 2。

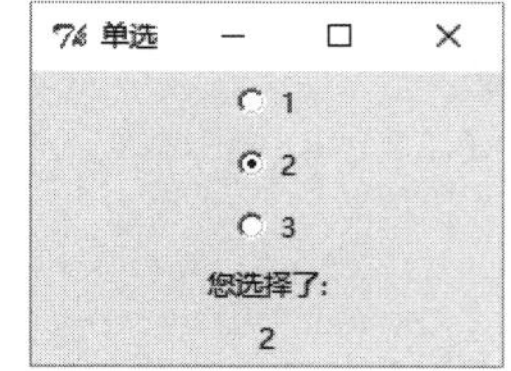

图 7-6 单选按钮

多选按钮的例子见下方代码。

```
#coding:utf-8

from Tkinter import *

top = Tk()
top.title(u"多选")
f1 = Frame(top)
```

```
choice = {}                                    #存放绑定变量的字典
cstr = StringVar(f1)
cstr.set("")

def update_cstr():
    #被选中选项的列表
    selected = [str(i) for i in [1, 2, 3] if choice[i].get() == 1]
    #设置动态字符串 cstr,用逗号连接选中的选项
    cstr.set(",".join(selected))

for txt, val in [('1', 1), ('2', 2), ('3', 3)]:
    ch = IntVar(f1)                            #建立与每个选项绑定的变量
    choice[val] = ch                           #将绑定的变量加入字典 choice 中
    r = Checkbutton(f1, text = txt, variable = ch, command = update_cstr)
    r.pack()

Label(f1, text = u"您选择了:").pack()
Label(f1, textvariable = cstr).pack()    #将标签与变量字符串 cstr 绑定
f1.pack()
top.mainloop()
```

在这个例子中,分别将三个不同的变量与三个多选按钮绑定,并为每个多选按钮设置了回调函数 update_cstr。当选中一个多选选项时,回调函数 update_cstr 就会被触发,该函数会根据与每个选项绑定变量的值确定每个选项是否被勾选(当某勾选时,其对应的变量值为 1,否则为 0),并将勾选结果保存在以逗号分隔的动态字符串 cstr 中,最终该字符串会在标签中被显示。例如,在图 7-7 中,选中了 2 和 3 两个选项,在最下方的标签中就会显示这两个选项被选中的信息。

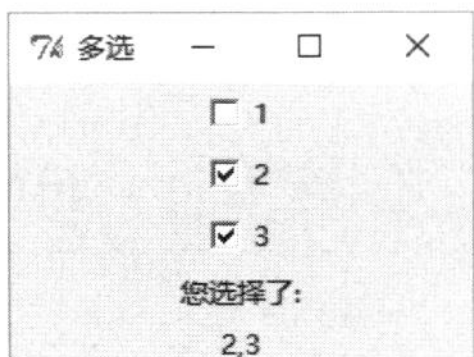

图 7-7　多选按钮

7.2.6　列表框与滚动条

列表框(Listbox)会用列表的形式展示多个选项以供用户选择。同时,在某些情况下这个列表会比较长,还可以为列表框添加一个滚动条(Scrollbar)以处理界面上显示不下的情况,如图 7-8 所示。下面代码是一个简单的例子,运行结果见下方代码。

```
#coding:utf-8

from Tkinter import *

top = Tk()
top.title(u"列表框")
scrollbar = Scrollbar(top)                     #创建滚动条
scrollbar.pack(side = RIGHT, fill = Y)         #设置滚动条布局
#将列表与滚动条绑定,并加入主窗体
```

```
mylist = Listbox(top, yscrollcommand = scrollbar.set)
for line in range(20):
    mylist.insert(END, str(line))                    # 向列表尾部插入元素

mylist.pack(side = LEFT, fill = BOTH)                # 设置列表布局
scrollbar.config(command = mylist.yview)             # 将滚动条行为与列表绑定

mainloop()
```

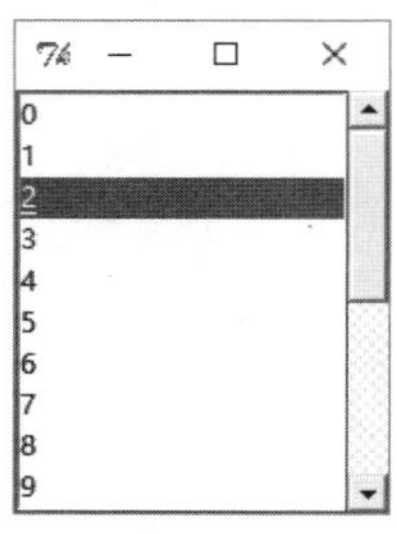

图 7-8　列表框

由于篇幅所限，一些本节没有介绍的组件（例如，菜单 Menu）和相关组件设置将通过下一节的实例向读者展示，还有更多的组件及细节可以参考 Python 的官方文档。

7.3 案例：使用 Tkinter 进行 GUI 编程——扫雷游戏

现在，通过一个实例来帮助读者了解使用 Tkinter 进行 GUI 编程的过程。这个实例就是家喻户晓的扫雷游戏。在 Windows 98 时代，扫雷、空当接龙和纸牌等游戏被内置在电脑的游戏文件夹中。它的规则也很简单，在一块一定大小的区域内随机分布着一些地雷，玩家需要排除所有没有地雷的格子来获得胜利。当玩家单击一个未知的方格后，可能看到三种情况：

- 一个空白方格，代表这个方格和它周围的 8 个格子都没有地雷。
- 一个数字方格 X，代表它本身没有地雷，但它周围的 8 个方格内有 X 个地雷。
- 地雷，代表玩家不幸踩中了地雷，游戏宣告失败。

下面展示了一个 Windows 原版扫雷的游戏界面和相关解释，如图 7-9 所示。

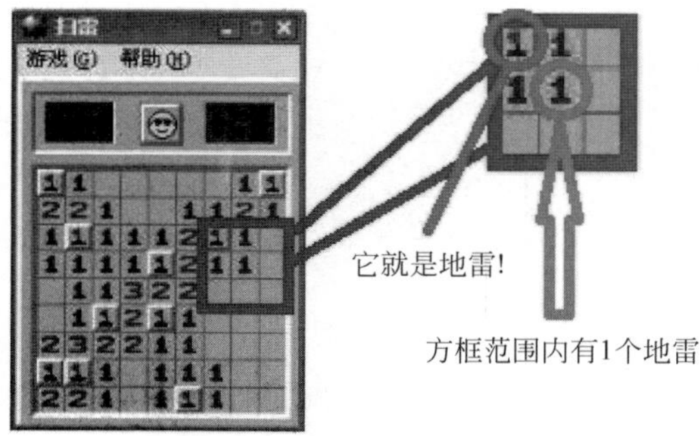

图 7-9　Windows 原版扫雷的游戏界面及相关解释

要想制作完成这样一个游戏，必须从最简单的步骤入手，笔者在这里把制作的流程分为四个部分：用户界面设计、游戏素材准备、游戏窗口制作、游戏逻辑制作。其中游戏逻辑制作又细分为五个部分：地图生成、单击、右击、双击、胜负判定。下面开始这样一个扫雷游戏的制作过程。

7.3.1　用户界面设计

在动手制作之前，制作者需要了解用户的需求：用户希望实现什么功能？

首先，作为一个扫雷游戏，基本的游戏面板（地图）是必要的，制作者需要在下方生成大量的方格作为地图，并要求用户能够对这些方格进行单击、右击、双击的操作。

然后，玩家需要一个按钮来退出游戏，直接单击红叉或结束进程是不推荐的，所以最好设计一个“退出”按钮。

最后，在一局游戏结束之后，无论玩家是输是赢，游戏都已经无法再进行下去了。要想重新开始新的游戏，只能退出游戏并重新启动，而这是相当麻烦的。所以需要设计一个快捷按钮“重置”用来实现快速的重新开局。

笔者在这里对用户界面进行了简化，一些如计时器、下拉菜单等功能并没有设计。如果读者感兴趣，也可以自行了解有关内容来让自己的程序更加丰富多彩。笔者在这里只保留了扫雷游戏的地图部分和“退出”按钮（用于退出游戏）和“重置”按钮（用于开始新的一局，在原版扫雷中被单击小黄脸代替），如图 7-10 所示。

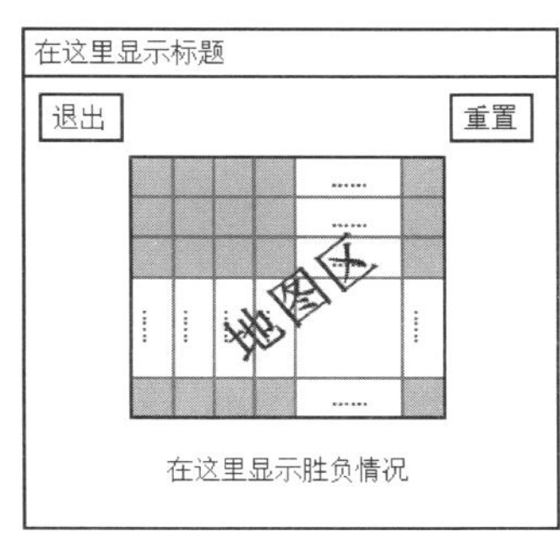

图 7-10　用户界面设计

7.3.2　游戏素材准备

作为一个游戏，只有文字的堆砌是远远不够的，要想让这个游戏能够吸引人，就需要配上相应的游戏素材。在扫雷游戏中，需要用到的素材有：

• 数字 1—8 的素材

挖开一个格子之后可能会产生数字，由于数字表示的是周围 8 格内的地雷数，所以最小为 1（最少仅有 1 个地雷，数字 0 不用显示），最大为 8（这个方格周围都是地雷）。

• “空格”素材

用来表示尚未挖开的格子或挖开后四周无地雷的格子，并保持此类图片大小和其他素材一致。

• 踩雷素材

当一局游戏提前结束时，玩家一定已经踩到了一个地雷上，程序需要显示这个地雷“爆炸”时的样子（标志着本局游戏的失败）。

• 普通地雷素材

游戏结束时，无论是胜利还是失败，程序都需要对所有未标旗地雷的位置来进行显示，这里用一个感叹号进行表示。

• 插旗素材

在原版“扫雷”中,玩家可以使用鼠标右击来给一个格子“插旗”,这表示玩家认为这个格子是危险的,同时这个格子也变得不能被单击。

• 问号素材

在原版“扫雷”中,挖掘可以使用鼠标右击两次来给一个格子标上问号,这表示玩家认为这个格子不确定是否有雷,具有一定的危险性。

• 插旗错误素材

素材内容为一个旗子被打上了叉。游戏结束时,如果玩家给一个安全格错误地标上了旗子,那么插旗错误素材将会显示在那个格子上。

笔者在程序中用到的素材图片已列在下方,如图 7-11 所示。

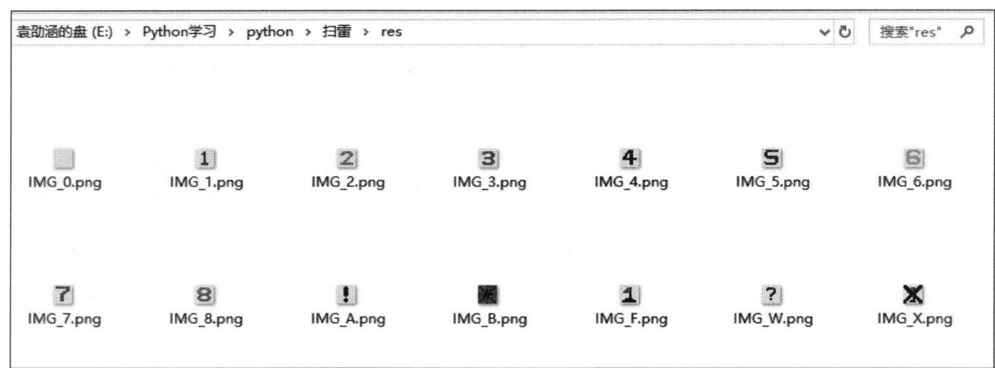

图 7-11　需要准备的素材

素材说明:IMG_0 是空格素材,IMG_1～IMG_8 是数字素材,IMG_A 是地雷素材,IMG_B 是踩雷素材,IMG_F 是插旗素材,IMG_W 是问号素材,IMG_X 是插旗错误素材。读者自己创作的素材未必需要和图片中的文件名一致,但要注意代码中引用的文件名要和实际文件名相对应,否则程序将无法运行。

7.3.3　游戏窗口制作

这一节笔者正式进入代码环节。有了前期的铺垫,接下来想要做什么已经很明确了。首先,需要制作出一个游戏窗口。以 Python 自带的 IDLE 为例,打开 IDLE,选择 File→New File 命令新建一个 Python 3 文件,选择 File→Save 命令,保存标题为“扫雷”,键入以下代码,选择 Run→Run Module 命令运行程序,运行效果如图 7-12 所示。

```
# -*- coding: utf - 8 -*-
from tkinter import *              # 导入 tkinter 模块中的所有函数
import random                      # 导入 random 模块
class App:                         # 把 GUI 的具体实现封装在 App 类中,便于维护
    def __init__(self,master):
        self.master = master
        self.button1 = Button(root,text = "退出",fg = "red")
        self.button1.grid(row = 0,column = 0)
```

```
#以下为主程序部分
root = Tk()                          #创建并初始化窗体
root.title("扫雷")                   #设置标题为"扫雷"
root.geometry("300x300")             #设置窗口大小为 300x300(可根据需要自行更改)
app = App(root)                      #创建实例
root.mainloop()                      #进入主循环
```

在上面的代码中,笔者首先定义了一个 App 类来将 GUI 的主要部分封装在 App 类中(这有利于程序的维护),在这个类中,笔者只定义了__init__这一个函数。在__init__中,首先对 master 这个变量进行了传值,然后创建了一个按钮 button1,设置按钮颜色为红色,文本为“退出”,然后使用 grid 布局(网格布局)将刚才创建好的“退出”按钮设置在 0 行 0 列,程序将自动设置按钮的大小,并将其显示在整个窗口的左上角。

图 7-12　程序运行的效果

从上面的代码可以看出,窗口的布置已经初见成效,把“退出”按钮已经成功“安排”在屏幕上。然而,只建立按钮是不能解决问题的,在 tkinter 的 button 组件中,每一个按钮都要指定一个函数,当按钮被按下时,将会执行所指定的函数。所以,还需要定义一个 quit 函数,用于退出游戏。

首先,在 App 类中定义 quit 函数。

```
def quit(self):        #用于退出程序
        self.master.quit()
        self.master.destroy()
```

然后,给 button1 指定 quit 这个函数,只需要把 button1 的定义过程如下更改即可。

```
self.button1 = Button(root,text = "退出",fg = "red",command = self.quit)
```

注意,command=self.quit 不要写成 command=quit。在自己类中定义的函数使用时一定要加上 self,否则编译器会当成其他函数或关键字理解。

再次运行程序,单击【退出】按钮,发现程序可以正常退出了。接下来,需要将“重置”键和所有的方格(每一个方格就是一个按钮)都在窗口上生成出来。为了便于以后的维护,在这里定义一个全局变量 MAPSIZE(其实更适合定义为常量)。这样,【退出】按钮在 0 行 0 列,所有的方格在(1,2,…,MAPSIZE)行 (1,2,…,MAPSIZE)列,而【重置】按钮在 0 行(MAPSIZE+1)列。同时,在方格区域的下方,即(MAPSIZE+1)行,还会设置一个标签,用于显示游戏的胜利或失败情况。这一部分的代码如下:

```
# -*- coding: utf-8 -*-
from tkinter import *                #导入 tkinter 模块中的所有函数
```

```
import random                          # 导入 random 模块
class App:                             # 把 GUI 的具体实现封装在 App 类中,便于维护
def __init__(self,master):
        global image,MAPSIZE
        MAPSIZE = 10
        image = []                     # 创建 image 列表,用于加载图片
        image.append(PhotoImage(file = "res/IMG_0.png")) # 加载图片
        image.append(PhotoImage(file = "res/IMG_1.png"))
        image.append(PhotoImage(file = "res/IMG_2.png"))
        image.append(PhotoImage(file = "res/IMG_3.png"))
        image.append(PhotoImage(file = "res/IMG_4.png"))
        image.append(PhotoImage(file = "res/IMG_5.png"))
        image.append(PhotoImage(file = "res/IMG_6.png"))
        image.append(PhotoImage(file = "res/IMG_7.png"))
        image.append(PhotoImage(file = "res/IMG_8.png"))
        image.append(PhotoImage(file = "res/IMG_A.png")) #9
        image.append(PhotoImage(file = "res/IMG_B.png")) #10
        image.append(PhotoImage(file = "res/IMG_F.png")) #11
        image.append(PhotoImage(file = "res/IMG_W.png")) #12
        image.append(PhotoImage(file = "res/IMG_X.png")) #13
        self.master = master
        self.button1 = Button(root,text = "退出",fg = "red",command = self.quit)
        self.button1.grid(row = 0,column = 0)
        self.button2 = Button(root,text = "重置",fg = "blue",command = self.test)
        self.button2.grid(row = 0,column = MAPSIZE + 1)
        self.label1 = Label(root,text = "这是一个标签")
        self.label1.grid(row = MAPSIZE + 1,column = 1,columnspan = MAPSIZE)
        for i in range(MAPSIZE):
            for j in range(MAPSIZE):   # 通过循环来生成按钮
                buttonmap = Button(root, image = image[0], command = self.test)
                buttonmap.grid(row = i + 1,column = j + 1)
    def quit(self):                    # 用于退出程序
        self.master.quit()
        self.master.destroy()
    def test(self):
        print("Hello!")
# 以下为主程序部分
root = Tk()                            # 创建并初始化窗体
root.title("扫雷")                     # 设置标题为"扫雷"
root.geometry("300 × 300")             # 设置窗口大小为 300 × 300(可根据需要自行更改)
app = App(root)                        # 创建实例
root.mainloop()                        # 进入主循环
```

运行程序,单击除【退出】外的任意按钮会执行 print("Hello!")的指令,单击【退出】按钮退出程序。程序运行时,效果如图 7-13 所示。

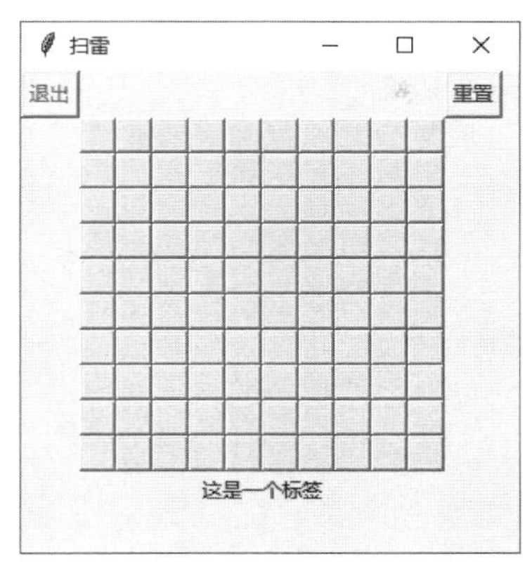

图 7-13 生成按钮之后的效果

7.3.4 游戏逻辑制作

接下来，将制作程序的核心部分——游戏逻辑，也就是单击一个方格(或执行其他操作)之后，应该执行怎样的函数。这里，将通过地图生成、左击、右击、双击、胜负判定五个部分的制作，来完成这个游戏的逻辑。

1. 游戏逻辑制作——地图生成

玩家每次打开扫雷时，希望得到的地雷分布也是随机的，因此笔者将使用 random 库中的 randint 函数来生成随机整数。在 init 中新建全局变量 BOMB，并设定为一个合适值(建议设定为地图总方格数的 10%～30%，在这里为 16)，同时需要建立一些列表来保存形形色色的数据，具体为：

记录所有按钮的列表 bmap，按生成的顺序来保存。

记录每个位置信息的列表 imap，保存方式同上，在这里使用 0 代表未挖开的空地，1 代表已挖开的空地，2 代表地雷(地雷不需要区分是否已挖开，因为一旦挖到地雷游戏即宣告结束)。

记录每个位置标旗状态的列表 flag，保存方式同上，用 0 代表没有标旗(初始情况)，1 代表标上了红旗，2 代表标上了问号。flag 在这一小节暂不使用。

为了方便起见，也为了将每一个按钮放置在列表中正确的位置，现将生成按钮部分的代码改动如下：

```
    for i in range(MAPSIZE):
            for j in range(MAPSIZE):      #通过循环来生成按钮
                self.imap.append(0)
                self.flag.append(0)
                self.bmap.append(Button(root))
                self.bmap[-1]["command"] = self.test
                self.bmap[-1].grid(row = i + 1,column = j + 1)
    self.bmap[-1]["image"] = image[0]
```

然后，将实现随机生成地雷的逻辑。这个逻辑很简单，只需要随机生成 N 个介于[0，方格总数－1]的随机数即可(*N* 为地雷总数)。但是,生成的随机数可能会有重复,而这是需要避免的。这里,使用 while 循环的方式:每生成一个随机数,就检查这个位置是否已经是地雷;如果不是,则在这个位置生成地雷(将 self.imap 标记为 2)并将 i 变量的值加 1。这一部分的代码如下:

```
i = 0   #因为之前已经用过 i,所以要先置 0
while i < BOMB: #生成地雷,总数为 BOMB 个
            rnd = random.randint(0,MAPSIZE ** 2 - 1)
            if(self.imap[rnd] != 2):
                self.imap[rnd] = 2
                i += 1
```

把这一部分代码写在生成按钮代码的下方,运行程序,看不出什么变化。这是因为这一部分代码只是对程序“内部”的变量进行了处理,而并没有提供对外的显示。如果希望看到程序的变化,可以在__init__函数的末尾加上 print(self.bmap)和 print(self.imap),再次运行程序,在输出窗口(而非游戏窗口)上会输出 bmap 和 imap 这两个列表的值,如图 7-14 所示。

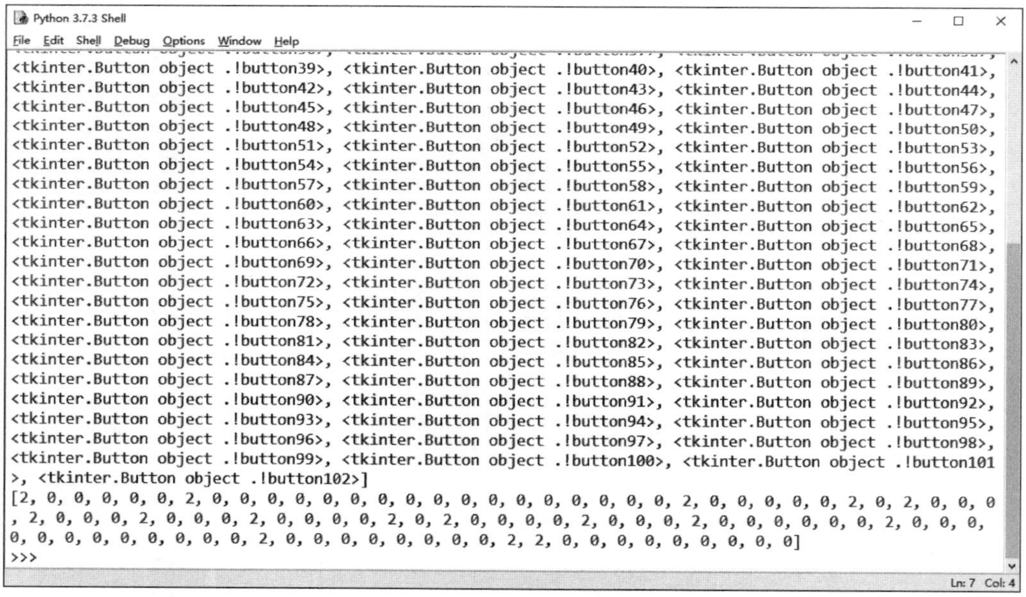

```
Python 3.7.3 Shell
File Edit Shell Debug Options Window Help
<tkinter.Button object .!button39>, <tkinter.Button object .!button40>, <tkinter.Button object .!button41>,
<tkinter.Button object .!button42>, <tkinter.Button object .!button43>, <tkinter.Button object .!button44>,
<tkinter.Button object .!button45>, <tkinter.Button object .!button46>, <tkinter.Button object .!button47>,
<tkinter.Button object .!button48>, <tkinter.Button object .!button49>, <tkinter.Button object .!button50>,
<tkinter.Button object .!button51>, <tkinter.Button object .!button52>, <tkinter.Button object .!button53>,
<tkinter.Button object .!button54>, <tkinter.Button object .!button55>, <tkinter.Button object .!button56>,
<tkinter.Button object .!button57>, <tkinter.Button object .!button58>, <tkinter.Button object .!button59>,
<tkinter.Button object .!button60>, <tkinter.Button object .!button61>, <tkinter.Button object .!button62>,
<tkinter.Button object .!button63>, <tkinter.Button object .!button64>, <tkinter.Button object .!button65>,
<tkinter.Button object .!button66>, <tkinter.Button object .!button67>, <tkinter.Button object .!button68>,
<tkinter.Button object .!button69>, <tkinter.Button object .!button70>, <tkinter.Button object .!button71>,
<tkinter.Button object .!button72>, <tkinter.Button object .!button73>, <tkinter.Button object .!button74>,
<tkinter.Button object .!button75>, <tkinter.Button object .!button76>, <tkinter.Button object .!button77>,
<tkinter.Button object .!button78>, <tkinter.Button object .!button79>, <tkinter.Button object .!button80>,
<tkinter.Button object .!button81>, <tkinter.Button object .!button82>, <tkinter.Button object .!button83>,
<tkinter.Button object .!button84>, <tkinter.Button object .!button85>, <tkinter.Button object .!button86>,
<tkinter.Button object .!button87>, <tkinter.Button object .!button88>, <tkinter.Button object .!button89>,
<tkinter.Button object .!button90>, <tkinter.Button object .!button91>, <tkinter.Button object .!button92>,
<tkinter.Button object .!button93>, <tkinter.Button object .!button94>, <tkinter.Button object .!button95>,
<tkinter.Button object .!button96>, <tkinter.Button object .!button97>, <tkinter.Button object .!button98>,
<tkinter.Button object .!button99>, <tkinter.Button object .!button100>, <tkinter.Button object .!button101
>, <tkinter.Button object .!button102>]
[2, 0, 0, 0, 0, 0, 2, 0, 0, 0, 0, 0, 0, 0, 0, 0, 0, 0, 0, 0, 0, 0, 0, 0, 2, 0, 0, 0, 0, 0, 2, 0, 2, 0, 0, 0
, 2, 0, 0, 0, 2, 0, 0, 0, 2, 0, 0, 0, 0, 2, 0, 2, 0, 0, 0, 0, 2, 0, 0, 0, 2, 0, 0, 0, 0, 0, 0, 2, 0, 0, 0,
0, 0, 0, 0, 0, 0, 0, 0, 0, 2, 0, 0, 0, 0, 0, 0, 0, 0, 2, 2, 0, 0, 0, 0, 0, 0, 0, 0, 0]
>>>
Ln: 7 Col: 4
```

图 7-14 测试程序在屏幕上输出的结果

输出的第一部分是许多按钮组成的列表,这和预想的一致。第二部分是大量的数字 2 和 0 组成的列表,这里 2 代表有地雷的格子,而 0 代表没有地雷的格子。数一数数字“2”的数量,正好是 16 个,也就是刚刚设置的地雷数,这意味着这一部分已经成功了。

2. 游戏逻辑制作——左击

当玩家对一个方格进行左击操作时,如果这个格子没有被挖开,将会执行挖开这个格子的操作,挖开的格子有三种可能:

① 如果这个格子本身有地雷，那么视为地雷爆炸，游戏结束，此时应该显示所有其他地雷的位置。

② 如果这个格子没有地雷，但是周围 8 格内有地雷（至少 1 个，至多 8 个），那么将显示这个方格周围的地雷数。

③ 如果这个格子没有地雷，周围 8 格也没有地雷，那么将这个格子替换为空格，然后自动挖开它周围的 8 个格子（挖开的过程中如果再碰到空格，按同样方法处理）。

为了实现这样的功能，需要写出一个函数来判定一个格子周围 8 格内的地雷数。也就是在 App 类中写成这样的形式：

```
def number(self,n):
    ans = 0
(程序的核心部分)
    return ans
或:
def number(self,x,y):
    ans = 0
(程序的核心部分)
    return ans
```

这两种形式的区别仅在于传入参数的区别，前者是传入一个参数 n 表示格子的编号，而后者是传入两个参数 x、y 表示格子所在的行、列。其实这两种形式本质上并没有区别，n 和 x、y 是可以转化的。因为这个过程需要访问一维的 imap 列表，所以在这里采用直接传入一个参数 n 的方式。n 和 x、y 转化的关系，如图 7-15 所示。

这样安排后，设中心的位置是 n，周围 8 格的位置就可以用含 n 的式子表示，如图 7-16 所示。

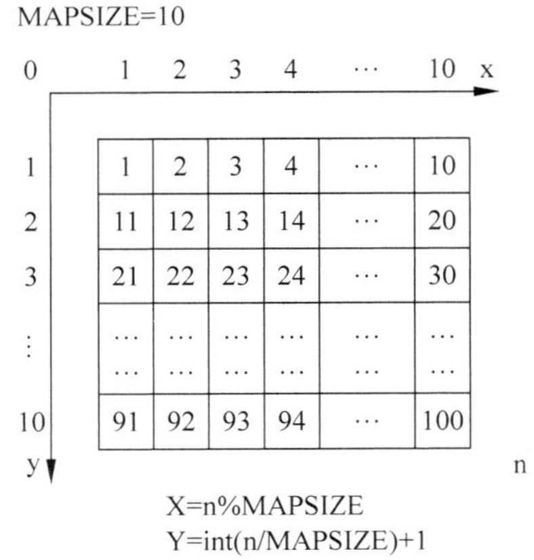

图 7-15　格子和所在行、列的转化关系

n−MAPSIZE−1	n−MAPSIZE	n−MAPSIZE+1
n−1	n	n+1
n+MAPSIZE−1	n+MAPSIZE	n+MAPSIZE+1

图 7-16　周围 8 格位置的公式表示

根据以上信息，初步写出这一部分的代码：

```
def number(self,n):
    ans = 0
```

```
        if(self.imap[n - MAPSIZE - 1] == 2):
    ans += 1
        if(self.imap[n - MAPSIZE] == 2):
    ans += 1
        if(self.imap[n - MAPSIZE + 1]  == 2):
    ans += 1
        if(self.imap[n + MAPSIZE - 1]  == 2):
    ans += 1
        if(self.imap[n + MAPSIZE] == 2):
    ans += 1
        if(self.imap[n + MAPSIZE + 1] == 2):
    ans += 1
        if(self.imap[n - 1]  == 2):
    ans += 1
        if(self.imap[n + 1]  == 2):
    ans += 1
    return ans
```

因为总共只有 8 格，所以没有使用“偏移量列表＋循环”的方式，而是直接穷举，有兴趣的读者可以采用其他方式完成这一任务。

这个程序看上去不错，但是其实它是错误的。因为边角位置的方格周围并不是 8 个方格，而是 5 个或 3 个。如果采用这种方法，就难免出现类似于 C++“数组越界”的错误，而无法正确统计地雷数量。所以，需要在每个 if 语句中加上相应的判断，如果要检测的位置已经超过了地图范围，那么计数变量也不会增加。下面是完整的 number 函数，其作用是给出一个格子编号 n，返回这个格子周围(8 格、5 格或 3 格)的地雷数。

```
def number(self,n):
    ans = 0
        if(n % MAPSIZE !=  0 and n >= MAPSIZE and self.imap[n - MAPSIZE - 1] == 2):
    ans += 1
        if( n >= MAPSIZE and self.imap[n - MAPSIZE] == 2):
    ans += 1
        if(n % MAPSIZE !=  MAPSIZE - 1 and n >= MAPSIZE and self.imap[n - MAPSIZE + 1]  == 2):
    ans += 1
        if(n % MAPSIZE !=  0 and n < MAPSIZE * (MAPSIZE - 1) and self.imap[n + MAPSIZE - 1]  == 2):
    ans += 1
        if( n < MAPSIZE * (MAPSIZE - 1) and self.imap[n + MAPSIZE] == 2):
    ans += 1
        if(n % MAPSIZE !=  MAPSIZE - 1 and n < MAPSIZE * (MAPSIZE - 1) and self.imap[n + MAPSIZE
+ 1] == 2):
    ans += 1
        if(n % MAPSIZE !=  0 and self.imap[n - 1]  == 2):
    ans += 1
        if(n % MAPSIZE !=  MAPSIZE - 1 and self.imap[n + 1]  == 2):
    ans += 1
    return ans
```

接下来，需要完成单击方格时的 dig 函数，dig(self,n)表示挖开编号为 n 的格子，然后判定是踩雷还是显示数字，抑或是继续挖周围8格。先给出这一部分的代码，随后再给予解释。

```
def dig(self,n):
        if self.imap[n] == 1:                    #不能单击的情况：已被单击过
           return
        self.bmap[n]["relief"] = SUNKEN          #将按钮设定为按下的状态
        bombnum = self.number(n)                 #获取这个格子周围的地雷数
        if self.imap[n] == 2 :                   #如果踩雷
           self.bmap[n]["image"] = image[10]     #把图片换成踩雷的图片
        elif bombnum == 0:                       #如果周围一个雷也没有，自动挖开周围的格子，
                                                 #注意递归调用的时候不要出现死循环
           self.imap[n] = 1
           if(n % MAPSIZE != 0and n >= MAPSIZE ):
              self.dig(n - MAPSIZE - 1)
           if(n >= MAPSIZE):
              self.dig(n - MAPSIZE)
           if(n % MAPSIZE != MAPSIZE - 1 and n >= MAPSIZE ):
              self.dig(n - MAPSIZE + 1)
           if(n % MAPSIZE != 0 and n < MAPSIZE * (MAPSIZE - 1)):
              self.dig(n + MAPSIZE - 1)
           if(n < MAPSIZE * (MAPSIZE - 1)):
              self.dig(n + MAPSIZE)
           if(n % MAPSIZE != MAPSIZE - 1 and n < MAPSIZE * (MAPSIZE - 1)):
              self.dig(n + MAPSIZE + 1)
           if(n % MAPSIZE != 0):
              self.dig(n - 1)
           if(n % MAPSIZE != MAPSIZE - 1):
              self.dig(n + 1)
        else: #如果周围有地雷，这个时候应该显示数字
           self.imap[n] = 1
           if bombnum == 1:
              self.bmap[n]["image"] = image[1]
           elif bombnum == 2:
              self.bmap[n]["image"] = image[2]
           elif bombnum == 3:
              self.bmap[n]["image"] = image[3]
           elif bombnum == 4:
              self.bmap[n]["image"] = image[4]
           elif bombnum == 5:
              self.bmap[n]["image"] = image[5]
           elif bombnum == 6:
              self.bmap[n]["image"] = image[6]
           elif bombnum == 7:
              self.bmap[n]["image"] = image[7]
           elif bombnum == 8:
              self.bmap[n]["image"] = image[8]
```

在执行 dig 这个函数时，首先要判断这个格子是否已经被挖开，如果是，那么使用 return 直接返回以跳过后面的部分。这样做是为了防止重复挖开一个格子。因为将来 dig 是要和按钮的 command 指令绑定的，所以玩家只要单击这个格子，就会不可避免地执行 dig 这个函数。所以一些防范措施是必要的。

然后将这个按钮的状态设置为 SUNKEN，这种状态和按下去的按钮完全一致，能够比较好地模拟格子被挖开的状态(也可以尝试用 FLAT，但效果没有 SUNKEN 好)。

获取这个格子周围的地雷数以便之后使用。

如果踩到了地雷，那么游戏就输了。但是现在暂无胜负判定，所以就仅仅把格子的贴图换成踩雷后的贴图即可。

如果没有踩雷，而且周围的地雷数为 0，则将这个格子的状态设为 1(表示已挖开)。再次调用 dig，挖开所有周围的格子，这里也需要判断是否处在边缘，判断的方法和 number 函数中的一致(dig 的判断语句中，只是少了格子是否为雷的判断)。

如果没有踩雷，而且周围的地雷数大于 0，则将这个格子的状态设为 1(表示已挖开)，再根据实际的地雷数将格子的图片替换成写有相应数字的图片即可。这样，dig 函数就完成了，把生成按钮时的 command 指令替换成下面这条：

```
self.bmap[-1]["command"] = self.dig(i*MAPSIZE+j)
```

运行程序，发现程序出现了错误，由于在执行过程中产生了 list index out of range 的错误，按钮没有办法正确生成，在输出窗口会呈现出错误信息，如图 7-17 所示。

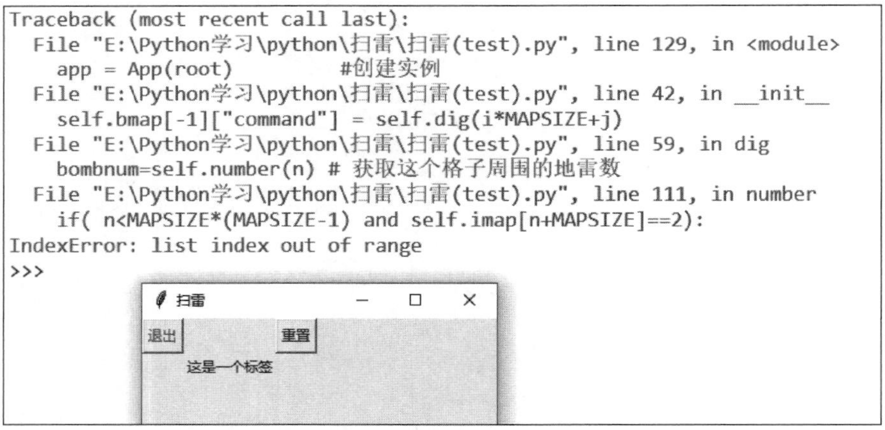

```
Traceback (most recent call last):
  File "E:\Python学习\python\扫雷\扫雷(test).py", line 129, in <module>
    app = App(root)          #创建实例
  File "E:\Python学习\python\扫雷\扫雷(test).py", line 42, in __init__
    self.bmap[-1]["command"] = self.dig(i*MAPSIZE+j)
  File "E:\Python学习\python\扫雷\扫雷(test).py", line 59, in dig
    bombnum=self.number(n) # 获取这个格子周围的地雷数
  File "E:\Python学习\python\扫雷\扫雷(test).py", line 111, in number
    if( n<MAPSIZE*(MAPSIZE-1) and self.imap[n+MAPSIZE]==2):
IndexError: list index out of range
>>>
```

扫雷
退出 重置
这是一个标签

图 7-17 出错的程序

从错误信息中可以看到，是在生成按钮的过程中，在给字典 command 赋值的时候产生了列表"越界"的错误。为什么会越界呢？其实，本质原因并不是列表的问题，而是 dig 这个函数被错误地执行了。如果直接写：

```
self.bmap[-1]["command"] = self.dig
```

可以发现，生成按钮虽然没有问题，但这个函数也就失去了传入参数的资格。其实，在经过调查后发现，command 所指定的只能是一个函数“本身”，也就是直接把函数名写进去。在这里，如果直接写 self.dig，那么就相当于指定了 dig 这个函数。但如果写 self.dig()，不管括号里写的是什么，只要这样写，它的作用就是“执行”这个函数，command 只能被赋值为函数运行完毕的“返回值”。这也就能解释为什么会出现越界的错误了。因为 self.dig 被错误执行了，而这个时候 imap 还没有生成完毕，自然会越界了。

我们需要找到一个替代的方法。例如，可以创建一些匿名函数，然后把 command 赋值为这个匿名函数来解决问题。把原有的语句修改为：

```
ev = lambda i = i,j = j:self.dig(i * MAPSIZE + j)
            self.bmap[ - 1]["command"] = ev
```

运行程序，随意单击几个格子，可以看到以下效果（由于每次生成的地雷位置是随机的，所以实际运行效果可能与图片不同），如图 7-18 所示。

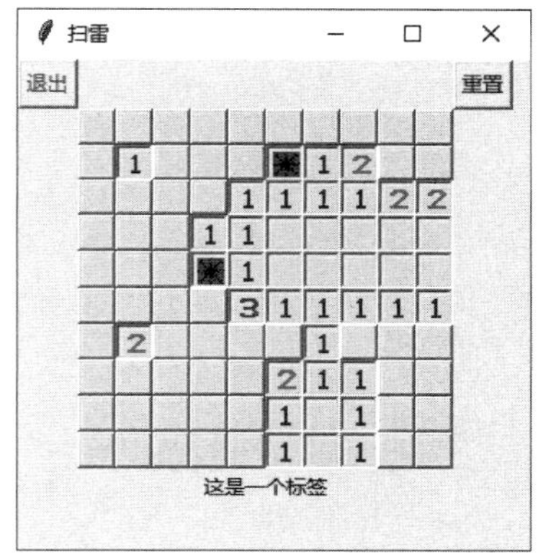

图 7-18　已完成大量内容的扫雷游戏

如果你已经做到了这一步，那么恭喜你，已经完成了 80% 的内容了！如果你能够忍受没有右键插旗和胜负判定的扫雷游戏，那么你甚至现在就可以来一盘！这一部分的完整代码如下：

```
# -*- coding: utf - 8 -*-
from tkinter import *                    # 导入 tkinter 模块中的所有函数
import random                            # 导入 random 模块
class App:                               # 把 GUI 的具体实现封装在 App 类中，便于维护
    def __init__(self,master):
        global image,MAPSIZE,BOMB
        MAPSIZE = 10
        BOMB = 16
        image = []                       # 创建 image 列表，用于加载图片
        image.append(PhotoImage(file = "res/IMG_0.png")) # 加载图片
        image.append(PhotoImage(file = "res/IMG_1.png"))
        image.append(PhotoImage(file = "res/IMG_2.png"))
        image.append(PhotoImage(file = "res/IMG_3.png"))
```

```
        image.append(PhotoImage(file = "res/IMG_4.png"))
        image.append(PhotoImage(file = "res/IMG_5.png"))
        image.append(PhotoImage(file = "res/IMG_6.png"))
        image.append(PhotoImage(file = "res/IMG_7.png"))
        image.append(PhotoImage(file = "res/IMG_8.png"))
        image.append(PhotoImage(file = "res/IMG_A.png")) #9
        image.append(PhotoImage(file = "res/IMG_B.png")) #10
        image.append(PhotoImage(file = "res/IMG_F.png")) #11
        image.append(PhotoImage(file = "res/IMG_W.png")) #12
        image.append(PhotoImage(file = "res/IMG_X.png")) #13
        self.master = master
        self.button1 = Button(root,text = "退出",fg = "red",command = self.quit)
        self.button1.grid(row = 0,column = 0)
        self.button2 = Button(root,text = "重置",fg = "blue",command = self.test)
        self.button2.grid(row = 0,column = MAPSIZE + 1)
        self.label1 = Label(root,text = "这是一个标签")
        self.label1.grid(row = MAPSIZE + 1,column = 1,columnspan = MAPSIZE)
        self.bmap = []
        self.imap = []                    #0 代表空地(未挖开),1 代表空地(挖开),2 代表地雷
    self.flag = []                        #0 代表不标, 1 代表标旗, 2 代表标问号(暂未开放)

    for I in range(MAPSIZE):
          for j in range(MAPSIZE):        #通过循环来生成按钮
              self.imap.append(0)
              self.flag.append(0)
              self.bmap.append(Button(root))
              ev = lambda i = I,j = j:self.dig(i * MAPSIZE + j)
              self.bmap[-1]["command"] = ev
              self.bmap[-1].grid(row = i + 1,column = j + 1)
              self.bmap[-1]["image"] = image[0]
        i = 0                                  #因为之前已经用过 i,所以要先置 0
        while i < BOMB:                        #生成地雷,总数为 BOMB 个
          rnd = random.randint(0,MAPSIZE ** 2 - 1)
          if(self.imap[rnd] != 2):
              self.imap[rnd] = 2
              i += 1

    def dig(self,n):
        if self.imap[n] == 1 or self.flag[n] == 1 :      #不能单击的情况: 已被单击过
          return
        self.bmap[n]["relief"] = SUNKEN        #将按钮设定为按下的状态
        bombnum = self.number(n)               #获取这个格子周围的地雷数
        if self.imap[n] == 2 :                 #如果踩雷
          self.bmap[n]["image"] = image[10]    #把图片换成踩雷的图片
        elif bombnum == 0:                     #如果周围一个雷也没有,自动挖开周围的格
                                               #子,注意递归调用的时候不要出现死循环
          self.imap[n] = 1
          if(n % MAPSIZE != 0 and n >= MAPSIZE ):
              self.dig(n - MAPSIZE - 1)
```

```
            if(n>=MAPSIZE):
                self.dig(n-MAPSIZE)
            if(n%MAPSIZE != MAPSIZE-1 and n>=MAPSIZE ):
                self.dig(n-MAPSIZE+1)
            if(n%MAPSIZE != 0 and n<MAPSIZE*(MAPSIZE-1)):
                self.dig(n+MAPSIZE-1)
            if(n<MAPSIZE*(MAPSIZE-1)):
                self.dig(n+MAPSIZE)
            if(n%MAPSIZE != MAPSIZE-1 and n<MAPSIZE*(MAPSIZE-1)):
                self.dig(n+MAPSIZE+1)
            if(n%MAPSIZE != 0):
                self.dig(n-1)
            if(n%MAPSIZE != MAPSIZE-1):
                self.dig(n+1)
        else: #如果周围有地雷,这个时候应该显示数字
            self.imap[n] = 1
            if bombnum == 1:
                self.bmap[n]["image"] = image[1]
            elif bombnum == 2:
                self.bmap[n]["image"] = image[2]
            elif bombnum == 3:
                self.bmap[n]["image"] = image[3]
            elif bombnum == 4:
                self.bmap[n]["image"] = image[4]
            elif bombnum == 5:
                self.bmap[n]["image"] = image[5]
            elif bombnum == 6:
                self.bmap[n]["image"] = image[6]
            elif bombnum == 7:
                self.bmap[n]["image"] = image[7]
            elif bombnum == 8:
                self.bmap[n]["image"] = image[8]
    def number(self,n):
        ans = 0
        if(n%MAPSIZE != 0 and n>=MAPSIZE and self.imap[n-MAPSIZE-1]==2):
            ans += 1
        if( n>=MAPSIZE and self.imap[n-MAPSIZE]==2):
            ans += 1
        if(n%MAPSIZE != MAPSIZE-1 and n>=MAPSIZE and self.imap[n-MAPSIZE+1] ==2):
            ans += 1
        if(n%MAPSIZE != 0 and n<MAPSIZE*(MAPSIZE-1) and self.imap[n+MAPSIZE-1] ==2):
            ans += 1
        if( n<MAPSIZE*(MAPSIZE-1) and self.imap[n+MAPSIZE]==2):
            ans += 1
        if(n%MAPSIZE != MAPSIZE-1 and n<MAPSIZE*(MAPSIZE-1) and self.imap[n+MAPSIZE+
1]==2):
            ans += 1
        if(n%MAPSIZE != 0 and self.imap[n-1] ==2):
            ans += 1
```

```
        if(n % MAPSIZE != MAPSIZE - 1 and self.imap[n + 1] == 2):
            ans += 1
        return ans
    def quit(self):                    #用于退出程序
        self.master.quit()
        self.master.destroy()
    def test(self):
        print("Hello!")
#以下为主程序部分
root = Tk()                            #创建并初始化窗体
root.title("扫雷")                     #设置标题为"扫雷"
root.geometry("300×300")               #设置窗口大小为300×300(可根据需要自行更改)
app = App(root)                        #创建实例
root.mainloop()                        #进入主循环
```

3. 游戏逻辑制作——右击

经过了漫长的制作，左击部分已经圆满完成了，现在的扫雷游戏已经初具形态，但是要想复原 Windows 扫雷的完整内容，有一项功能是不可或缺的：标记地雷。

在 Windows 扫雷中，当玩家对一个格子按下鼠标右键，这个格子就会被标上红旗，代表这个格子是危险的。此时，这个格子就无法再单击，除非玩家再次按下右键。再次右键后，这个格子就会被标上问号，如果再次单击，就会恢复成普通的格子。这样的标雷功能有助于玩家找出地雷，避免误操作，在扫雷游戏中具有重要的作用。

要想完成"单击"(即默认 command 指令)以外的指令，需要用到 bind 函数，它的第一个参数是一个字符串，详细的规则可以通过网络查到，这里只介绍两种："<Button-3>"表示鼠标右击，而"<Double-1>"代表鼠标双击。它的第二个参数是一个函数，这里还是先创建函数 rightclick(self,n)，然后用 lambda 生成匿名函数，和单击的处理方法类似。在生成按钮的代码中加入下面这行：

```
self.bmap[-1].bind('<Button-3>',
lambda event,i=i,j=j:self.rightclick(i * MAPSIZE + j))
其中,rightclick 函数是一个新增的函数,它的代码如下:
def rightclick(self,n):
        if self.imap[n] == 1:                  #已挖开就不能再插旗了
            return
        if self.flag[n] == 0 : D               #如果什么都没有,则插旗
            self.bmap[n]["image"] = image[11]
            self.flag[n] = 1
        elif self.flag[n] == 1:                #如果已经插旗,则标问号
            self.bmap[n]["image"] = image[12]
            self.flag[n] = 2
        else:                                  #如果已经标问号,则替换为空白
            self.bmap[n]["image"] = image[0]
self.flag[n] = 0
```

由于之前已经为插旗与否这一状态预留了一个列表 self. flag,这时候要做的就只是判断 flag 所处的状态,并更改为右击后相应的状态,以及更改方格的贴图。运行程序,随意单击、右击几个格子,效果如图 7-19 所示。

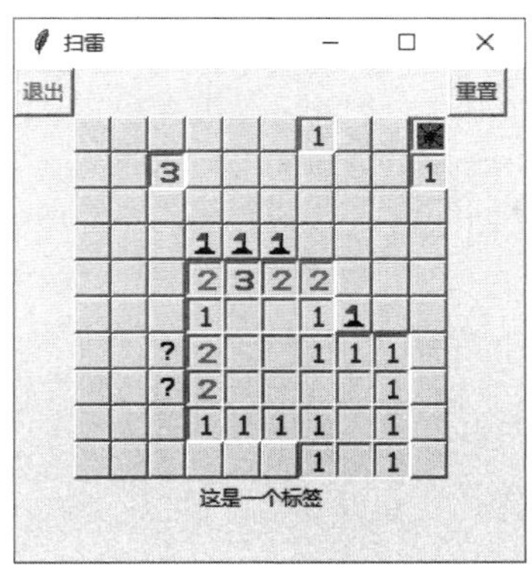

图 7-19 已完成标旗功能的扫雷游戏

4. 游戏逻辑制作——双击

看上去,一个扫雷游戏也只需要挖格子和标旗就行了,其实,在 Windows 原版扫雷中,还存在着一个"便捷功能":当玩家双击一个已经挖开的,带有数字 N 的格子时,如果这个格子周围恰好有 N 个地雷,则它周围所有没标旗的方格均会被挖开。为了让读者直观了解,这里给出了一些双击生效的示例情况,如图 7-20、图 7-21 所示。

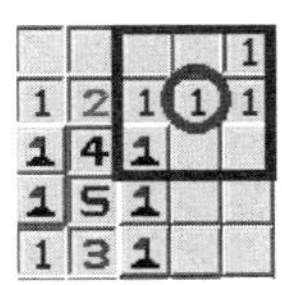

图 7-20 双击生效的条件(示例 1)

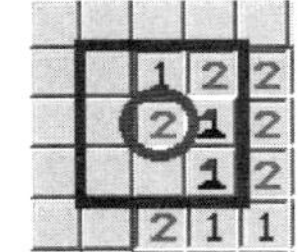

图 7-21 双击生效的条件(示例 2)

在示例 1 中,由于圈住的数字 1 周围已经有 1 颗地雷被标出,蓝色方框内剩余所有方格均为安全。双击该数字 1 后,粗线方框内的所有未挖开格子均会被挖开。

在示例 2 中,由于圈住的数字 2 周围已经有 2 颗地雷被标出,蓝色方框内剩余所有方格均为安全。双击该数字 2 后,粗线方框内的所有未挖开格子均会被挖开。

在生成按钮的代码中加入以下内容:

```
self.bmap[-1].bind('<Double-1>', lambda event,i=i,j=j:self.doubleclick(i*MAPSIZE+j))
```

新建函数 doubleclick 的代码如下:

```
def doubleclick(self,n):
    if self.imap[n]!= 1 :
        return
    if self.flagnumber(n) == self.number(n):
        if(n % MAPSIZE != 0 and n >= MAPSIZE and self.flag[n-MAPSIZE-1]!= 1):
            self.dig(n-MAPSIZE-1)
```

```
            if(n >= MAPSIZE and self.flag[n - MAPSIZE]!= 1):
                self.dig(n - MAPSIZE)
            if(n % MAPSIZE != MAPSIZE - 1 and n >= MAPSIZE and self.flag[n - MAPSIZE + 1] != 1):
                self.dig(n - MAPSIZE + 1)
            if(n % MAPSIZE != 0 and n < MAPSIZE * (MAPSIZE - 1) and self.flag[n + MAPSIZE - 1] != 1):
                self.dig(n + MAPSIZE - 1)
            if(n < MAPSIZE * (MAPSIZE - 1) and self.flag[n + MAPSIZE]!= 1):
                self.dig(n + MAPSIZE)
            if(n % MAPSIZE != MAPSIZE - 1 and n < MAPSIZE * (MAPSIZE - 1) and self.flag[n + MAPSIZE +
1]!= 1):
                self.dig(n + MAPSIZE + 1)
            if(n % MAPSIZE != 0 and self.flag[n - 1] != 1):
                self.dig(n - 1)
            if(n % MAPSIZE != MAPSIZE - 1  and self.flag[n + 1] != 1):
self.dig(n + 1)
```

这部分代码的运行效果是，首先，如果这个格子没有被挖开，则退出函数。之所以是采用没有被挖开的判定，是因为双击只对已经挖开的格子生效。然后，如果这个格子周围的旗帜数等于周围的地雷数，那么穷举周围的 8 个格子，并分别对它们执行 dig 这个函数。注意到这里使用了一个之前没提到的函数 flagnumber，它的作用是检测周围格子中已经被玩家标上旗帜的格子数。这个函数的运行机制和 number 大同小异，只是把条件判定的 imap[]==2 改为 flag[]==1，这里暂不给出函数的具体代码，请读者自行完成这个函数。如果未能完成也没有关系，之后会给出程序的完整代码，供读者参考。

运行程序，正常地玩一段游戏，在能够使用双击的时候尝试使用一次双击(图示为双击圆圈中的数字“2”)，发现双击功能可以正确实现，如图 7-22 所示。

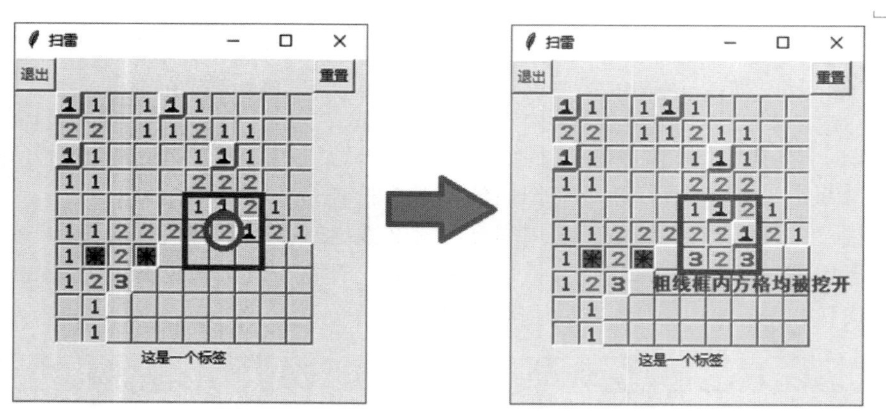

图 7-22　测试鼠标左键双击功能

5. 游戏逻辑制作——胜负判定

至此，已经完成了游戏的绝大多数部分，已能够比较好地完成一局“扫雷”游戏，距离胜利也只差一步之遥，那就是胜负的判定。

“扫雷”游戏的胜负判定是，当玩家踩中了一个地雷，就算作失败。当玩家找出了所有地雷的位置(实际上就是挖开所有非地雷格)，就算作胜利。

当游戏胜利或失败后，所有对游戏盘的操作均会无效，包括左击、右击和双击，玩家唯一能做的便是使用“退出”按钮关闭或使用“重置”按钮再来一盘。所以需要一个变量来记录游戏的状态，为了便于使用，新建一个全局变量，命名为 gameover，这个 gameover 变量为真时表示游戏结束，为假时表示游戏未结束。

接下来，需要对 dig、rightclick、doubleclick 函数的开头部分进行修改，在游戏结束的情况下，这些操作均应无法使用。

dig 函数开头部分修改如下：

```
if gameover or self.imap[n] == 1 or self.flag[n] == 1 : #不能单击的情况：游戏结束，已被单击
                                                        #过，或已插旗
    return
```

rightclick 函数开头部分修改如下：

```
if gameover or self.imap[n] == 1:
    return
```

doubleclick 函数开头部分修改如下：

```
if gameover or self.imap[n]!= 1 :
    return
```

然后，根据实际情况的需要，建立两个函数 lose、win 分别处理输掉和赢得游戏的情况，具体的代码如下：

```
def lose(self):
        global gameover                        #声明 gameover 为全局变量
        gameover = True                        #游戏结束
        for i in range(MAPSIZE):
            for j in range(MAPSIZE):
                if(self.imap[i * MAPSIZE + j] == 2 and self.flag[i * MAPSIZE + j] != 1):
                    self.bmap[i * MAPSIZE + j]["image"] = image[9]    #显示感叹号的格子
                if(self.imap[i * MAPSIZE + j] < 2 and self.flag[i * MAPSIZE + j] == 1):
                    self.bmap[i * MAPSIZE + j]["image"] = image[13]   #显示错误旗的格子
        self.label1["text"] = "很遗憾,你输了!"
    def win(self):
        global gameover                        #声明 gameover 为全局变量
        gameover = True                        #游戏结束
        for i in range(MAPSIZE):
            for j in range(MAPSIZE):
                if(self.imap[i * MAPSIZE + j] == 2):
                    self.bmap[i * MAPSIZE + j]["image"] = image[11]   #地雷显示为旗帜
self.label1["text"] = "恭喜你,你赢了!"
```

两个函数都比较简单，先将 gameover 声明为全局变量并设置为 True，然后对所有的按钮进行一些处理：如果输，那么将未标旗的地雷显示出来，然后将已标旗但是标记错误的格子显示为“错误旗”贴图。如果赢，那么将所有地雷的格子显示为标旗状态（无论之前是否

标旗）。最后，将下面的标签文本换成“很遗憾，你输了！”或“恭喜你，你赢了！”，这样，胜负判定的函数部分就完成了。

之后，需要考虑这两个函数的触发位置。lose 函数的调用位置略为简单，只需在 dig 函数中玩家踩雷的时候写上 self.lose() 即可。win 函数稍微麻烦一点，需要手动检测调用的时机。当已挖开的方格数等于总格数减去地雷的个数，就说明所有的地雷都已经被找出，游戏也自然获胜了。所以需要继续修改 dig 函数。新增代码：

```
count = 0
        for i in range(MAPSIZE):
            for j in range(MAPSIZE):
                if(self.imap[i * MAPSIZE + j] == 1):
                    count += 1
        if(count == MAPSIZE ** 2 - BOMB):
self.win()
```

最后，是“重置”按钮的函数制作。还记得笔者预留了一个只会打招呼的“test”函数吗？这时候该派上用场了，把它的名称改为 restart，键入内容如下：

```
def restart(self):                                  #用于重置程序
        global gameover
        for i in range(MAPSIZE ** 2):
            self.imap[i] = 0                        #重置所有方格状态
            self.bmap[i]["image"] = image[0]        #重置图片为空白
            self.bmap[i]["relief"] = "raised"       #重置按钮状态为弹起
            self.flag[i] = 0                        #重置所有标旗状态
            gameover = False
        i = 0
        while i < BOMB:                             #重新生成地雷
            rnd = random.randint(0,MAPSIZE ** 2 - 1)
            if(self.imap[rnd] != 2):
                self.imap[rnd] = 2
i += 1
        self.label1["text"] = ""
```

这段代码也十分简单，首先对所有按钮进行循环，重置所有的状态，其中包括两个列表，按钮的图片状态、按钮的显示状态，将 gameover 恢复为假，最后按照之前的方法，重新生成地雷，把标签文本置为空字符串即可。

至此，扫雷游戏的代码就全部完成了，运行程序，单击一个格子，这个格子就会被挖开，右击可以标旗，双击格子可以一次性挖开标旗数正确的数字周围的方格。“退出”键和“重置”键的功能也和预期一样。程序运行的效果，如图 7-23 所示。

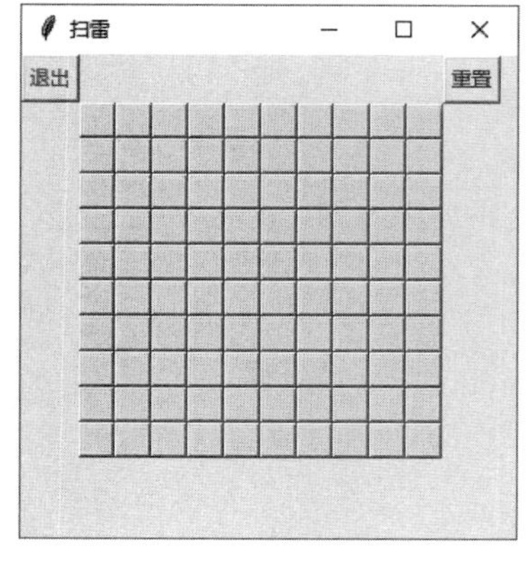

图 7-23　完整程序运行的效果

游戏胜利（挖开全部非地雷格）的示例效果，如图 7-24 所示。游戏失败（踩到地雷格）的示例效果，如图 7-25 所示。

图 7-24 游戏胜利的效果

图 7-25 游戏失败的效果

如果你能够做到以上内容，那么恭喜你，你成功了！

7.4 案例：使用 Tkinter 进行 GUI 编程——连连看

连连看是一款家喻户晓的经典游戏，它的规则也很简单：在一定大小的区域内存在着一些的图案，图案的排布是随机的。玩家需要通过单击两个相同的图案来消除它们，消除的规则是：如果两个相同图案能够用不超过两次转折的横线或竖线连接，那么这两个图案就可以被消除。当所有的图案都被消除后，游戏通关或进入下一级。是一种考验逻辑思维能力和手眼协调能力的益智游戏。一些连连看游戏的游戏界面如图 7-26、图 7-27 所示。

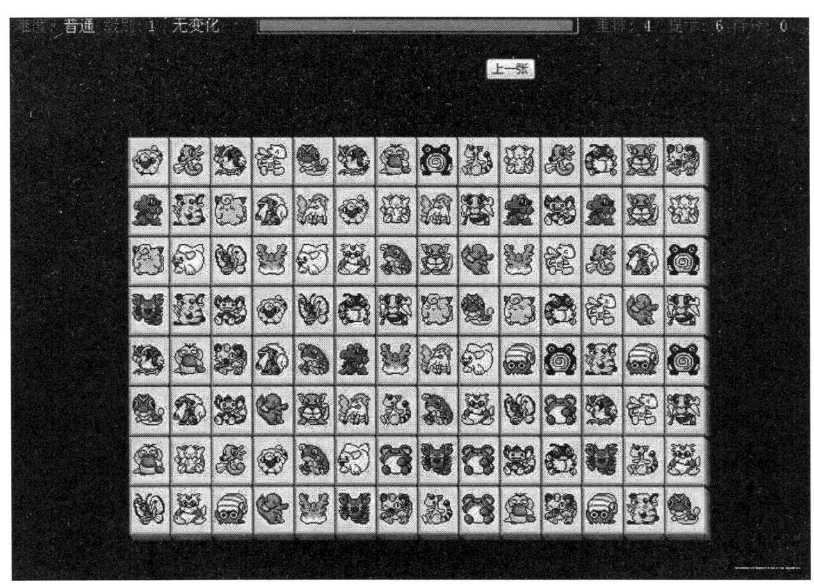

图 7-26 某经典版本的连连看游戏

图 7-27　QQ 游戏提供的连连看游戏

和制作上一个游戏一样，在这里同样把制作的流程分为四个部分：用户界面设计、游戏素材准备、游戏窗口制作、游戏逻辑制作。本次的游戏逻辑制作因为涉及寻找路径，比扫雷游戏难度更大，将用较长的篇幅描述这一部分。

7.4.1　用户界面设计

在制作之前，同样需要了解用户的需求：用户希望实现什么功能？

作为一个连连看游戏，占显示比例最大也是最重要的，就是中央的游戏区。在这里将以按钮的形式会显示所有的方块，能够做到一眼将用户的眼球吸引。

然后，仿照扫雷游戏的制作模式，设计一个"退出"和一个"重置"按钮。功能和上一个项目保持一致，即"退出"按钮用来退出游戏，"重置"按钮用来恢复所有格子的状态并开始一局新游戏。

一般来说，连连看游戏在进行的过程中可能会陷入僵局，玩家希望游戏有"提示"和"重新排列"这两个功能。"提示"按钮的作用是快速找到一组能够消除的图案，而"重新排列"按钮的作用是重新排列场上所有的图案(但方格布局保持当前状态)，上面图片中提到的两款连连看游戏均有这两项功能。但是鉴于本章的篇幅有限，优先制作程序的主要功能，这两个按钮对应的功能暂时不用完成。如果读者有兴趣，也可以自行完成这两个功能。

有一点需要注意：连连看游戏的核心在于"连"，也就是当用户单击两个图案进行一次成功地消除时，要把图案的连线显示出来。这就意味着，图案不能排布得太"满"，至少要在图案区的周围留出一圈空白，用于消除边缘方块的时候对连线进行显示。

地图不宜过大，否则完成一局需要花费相当长的时间。

最终，和扫雷类似，笔者设计出了用户界面，如图 7-28 所示。

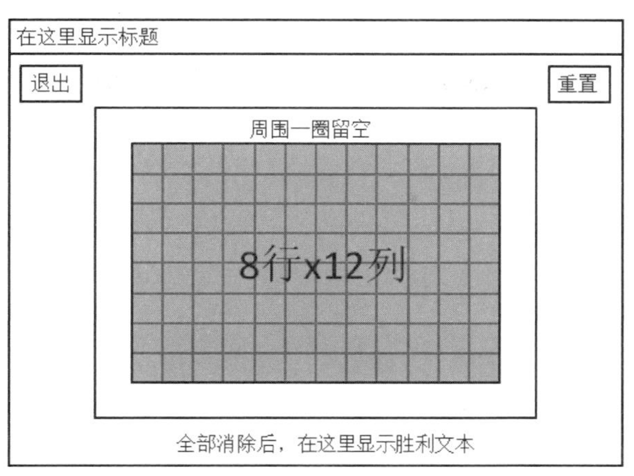

图 7-28　用户界面设计

7.4.2　游戏素材准备

和扫雷游戏相比，连连看需要更加丰富多彩的素材，在素材极度缺失的情况下，扫雷只需要文字 1～8 和一些符号即可，但连连看只有文字素材是毫无趣味的。这使得素材的质量变得更为重要。

在这里找到了足够的可以充当连连看图案的素材——Windows 默认图标，如图 7-29 所示。

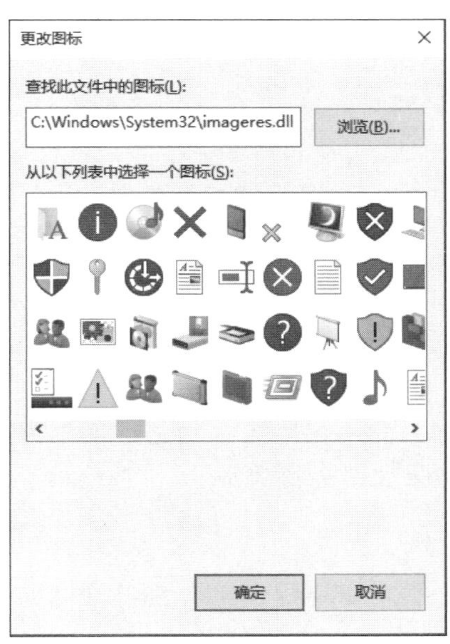

图 7-29　Windows 默认图标——所使用素材的来源

在这里选取了 24 个图标，并分别命名为 IMG_1. png 至 IMG_24. png。

为了显示消除之后的结果，还需要一张相同大小的空白图片，注意最好使用完全透明的图片而非"白色"图片，不然实际效果中按钮会和周围产生微小的色差。在这里把它命名为 IMG_0.png。

然后，为了显示轨迹，需要一些表示轨迹的线条，具体来说包括：

① 只有中心一点的素材 IMG_L0，因为不存在任何路径，所以仅在测试阶段使用。

② 普通竖线素材 IMG_L1。

③ 普通横线素材 IMG_L2。

④ 转角素材，包含四个方向，分别为 IMG_L3、IMG_L4、IMG_L5、IMG_L6。

⑤ 中心一点+竖线或横线的素材，用于路径起点与终点的绘制，分别为 IMG_L7、IMG_L8、IMG_L9、IMG_L10。

在程序中使用到的素材，如图 7-30 所示。

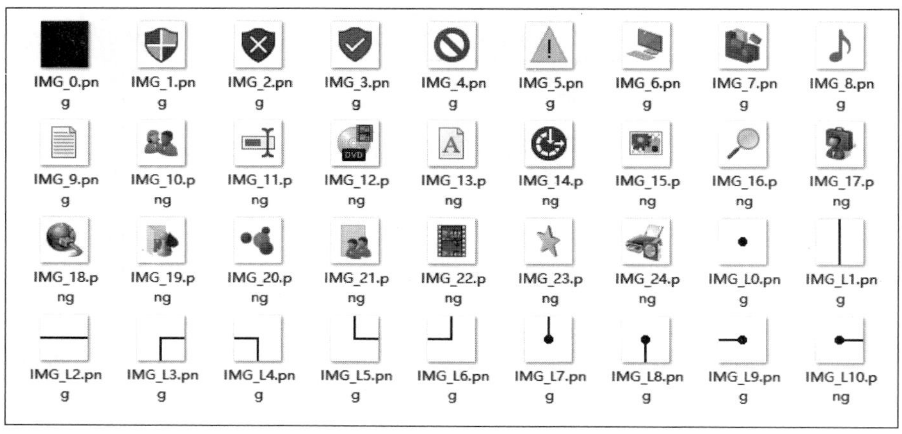

图 7-30 使用到的素材

如果读者还要添加更多的图案素材，命名格式可以按照给出的例子继续排列下去，但更多的图案意味着规模更大的地图，请自行斟酌。素材名未必需要和图片中的文件名一致，但要注意尽量写成“字符串+数字”的形式。代码中引用的文件名要和实际文件名相对应，否则程序将无法运行。

7.4.3 游戏窗口制作

这一节依然是进入代码的环节。打开 IDLE，选择 File→New File 命令新建一个 Python 3 文件，选择 File→Save 命令，保存标题为“连连看”，键入以下代码，选择 Run→Run Module 命令运行程序，运行效果如图 7-31 所示。

```
# -*- coding: utf - 8 -*-
from tkinter import *          #导入 tkinter 模块中的所有函数
import random                  #导入 random 模块
class App:                     #把 GUI 的具体实现封装在 App 类中,便于维护
    def __init__(self,master):
        self.master = master
        self.button1 = Button(root,text = "退出",fg = "red",command = self.quit)
```

```
        self.button1.grid(row = 0,column = 0)
    def quit(self):                             #用于退出程序
        self.master.quit()
        self.master.destroy()
##############################
root = Tk()                                     #创建并初始化窗体
root.title("连连看")                            #设置标题为"连连看"
root.geometry("750×550")                        #设置窗口大小为750×550
app = App(root)                                 #创建实例
root.mainloop()                                 #进入主循环
```

图 7-31 程序运行的效果

在上面的代码中，首先定义了一个 App 类来将 GUI 的主要部分封装在 App 类中(这有利于程序的维护)，在这个类中，只定义了__init__这一个函数。在__init__中，首先对 master 这个变量进行了传值，然后创建了一个按钮 button1，设置按钮颜色为红色，文本为“退出”，指令为 self.quit，然后使用 grid 布局(网格布局)将刚才创建好的“退出”按钮设置在 0 行 0 列，程序将自动设置按钮的大小，并将其显示在整个窗口的左上角。最后，定义了一个函数 quit，用于退出程序。

细心的读者可以发现，这一部分编写的代码和上一个扫雷程序的代码几乎一模一样，仅仅修改了窗口标题和大小，因为从本质上来看，二者的布局没有什么区别。已经完成扫雷程序的读者，也可直接使用扫雷程序中的部分代码做一些修改，也可达到和图片中一样的效果。

运行程序，单击退出键，程序可以正常退出了。接下来，需要将“重置”键和所有的方块(按钮)都在窗口上生成出来，定义两个全局变量 MAPX(表示每一横排的方块数量)和 MAPY(表示每一竖排的方块数量)。但是要注意，循环时应该从 0 循环到 MAPX+2 或 MAPY+2，因为还需要在四周各留出一行来显示消除时的路径。

这一部分的代码如下：

```
# -*- coding: utf-8 -*-
from tkinter import *                          # 导入 tkinter 模块中的所有函数
import random                                  # 导入 random 模块
class App:                                     # 把 GUI 的具体实现封装在 App 类中,便于维护
    def __init__(self,master):
        global image,imageL,MAPX,MAPY
image = []                                     # 用来加载方块上图案图片的列表
        imageL = []                            # 用来加载消除路线图片的列表
        MAPX = 12                              # 一横行有 12 个
MAPY = 8                                       # 一纵行有 8 个
        for i in range(25):                    # 载入图案图片
            image.append(PhotoImage(file = "res/IMG_" + str(i) + ".png"))
        for i in range(11):                    # 载入路径图片
            imageL.append(PhotoImage(file = "res/IMG_L" + str(i) + ".png"))
        self.master = master
        self.button1 = Button(root,text = "退出",fg = "red",command = self.quit)
        self.button1.grid(row = 0,column = 0)
        self.button2 = Button(root,text = "重置",fg = "blue",command = self.quit)
        self.button2.grid(row = 0,column = MAPX + 3)
        for i in range(MAPY + 2):              # 循环,从 0 到 MAX + 1,首末两行为空白行
            for j in range(MAPX + 2):
                b = Button(root)
                b.grid(row = i + 1,column = j + 1)   # 生成按钮
                b["image"] = image[0]
                if i == 0 or i == MAPY + 1 or j == 0 or j == MAPX + 1:   # 如果在边缘
                    b["relief"] = FLAT         # 就把显示方式设为平坦
                else:
                    b["image"] = image[1]      # 暂时显示一种图片
        self.label1 = Label(root,text = "标签")  # 生成胜利显示用的标签
        self.label1.grid(row = MAPY + 3,column = 1,columnspan = MAPX + 1)
    def quit(self):                            # 用于退出程序
        self.master.quit()
        self.master.destroy()
##################################
root = Tk()                                    # 创建并初始化窗体
root.title("连连看")                            # 设置标题为"连连看"
root.geometry("750×550")                        # 设置窗口大小为 750×550
app = App(root)                                # 创建实例
root.mainloop()                                # 进入主循环
```

程序运行后，单击“退出”或“重置”按钮都会退出程序（但这只是暂时的），单击其他按钮无效果，运行时的效果如图 7-32 所示。

注意，尽管我们只能看到 8×12 范围的按钮，但实际上生成按钮的范围却是 10×14。边框处的按钮因为设置了显示效果为 FLAT（平坦），图片是全透明，所以看上去没有按钮，可以用鼠标单击边框按钮所在的位置，来证实它的存在。

下面介绍一下这一部分代码的功能：首先，为了便于加载图片，需要定义两个全局变

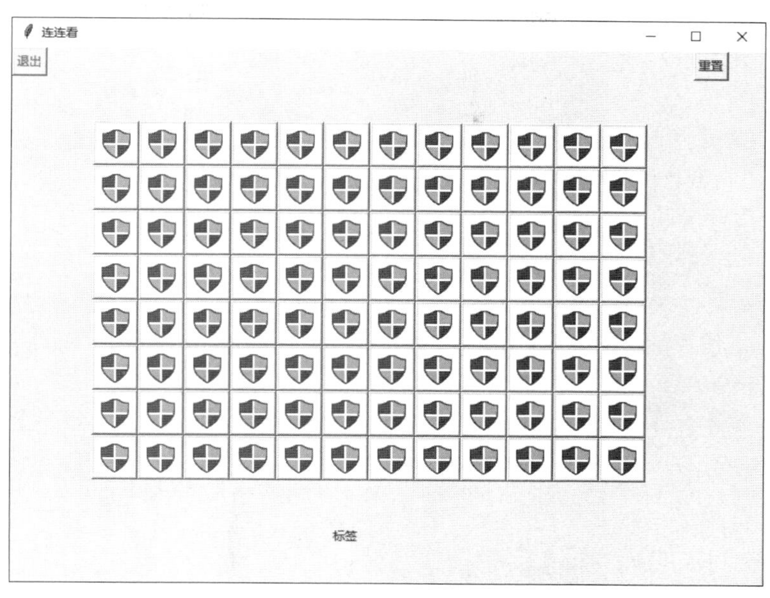

图 7-32 程序运行的效果

量,来把载入的图片素材放置在列表之中。为方便起见,笔者把方块上图案的图片和连线的图片分开放置,分别载入至 image 和 imageL 中。使用 for 循环能够轻易地做到这一点。注意,载入的图片路径由于采用字符串合并的方式,所以要求文件名除数字不同(且需要按自然数的顺序进行编号)外,其他地方不能有差别,否则可能会导致程序报错。还有,range(25)生成的是[0,24]的列表,并不包含 25,所以请注意。

接下来是生成按钮。因为其他部分还没有做好,为了便于观察效果,暂时不采用 bmap 列表的形式。这里要注意的是,生成按钮时是生成(MAPX+2)×(MAPY+2)个,而不是生成 MAPX×MAPY 个。处在边缘部分的按钮是第 0 行,第 MAPY+1 行,第 0 列,第 MAPX+1 列。如果是这些部分的按钮,就把它们的显示方式设置为平坦。最后,在下方生成一个标签用于胜利显示。这部分程序就结束了。

7.4.4 游戏逻辑制作

接下来进入到核心环节——游戏逻辑的制作。和扫雷游戏相比,连连看只包含一种操作:左击。默认的 command 指令就可以完成这个任务。所以,不需要像扫雷游戏那样使用 bind 添加额外的指令。取而代之的是更复杂的制作难度。在这里把游戏逻辑制作分为六个部分:地图生成,左击,同线连接,直接角落连接,间接角落连接,完善与整理。其中,第三、四、五部分都是关于连线逻辑的。接下来将一一完成这几个部分,逐步完成整个游戏的编制。

1. 游戏逻辑制作——地图生成

连连看的地图当然是随机的,当玩家每次打开游戏时,都会遇到不一样的地图排布。通过观察其他连连看游戏可以发现,当地图规模和本文中地图规模类似时,游戏将把每一种图案生成 4 个(2 对)或 6 个(3 对)供玩家匹配,在本文中,准备了 24 种图案的素材,地图大小为 12×8，也就是每一种图案将会生成 4 个(2 对)。读者在读完本段后，也可自行修改，创建更简单或更富有挑战性的关卡。

这里需要用到三个列表：bmap、imap、rmap。bmap 和扫雷游戏的程序一样，是存储所有按钮的列表。但这次和扫雷游戏的一维列表存储不同，因为连连看游戏更依赖于对上、下、左、右的查找和判定，再使用一维列表难免麻烦，所以这次将采用二维列表的存储方式。imap 同样采用二维列表的方式，这次 imap 的含义为：0 为已消除，非 0 为未消除。其中，两个相同的非 0 数表示这两个位置具有同一种图案。可以注意到，这次还用到了另外一个列表 rmap。它是一维存储的，它的作用是生成初始图案并使用 random. shuffle 函数随机打乱图案。因为 imap 是不便于打乱的二维列表方式，所以可以引入这样一个一维列表。这一部分的代码如下：

```
for i in range(MAPY + 2):                # 循环,从 0 到 MAX + 1,首末两行为空白行
    self.imap.append([])                 # 将一个空列表添加到 imap 中,用来制作二维列表
self.bmap.append([])
        for j in range(MAPX + 2):
            self.imap[i].append(0)
            self.bmap[i].append(Button(root))
            ev = lambda i = i, j = j:self.select(i, j)          # 建立小型匿名函数 ev
            self.bmap[i][j]["command"] = ev
            self.bmap[i][j].grid(row = i + 1, column = j + 1)   # 生成按钮
            self.bmap[i][j]["image"] = image[0]
            if i == 0 or i == MAPY + 1 or j == 0 or j == MAPX + 1: # 如果在边缘
self.bmap[i][j] ["relief"] = FLAT # 就把显示方式设为平坦
    for i in range(int(MAPX * MAPY/4)): # 生成图案,MAPX * MAPY 种图案,每种生成 4 个
        for j in range(4):
            self.rmap.append(i + 1)# 将图案添加到 rmap 列表中
    random.shuffle(self.rmap)     # 打乱 rmap 中的图案
    for i in range(MAPY):
        for j in range(MAPX):
            self.imap[i + 1][j + 1] = self.rmap[i * MAPX + j]     # 将打乱后的结果存至 imap
                                                                  # 对应的位置
            self.bmap[i + 1][j + 1]["image"] = image[self.imap[i + 1][j + 1]] # 更改图片
……
  def select(self,m,n):
pass
```

整体代码和扫雷游戏中生成地图的代码大同小异，这里同样用到了建立小型匿名函数用的 lambda，但是 select 函数还没有设置好，这个函数将用于单击后的操作，姑且先写一个 pass，保证程序能正常运行。

运行程序，可以看到地图已经成功生成(每次打开生成的图案排布不同)，是不是已经按捺不住激动的心情，想要立即玩一把呢？很遗憾，无论你怎么单击方格，都无法进行任何的选择和消除。别着急，接下来就要完成这一部分。

程序运行的结果，如图 7-33 所示。

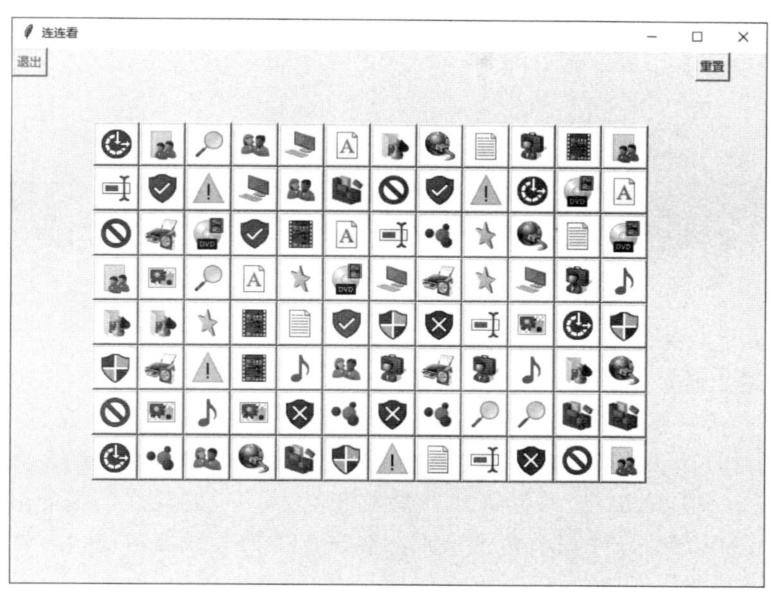

图 7-33　生成地图的效果(方格还不能单击)

2. 游戏逻辑制作——左击

接下来制作左击的逻辑,也就是上一节提到的 select 函数的编制。连连看游戏中并无右击或双击的事件,用户能操作的只有"左击"这一种操作。对一个方格进行左击后,得到的结果有这几种:

① 如果没有任何方格被选中,选中这个格子。

② 如果被单击的格子已经被选中,取消选中这个格子。

③ 如果已经有其他方格被选中,则试图匹配被单击的格子和被选中的格子。如果匹配成功,消除这两个格子。如果匹配失败,取消选中之前的格子,然后选中被单击的格子。

通过上面的分析可知,需要变量来记录"当前被选中的格子"。在这里笔者使用两个变量 chm、chn 来记录被选中格子的行和列。在初始情况下置 chm=0,chn=0 表示并没有格子被选中。因为地图是从 1 到 MAPX/Y,所以使用 0 是有效且安全的。

select 函数的代码如下:

```
def select(self,m,n):
    global chm,chn
    if self.imap[m][n] == 0:                        #单击空地并没有任何效果
        return
    if chm == m and chn == n:                       #已经单击了这个格子
        self.bmap[m][n]["relief"] = RAISED
        chm = 0; chn = 0
        return
    if chm > 0 and chn > 0:                         #已经单击了其他的格子
        if self.imap[m][n] == self.imap[chm][chn]:  #如果两个格子图案相同
            if self.canlink(m,n,chm,chn):
                self.bmap[m][n]["relief"] = FLAT
```

```
                self.bmap[chm][chn]["relief"] = FLAT
                self.imap[m][n] = 0
                self.imap[chm][chn] = 0
                chm = 0; chn = 0
                return
        self.bmap[m][n]["relief"] = SUNKEN
        if chm > 0 and chn > 0 :
            self.bmap[chm][chn]["relief"] = RAISED
    chm = m; chn = n
```

由于单击方格后无非只有这几种情况，所以直接使用 if 判断即可。如果是空地，则直接使用 return 退出函数，不做任何处理。如果被单击的方格之前已经被选中，那么就取消选中(详细的操作是将按钮的显示方式设置为弹起，将 chm、chn 变量设置为 0，然后退出这个函数)。如果之前选中了其他的格子，那么就涉及两个格子的判断问题。首先，两者的图案必须相同，否则一定无法匹配成功。如果图案相同，也不一定代表匹配能够成功，所以需要调用 self.canlink 函数判断两个格子是否能够在三条横竖线之内连接。最后，如果没有选中任何格子或匹配不成功，则按下单击的格子，弹起之前的格子。下面给出了部分匹配成功和失败的例子，如图 7-34 所示。

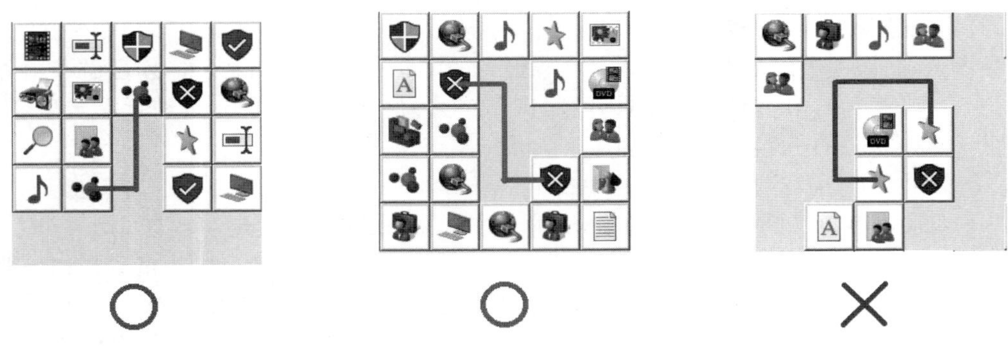

图 7-34　匹配成功或失败的例子

函数 canlink 是本次程序逻辑部分的核心，它不仅使用返回值 True 或 False 来判断是否匹配成功，还负责消除图像和显示匹配成功的连线。现在这个程序，因为不包含任何判断，可以先让 canlink 直接返回 True。也就是键入以下代码：

```
def canlink(self,m1,n1,m2,n2):
        return True
```

其中，m1、n1 表示第一个方格的行与列，m2、n2 表示第二个方格的行与列。因为笔者尚未添加消除图像的代码，所以即使匹配成功了，图像也不会消除，只是按钮的显示方式会改为“平坦”。运行程序，尝试单击一些图案相同的格子，如图 7-35 所示。

可以注意到，中间的几个格子被匹配完毕“消除”了，但是现在系统既不考虑匹配是否合理，又不会消除已经匹配成功的图案。可见现在的程序还不是一个完整的程序，后面章

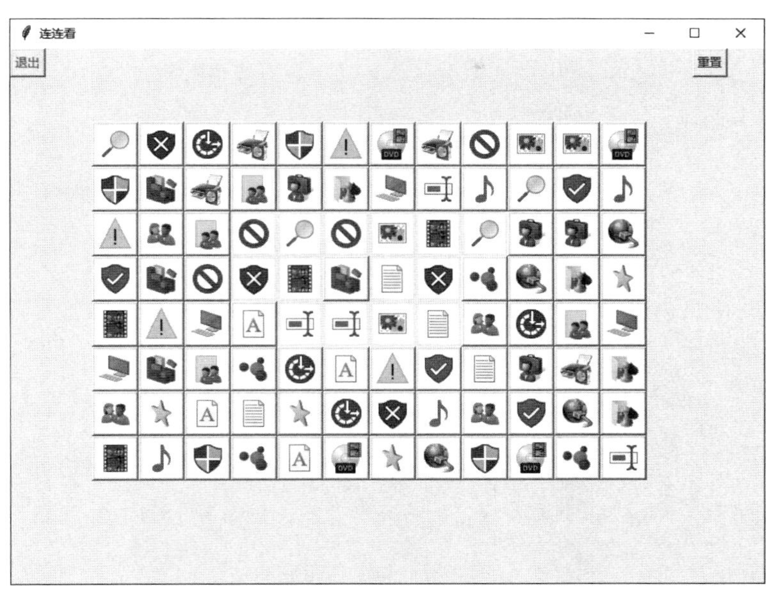

图 7-35 程序运行的效果

节将逐步完成核心函数 canlink 的编制，现在的问题也就迎刃而解了。

3. 游戏逻辑制作——同线连接

在开始这一部分的讲述之前，先明白连连看游戏匹配成功需要哪些条件：相同的图案，最多三条直线，其中相同图案部分已经在前面解决了，进入 canlink 的两个图案一定是相同的。而对于"最多三条直线"的理解，也可以理解为一条连续折线最多经过两次转折。这就使得连连看中的连线形状是有限的，如图 7-36 所示。

图 7-36 连连看中的基本连线类型

在这里总结出了连连看的四种基本连线类型，所有的连线都可以由这四种类型通过旋转、翻转或调整线段长度得到。为了便于程序判断，在这里又把这些连线类型按线段数分为同线连接、直接角落连接和间接角落连接。接下来，进入第一部分——同线连接的判定。

同线连接，顾名思义，是两个方格在同一行或同一列时，只使用 1 条线段进行连接的判定。由于不经过转折，它也是最简单的一种判定方式。它的检测原理也很简单，如果两个方格在同一行，那么传入的表示行数的 m1 和 m2 肯定是相等的。

需要检测的是，从 n1 到 n2 的这段路径中，是否存在其他未消除的方格阻隔。

因为 i 是单向增加的，而输入的 n1、n2 大小关系并不明确，所以需要使用 min、max 函数固定从最小列数扫描到最大列数。在这里使用一个 while 循环来进行扫描。如果中间有其他方格阻隔，就跳出循环，如果最终成功扫描到了目标方格，就可以说明这两个方格的连线是合法的，如图 7-37 所示。

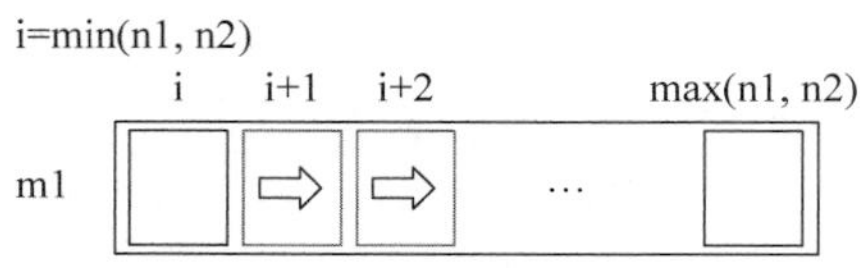

图 7-37　同线连接检测原理

这一部分的代码如下：

```
if m1 == m2:                           #在一条横线上的同线连接
i = min(n1,n2)
        while i < max(n1,n2):
            i += 1
            if self.imap[m1][i]> 0:    #如果遇到了阻碍,则不能完成
                break
        if i == max(n1,n2):            #如果判定成功
            i = min(n1,n2) + 1         #再次扫描,用于显示连线
            while i < max(n1,n2):
                self.bmap[m1][i]["image"] = imageL[2]           #显示中间段的连线
                i += 1
            self.bmap[m1][min(n1,n2)]["image"] = imageL[10]   #显示首尾的连线
            self.bmap[m1][max(n1,n2)]["image"] = imageL[9]
return True
```

同线连接还有另一种情况：在同一列的情况。此时就变为 n1 和 n2 相同，而循环扫描的过程也就变为了从 min(m1,m2)扫描至 max(m1,m2)。除此之外并无太大差别，读者可自行尝试完成，如果认为比较困难或出现 bug 希望对照正确程序参考，在这里也会放出至此为止程序的完整代码。

至此为止程序的完整代码如下：

```
# -*- coding: utf-8 -*-
from tkinter import *          #导入 tkinter 模块中的所有函数
import random                  #导入 random 模块
class App:                     #把 GUI 的具体实现封装在 App 类中,便于维护
   def __init__(self,master):
      global image,imageL,MAPX,MAPY,chm,chn
image = []                     #用来加载方块上图案图片的列表
      imageL = []              #用来加载消除路线图片的列表
      MAPX = 12                #一行有 12 个
MAPY = 8                       #一列有 8 个
      chm = -1
      chn = -1
      self.bmap = []           #用来存储按钮的二维列表
      self.rmap = []           #用来打乱图案的一维列表
      self.imap = []           #二维列表,0 代表已消除,1-24 代表未消除的各种图案
```

```
        for i in range(25):                          #载入图案图片
            image.append(PhotoImage(file = "res/IMG_" + str(i) + ".png"))
        for i in range(11):                          #载入路径图片
            imageL.append(PhotoImage(file = "res/IMG_L" + str(i) + ".png"))
        self.master = master
        self.button1 = Button(root,text = "退出",fg = "red",command = self.quit)
        self.button1.grid(row = 0,column = 0)
        self.button2 = Button(root,text = "重置",fg = "blue",command = self.quit)
        self.button2.grid(row = 0,column = MAPX + 3)
        for i in range(MAPY + 2):        #循环,从 0 到 MAX + 1,首末两行为空白行
            self.imap.append([])         #将一个空列表添加到 imap 中,用来制作二维列表
            self.bmap.append([])
            for j in range(MAPX + 2):
                self.imap[i].append(0)
                self.bmap[i].append(Button(root))
                ev = lambda i = i,j = j:self.select(i,j)          #建立小型匿名函数 ev
                self.bmap[i][j]["command"] = ev
                self.bmap[i][j].grid(row = i + 1,column = j + 1)  #生成按钮
                self.bmap[i][j]["image"] = image[0]
                if i == 0 or i == MAPY + 1 or j == 0 or j == MAPX + 1: #如果在边缘
                    self.bmap[i][j]["relief"] = FLAT              #就把显示方式设为平坦
        for i in range(int(MAPX * MAPY/4)):          #生成图案,MAPX * MAPY 种图案,每种生成 4 个
            for j in range(4):
                self.rmap.append(i + 1)              #将图案添加到 rmap 列表中
        random.shuffle(self.rmap)                    #打乱 rmap 中的图案
        for i in range(MAPY):
            for j in range(MAPX):
    self.imap[i + 1][j + 1] = self.rmap[i * MAPX + j] #将打乱后的结果存至 imap 对应的位置
                self.bmap[i + 1][j + 1]["image"] = image[self.imap[i + 1][j + 1]]  #更改图片
        self.label1 = Label(root,text = "")          #生成胜利显示用的标签
        self.label1.grid(row = MAPY + 3,column = 1,columnspan = MAPX + 1)
    def canlink(self,m1,n1,m2,n2):
    if m1 == m2:                                     #在一条横线上的同线连接
    i = min(n1,n2)
            while i < max(n1,n2):
                i += 1
                if self.imap[m1][i]> 0:              #如果遇到了阻碍,则不能完成
                    break
            if i == max(n1,n2):                      #如果判定成功
                i = min(n1,n2) + 1                   #再次扫描,用于显示连线
                while i < max(n1,n2):
                    self.bmap[m1][i]["image"] = imageL[2]         #显示中间段的连线
                    i += 1
                self.bmap[m1][min(n1,n2)]["image"] = imageL[10]   #显示首尾的连线
                self.bmap[m1][max(n1,n2)]["image"] = imageL[9]
                return True
        elif n1 == n2:                               #在一条竖线上的同线连接
            i = min(m1,m2)
            while i < max(m1,m2):
```

```
            i += 1
            if self.imap[i][n1]> 0:                    # 如果遇到了阻碍,则不能完成
                break
        if i == max(m1,m2):                            # 和同一横线的处理大同小异
            i = min(m1,m2) + 1
            while i < max(m1,m2):
                self.bmap[i][n1]["image"] = imageL[1]
                i += 1
            self.bmap[min(m1,m2)][n1]["image"] = imageL[8]
            self.bmap[max(m1,m2)][n1]["image"] = imageL[7]
            return True
    # 下面的代码是临时的
    # 为了测试的需要,当匹配不成功时,依然消除并返回 True
    self.bmap[m1][n1]["image"] = imageL[0]
    self.bmap[m2][n2]["image"] = imageL[0]
    return True
def select(self,m,n):
    global chm,chn
    # self.clearline()
    if self.imap[m][n] == 0:                           # 单击空地并没有任何效果
        return
    if chm == m and chn == n:                          # 已经单击了这个格子
        self.bmap[m][n]["relief"] = RAISED
        chm = 0; chn = 0
        return
    if chm > 0 and chn > 0:                            # 已经单击了其他的格子
        if self.imap[m][n] == self.imap[chm][chn]:     # 如果两个格子图案相同
            if self.canlink(m,n,chm,chn):
                self.bmap[m][n]["relief"] =  FLAT
                self.bmap[chm][chn]["relief"] =  FLAT
                self.imap[m][n] = 0
                self.imap[chm][chn] = 0
                chm = 0; chn = 0
                return
    self.bmap[m][n]["relief"] = SUNKEN
    if chm > 0 and chn > 0 :
        self.bmap[chm][chn]["relief"] = RAISED
    chm = m; chn = n
def quit(self):                                        # 用于退出程序
    self.master.quit()
    self.master.destroy()
#####################################
root  =  Tk()                                          # 创建并初始化窗体
root.title("连连看")                                   # 设置标题为"连连看"
root.geometry("750×550")                               # 设置窗口大小为 750×550
app  =  App(root)                                      # 创建实例
root.mainloop()                                        # 进入主循环
```

运行程序，尝试单击几个在同一直线上的方格，可以看到符合要求的方格被消除了，为了便于测试，目前版本单击匹配失败的方格也可以消除，但不会显示连线，可以用此功能清除同一直线上的障碍，如图 7-38 所示。

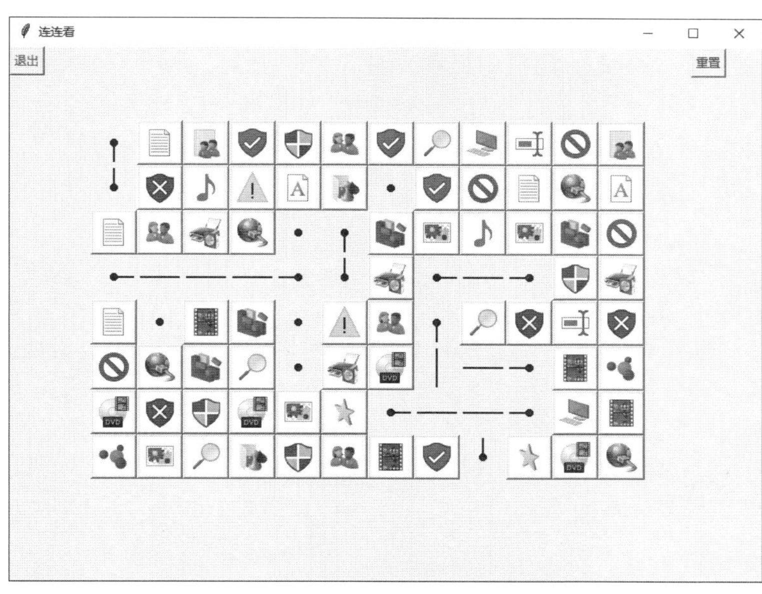

图 7-38　程序运行的效果

4. 游戏逻辑制作——直接角落连接

在进入这一部分的制作之前，先来解决一个遗留问题：当玩家连续进行几次消除时，发现新旧连线出现了交叠现象，如图 7-39 所示。

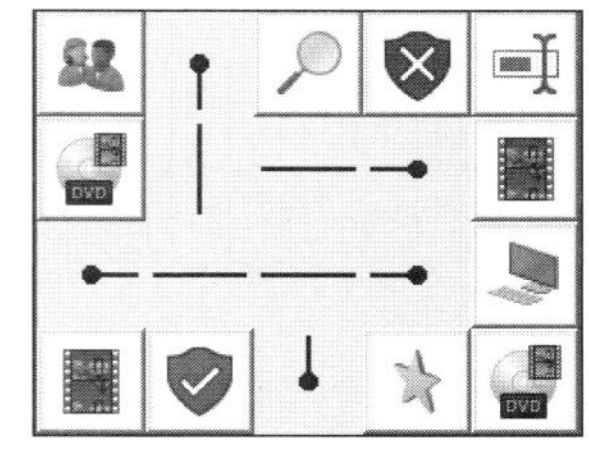

图 7-39　连线出现了交叠

连线本来是为了美观的辅助显示，如果出现交叠，不仅不美观，还有可能对玩家造成干扰。在其他版本的连连看游戏中，连线只是在短暂出现之后就消失，不会出现连线交叠的情况。用户没有设置计时器相关功能，不能设置连线在一定时间后消失，但可以设置连线在用户进行下一次单击时消失。所以新建函数 clearline 如下：

```
def clearline(self):
        for i in range(MAPY + 2):
            for j in range(MAPX + 2):
                if(self.imap[i][j] == 0):
self.bmap[i][j]["image"] = image[0]
```

这个函数十分简单，就是循环检测该方格是否被消除，如果已经被消除，那么清除上面的内容。把它放到 select 函数的开头，就可以起到清除上一次连线的作用了。

现在，进入直接角落连接判定的制作。因为之后还有间接角落连接的判定，所以笔者使用一个新的函数 cornerlink 来进行判定。它的用法是：cornerlink(m1,n1,m2,n2)，参数的含义和 canlink 相同,它的返回值只会是 0,1,2,3,4 中的一个。0 表示两点之间无法通过角落连接,非 0 表示连接成功,并且以不同的数字标识出连线所处的位置(以方形为基准),其中 1 表示左上角,2 表示右下角,3 表示左下角,4 表示右上角,如图 7-40 所示。

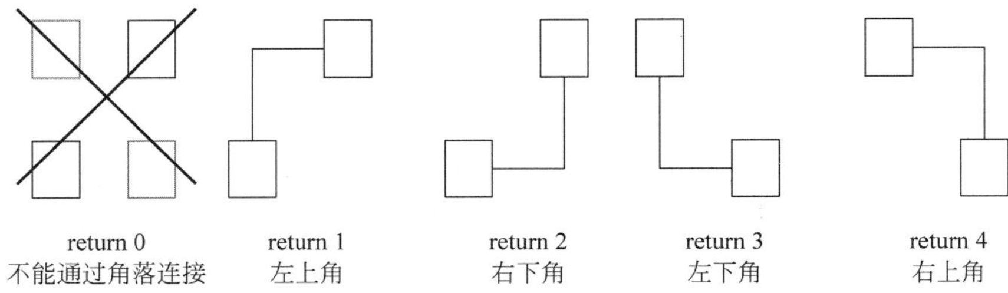

图 7-40　角落连接直观理解

观察可得,返回 1,2 的判定要求方格之间呈正斜杠关系"/",而返回 3,4 的判定要求方格之间呈反斜杠关系"\",换成坐标关系,就是前者"m 较大的 n 反而小",后者"m 较大的 n 也大"。按逻辑的思维,就是(m1＞m2)和(n1＞n1)的异或运算为真则为正斜杠关系,为假则为反斜杠关系。理清了这一层后,使用循环进行检测的过程也就变得简单了。这里使用分段检测的方式,从角落点出发,先进行竖直方向的检测,再进行水平方向的检测。以左上角检测为例,这里笔者给出了直观过程,如图 7-41 所示。

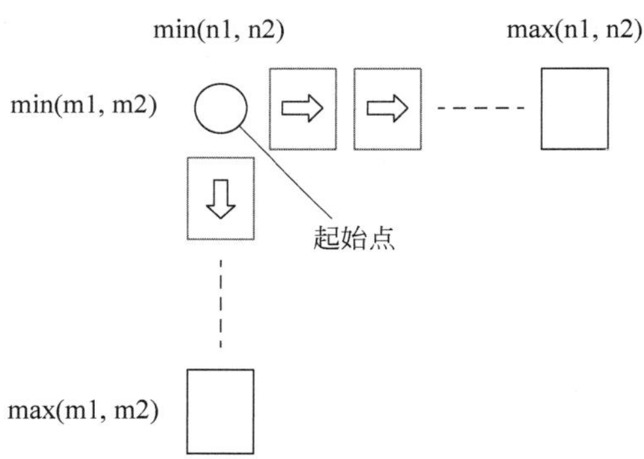

图 7-41　直接角落检测的直观过程

左上角检测的代码如下：

```
#左上角,这里采用的检测方向是从角落点出发,分别朝两个方向检测
i = min(m1,m2)
          while i < max(m1,m2):      #向下检测,m 增大,n 不变
             if self.imap[i][min(n1,n2)]> 0:
                break
             i += 1
          if i == max(m1,m2):          #如果向下判定成功
             i = min(n1,n2)
             while i < max(n1,n2):  #向右检测,m 不变,n 增大
                if self.imap[min(m1,m2)][i]> 0:
                   break
```

```
            i += 1
        if i == max(n1,n2):        # 如果向右判定成功
return 1                           # 返回 1,表示找到了左上角的角落连接
```

注意,只有当向下检测成功时,才会进行向右检测,所以需要在向下检测不成功时直接使用 break 跳出循环。如果向下、向右两个检测都成功,就令函数返回 1,表示找到了左上角的角落连接。同理,右下角、左下角、右上角的代码也是大同小异,只不过 m 和 n 有的是增大,有的是减小,读者在编程过程中需要注意。本文按照生成地图的方向,m 向下为正方向,n 向右为正方向。在这里把右下角、左下角、右上角的编程留给用户,用户可自行尝试(本节末尾有这个函数的完整代码,可供参考)。

写好 cornerlink 函数之后,接下来笔者要在 canlink 函数中调用此函数并检测返回值。在 canlink 的同线连接检测之后,使用一行代码:

```
cor = self.cornerlink(m1,n1,m2,n2)
```

这行代码的作用是检测 m1、n1 和 m2、n2 点是否存在角落连接。也就是进行直接角落连接的检测。根据笔者的设定,cor 可能返回 0,1,2,3,4 中的一个数。如果返回 1,2,3 或 4,证明找到了相应的连接,只需再次进行循环,显示连线即可。其中左上角显示连线的代码如下:

```
if cor == 1:
        i = min(m1,m2)
        while i < max(m1,m2):
            self.bmap[i][min(n1,n2)]["image"] = imageL[1]
i += 1
        i = min(n1,n2)
        while i < max(n1,n2):
            self.bmap[min(m1,m2)][i]["image"] = imageL[2]
            i += 1
        self.bmap[min(m1,m2)][min(n1,n2)]["image"] = imageL[3]
        self.bmap[max(m1,m2)][min(n1,n2)]["image"] = imageL[7]
        self.bmap[min(m1,m2)][max(n1,n2)]["image"] = imageL[9]
return True
```

值得注意的是,为了显示左上角连接的完整连线,最多需要用到五种连线素材,分别是直线路径的 imageL[1]和 imageL[2],转角处的 imageL[3]和用来表示起点和终点的 imageL[7]和 imageL[9],如图 7-42 所示。

读者在编写代码的过程中,也可时常返回素材目录看看每一个素材对应的线段是什么方向。良好的习惯有助于程序的编写。

按照类似的方法,设置好当 cor 变量为 2,3 或 4 时的连线生成。此时,直接角落连接的判定就完成了。这里将给出 cornerlink 的完整代码和 canlink 本节新增内容的代码。

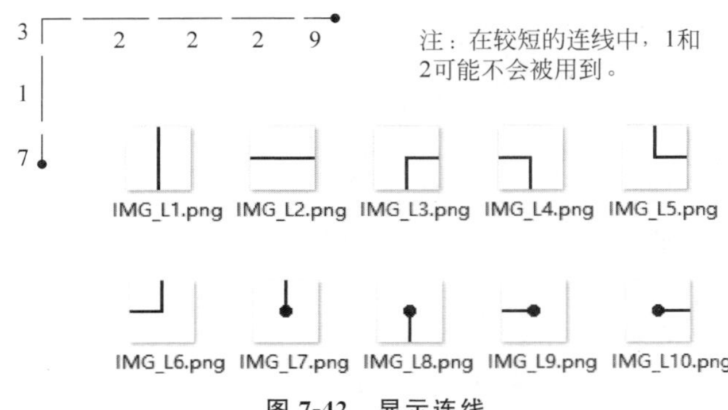

图 7-42　显示连线

cornerlink 函数的代码如下：

```
def cornerlink(self,m1,n1,m2,n2):
    if (m1 > m2) ^(n1 > n2) :
    #为真,则为左下 -- 右上格局,适用于 ┌ 和 ┘ 判定
    #为假,则为左上 -- 右下格局,适用于 └ 和 ┐ 判定
        #左上角,这里采用的检测方向是从角落点出发,分别朝两个方向检测
i = min(m1,m2)
        while i < max(m1,m2):           #向下检测,m 增大,n 不变
            if self.imap[i][min(n1,n2)]> 0:
                break
            i += 1
        if i == max(m1,m2):             #如果向下判定成功
            i = min(n1,n2)
            while i < max(n1,n2):       #向右检测,m 不变,n 增大
                if self.imap[min(m1,m2)][i]> 0:
                    break
                i += 1
            if i == max(n1,n2):         #如果向右判定成功
                return 1                #返回 1,表示找到了左上角的角落连接
        #右下角
        i = max(m1,m2)
        while i > min(m1,m2):           #向上检测,m 减小,n 不变
            if self.imap[i][max(n1,n2)]> 0:
                break
            i -= 1
        if i == min(m1,m2):
            i = max(n1,n2)
            while i > min(n1,n2):       #向左检测,m 不变,n 减小
                if self.imap[max(m1,m2)][i]> 0:
                    break
                i -= 1
            if i == min(n1,n2):
                return 2
    else:
```

```
        #左下角
        i = max(m1,m2)
        while i > min(m1,m2):
            if self.imap[i][min(n1,n2)]> 0:
                break
            i -= 1
        if i == min(m1,m2):
            i = min(n1,n2)
            while i < max(n1,n2):
                if self.imap[max(m1,m2)][i]> 0:
                    break
                i += 1
            if i == max(n1,n2):
                return 3
        #右上角
        i = min(m1,m2)
        while i < max(m1,m2):
            if self.imap[i][max(n1,n2)]> 0:
                break
            i += 1
        if i == max(m1,m2):
            i = max(n1,n2)
            while i > min(n1,n2):
                if self.imap[min(m1,m2)][i]> 0:
                    break
                i -= 1
            if i == min(n1,n2):
                return 4
    #如果不符合任何一种直接角落连接,便会来到这里
    return 0
```

canlink 的部分代码如下：

```
def canlink(self,m1,n1,m2,n2):
    ......
        #检测是否存在直接角落连接
        cor = self.cornerlink(m1,n1,m2,n2)
if cor == 1: #左上角,因为已经判断成功,这里只起到显示连线的作用
i = min(m1,m2)
            while i < max(m1,m2):
                self.bmap[i][min(n1,n2)]["image"] = imageL[1]
                i += 1
            i = min(n1,n2)
            while i < max(n1,n2):
                self.bmap[min(m1,m2)][i]["image"] = imageL[2]
                i += 1
            self.bmap[min(m1,m2)][min(n1,n2)]["image"] = imageL[3]
            self.bmap[max(m1,m2)][min(n1,n2)]["image"] = imageL[7]
```

```
            self.bmap[min(m1,m2)][max(n1,n2)]["image"] = imageL[9]
            return True
        elif cor == 2: # 右下角
            i = min(m1,m2)
            while i < max(m1,m2):
                self.bmap[i][max(n1,n2)]["image"] = imageL[1]
                i += 1
            i = min(n1,n2)
            while i < max(n1,n2):
                self.bmap[max(m1,m2)][i]["image"] = imageL[2]
                i += 1
            self.bmap[max(m1,m2)][max(n1,n2)]["image"] = imageL[6]
            self.bmap[max(m1,m2)][min(n1,n2)]["image"] = imageL[10]
            self.bmap[min(m1,m2)][max(n1,n2)]["image"] = imageL[8]
            return True
        elif cor == 3: # 左下角
            i = min(m1,m2)
            while i < max(m1,m2):
                self.bmap[i][min(n1,n2)]["image"] = imageL[1]
                i += 1
            i = min(n1,n2)
            while i < max(n1,n2):
                self.bmap[max(m1,m2)][i]["image"] = imageL[2]
                i += 1
            self.bmap[min(m1,m2)][min(n1,n2)]["image"] = imageL[8]
            self.bmap[max(m1,m2)][min(n1,n2)]["image"] = imageL[5]
            self.bmap[max(m1,m2)][max(n1,n2)]["image"] = imageL[9]
            return True
        elif cor == 4: # 右上角
            i = min(m1,m2)
            while i < max(m1,m2):
                self.bmap[i][max(n1,n2)]["image"] = imageL[1]
                i += 1
            i = min(n1,n2)
            while i < max(n1,n2):
                self.bmap[min(m1,m2)][i]["image"] = imageL[2]
                i += 1
            self.bmap[min(m1,m2)][min(n1,n2)]["image"] = imageL[10]
            self.bmap[min(m1,m2)][max(n1,n2)]["image"] = imageL[4]
            self.bmap[max(m1,m2)][max(n1,n2)]["image"] = imageL[7]
    return True
      ……
```

运行程序,找到能够满足直接角落连接逻辑的方格,单击并尝试消除它们,可以看到方格被消除,连线也成功显示。下面给出了一个右上角的连接样例,读者也可自行尝试其他三种角落连接,以验证本节代码的正确性,样例如图 7-43 所示。

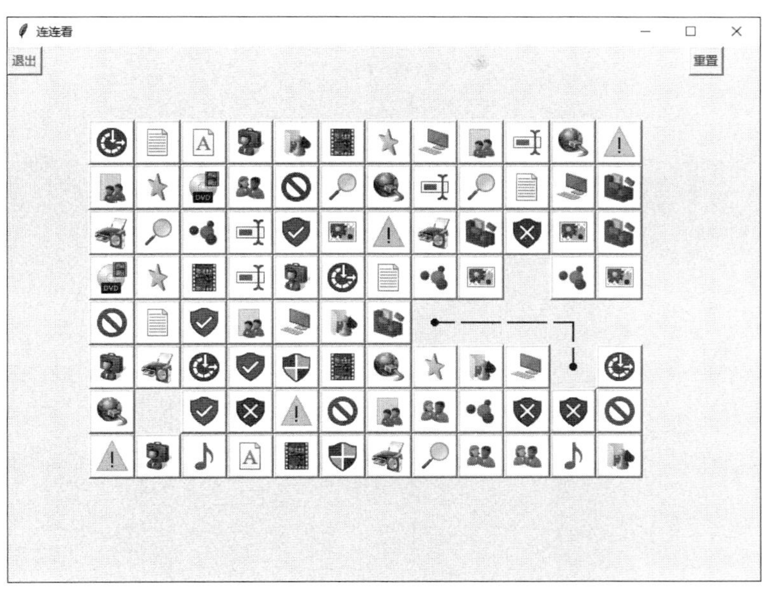

图 7-43 直接角落连接运行效果

5. 游戏逻辑制作——间接角落连接

接下来，准备编写连连看连线逻辑中最后一种，也是最难的一种——间接角落连接。在这里把需要通过三条连线进行连接的方式称为间接角落连接。既然名字如此相似，间接角落连接和直接角落连接又有什么关系呢？事实上，每一种间接角落连接都可以分解为一个同线连接（一条连线）和一个直接角落连接（两条连线），如图 7-44 所示。

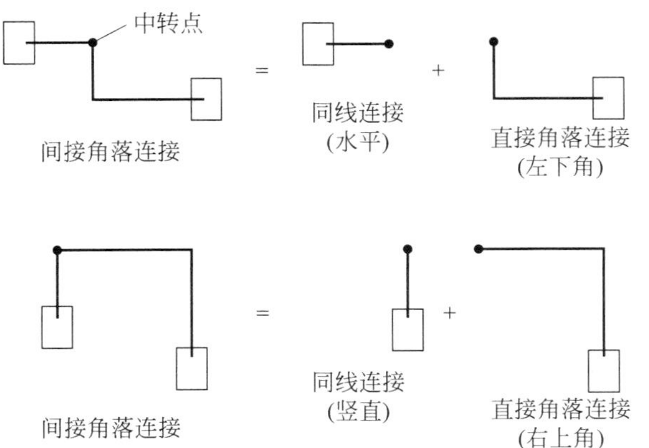

图 7-44 间接角落连接的分解

所以，在经过了这样的分析后，思路也就变得简单起来：先从一个方块出发，沿一个方向进行循环检测，被检测的到点称之为"中转点"，然后，调用 cornerlink 函数检测是否存在从中转点到目的地的直接角落连接。如果存在，那么万事大吉，如果不存在，那么改变关键点，朝这个方向继续检测，直到碰触到地图边缘或另一个方块为止，沿着上下左右四个方向各检测一次。如果成功，那么路径的形状将由中转点的检测方向和 cornerlink 的返回值共同决定，图中列出了全部的 16 种检测情况，读者需要根据路径的形状显示正确的连线，如图 7-45 所示。

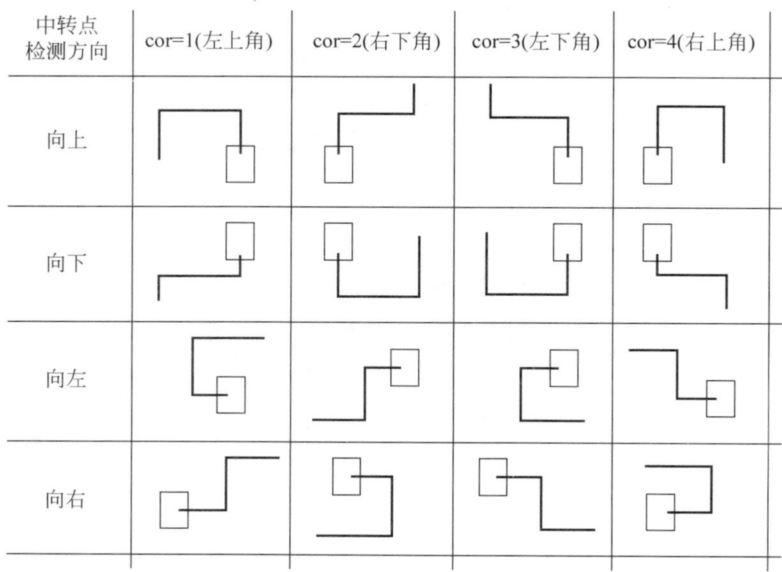

图 7-45　全部的 16 种检测情况，方格代表起始点

这次，先给出程序的代码，然后再进行说明：

```
#下面进入间接角落连接，从 m1n1 这个点开始，向左检测
i = n1 - 1 #起始的检测点为(m1,n1 - 1)
        while i >= 0 and self.imap[m1][i] == 0:        #循环，直到到达边界或被其他方格阻挡
            cor = self.cornerlink(m1,i,m2,n2)          #检测中转点和目标点是否存在角落连接
            if cor == 1:
                self.bmap[m1][i]["image"] = imageL[5]    #找到对应的图像并显示
                self.bmap[m2][i]["image"] = imageL[3]
                self.bmap[m1][n1]["image"] = imageL[9]
                self.bmap[m2][n2]["image"] = imageL[9]
            elif cor == 2:
                self.bmap[m1][i]["image"] = imageL[3]
                self.bmap[m2][i]["image"] = imageL[6]
                self.bmap[m1][n1]["image"] = imageL[9]
                self.bmap[m2][n2]["image"] = imageL[10]
            elif cor == 3:
                self.bmap[m1][i]["image"] = imageL[3]
                self.bmap[m2][i]["image"] = imageL[5]
                self.bmap[m1][n1]["image"] = imageL[9]
                self.bmap[m2][n2]["image"] = imageL[9]
            elif cor == 4:
                self.bmap[m1][i]["image"] = imageL[5]
                self.bmap[m2][i]["image"] = imageL[4]
                self.bmap[m1][n1]["image"] = imageL[9]
```

```
                self.bmap[m2][n2]["image"] = imageL[10]
            if cor > 0:
                for j in myrange(i,n1):       #自定函数,详见定义部分
                    self.bmap[m1][j]["image"] = imageL[2]
                for j in myrange(m1,m2):
                    self.bmap[j][i]["image"] = imageL[1]
                for j in myrange(i,n2):
                    self.bmap[m2][j]["image"] = imageL[2]
    return True                               #找到了间接角落连接
            i -= 1                            #如果没有找到,就继续向左检测
```

这是向左检测的代码。因为是向左检测,所以 m 不变,n 减小。出发点为(m1,n1),所以检测点为(m1,n1-1)。然后进入 while 循环,如果这个位置不是空地或者出界,就停下来,否则检测该中转点到目标点是否存在路径。下面的 if 是根据返回值,判断路线形状并显示四个"关键位置"的连线(起点、中转点、角落连接拐角、终点)。再之后的三个 for 是用来显示水平和竖直的连线。这里为了编写方便,用到了 myrange 函数,它的代码如下:

```
def myrange(num1,num2):   #返回 num1 和 num2 之间数字从小到大的列表,不包含首尾
    if num1 < num2:
        return range(num1 + 1,num2)
    else:
        return range(num2 + 1,num1)
```

顾名思义,myrange 是自定义的一个 range 函数,它的用法和 range 大同小异,参数方面只需要两个参数,然后无论这两个参数的大小如何,myrange 都将返回一个不包含首尾的、将范围内的数依次递增的列表。

使用例 1:myrange(1,5),返回值[2,3,4]

使用例 2:myrange(8,3),返回值[4,5,6,7]

这样的函数可以忽略 m1 和 m2 的大小关系,避免频繁使用 min 和 max 函数,并且使代码更加简明易读,所以采用了这种方式。

刚刚完成的是向左寻找中转点的间接角落连接,还有右、上、下三个方向,这三个方向也是大同小异,在这里给出代码如下:

```
    #间接角落连接,向右
        i = n1 + 1
        while i <= MAPX + 1 and self.imap[m1][i] == 0:
            cor = self.cornerlink(m1,i,m2,n2)
            if cor == 1:
                self.bmap[m1][i]["image"] = imageL[6]
                self.bmap[m2][i]["image"] = imageL[3]
                self.bmap[m1][n1]["image"] = imageL[10]
                self.bmap[m2][n2]["image"] = imageL[9]
            elif cor == 2:
```

```
            self.bmap[m1][i]["image"] = imageL[4]
            self.bmap[m2][i]["image"] = imageL[6]
            self.bmap[m1][n1]["image"] = imageL[10]
            self.bmap[m2][n2]["image"] = imageL[10]
        elif cor == 3:
            self.bmap[m1][i]["image"] = imageL[4]
            self.bmap[m2][i]["image"] = imageL[5]
            self.bmap[m1][n1]["image"] = imageL[10]
            self.bmap[m2][n2]["image"] = imageL[9]
        elif cor == 4:
            self.bmap[m1][i]["image"] = imageL[6]
            self.bmap[m2][i]["image"] = imageL[4]
            self.bmap[m1][n1]["image"] = imageL[10]
            self.bmap[m2][n2]["image"] = imageL[10]
        if cor > 0:
            for j in myrange(i,n1):
                self.bmap[m1][j]["image"] = imageL[2]
            for j in myrange(m1,m2):
                self.bmap[j][i]["image"] = imageL[1]
            for j in myrange(i,n2):
                self.bmap[m2][j]["image"] = imageL[2]
            return True
        i += 1
    #间接角落连接,向上
    i = m1 - 1
    while i >= 0 and self.imap[i][n1] == 0:
        cor = self.cornerlink(i,n1,m2,n2)
        if cor == 1:
            self.bmap[i][n1]["image"] = imageL[4]
            self.bmap[i][n2]["image"] = imageL[3]
            self.bmap[m1][n1]["image"] = imageL[7]
            self.bmap[m2][n2]["image"] = imageL[7]
        elif cor == 2:
            self.bmap[i][n1]["image"] = imageL[3]
            self.bmap[i][n2]["image"] = imageL[6]
            self.bmap[m1][n1]["image"] = imageL[7]
            self.bmap[m2][n2]["image"] = imageL[8]
        elif cor == 3:
            self.bmap[i][n1]["image"] = imageL[4]
            self.bmap[i][n2]["image"] = imageL[5]
            self.bmap[m1][n1]["image"] = imageL[7]
            self.bmap[m2][n2]["image"] = imageL[8]
        elif cor == 4:
            self.bmap[i][n1]["image"] = imageL[3]
            self.bmap[i][n2]["image"] = imageL[4]
            self.bmap[m1][n1]["image"] = imageL[7]
            self.bmap[m2][n2]["image"] = imageL[7]
```

```
        if cor > 0:
            for j in myrange(i,m1):
                self.bmap[j][n1]["image"] = imageL[1]
            for j in myrange(n1,n2):
                self.bmap[i][j]["image"] = imageL[2]
            for j in myrange(i,m2):
                self.bmap[j][n2]["image"] = imageL[1]
            return True
        i -= 1
    #间接角落连接,向下
    i = m1 + 1
    while i <= MAPY + 1 and self.imap[i][n1] == 0:
        cor = self.cornerlink(i,n1,m2,n2)
        if cor == 1:
            self.bmap[i][n1]["image"] = imageL[6]
            self.bmap[i][n2]["image"] = imageL[3]
            self.bmap[m1][n1]["image"] = imageL[8]
            self.bmap[m2][n2]["image"] = imageL[7]
        elif cor == 2:
            self.bmap[i][n1]["image"] = imageL[5]
            self.bmap[i][n2]["image"] = imageL[6]
            self.bmap[m1][n1]["image"] = imageL[8]
            self.bmap[m2][n2]["image"] = imageL[8]
        elif cor == 3:
            self.bmap[i][n1]["image"] = imageL[6]
            self.bmap[i][n2]["image"] = imageL[5]
            self.bmap[m1][n1]["image"] = imageL[8]
            self.bmap[m2][n2]["image"] = imageL[8]
        elif cor == 4:
            self.bmap[i][n1]["image"] = imageL[5]
            self.bmap[i][n2]["image"] = imageL[4]
            self.bmap[m1][n1]["image"] = imageL[8]
            self.bmap[m2][n2]["image"] = imageL[7]
        if cor > 0:
            for j in myrange(i,m1):
                self.bmap[j][n1]["image"] = imageL[1]
            for j in myrange(n1,n2):
                self.bmap[i][j]["image"] = imageL[2]
            for j in myrange(i,m2):
                self.bmap[j][n2]["image"] = imageL[1]
return True
        i += 1
```

至此,所有的连接逻辑就都已经完成了,现在把之前预留的匹配失败时更改图像的两行代码删除,并把返回的 True 改为 False,开始一局真正的连连看游戏吧！用户可以专门尝试一下不同种类的连接方式,看看程序能否得出正确的结果。游戏进行过程中,玩家可以进行间接角落连接匹配图案，如图 7-46 所示。

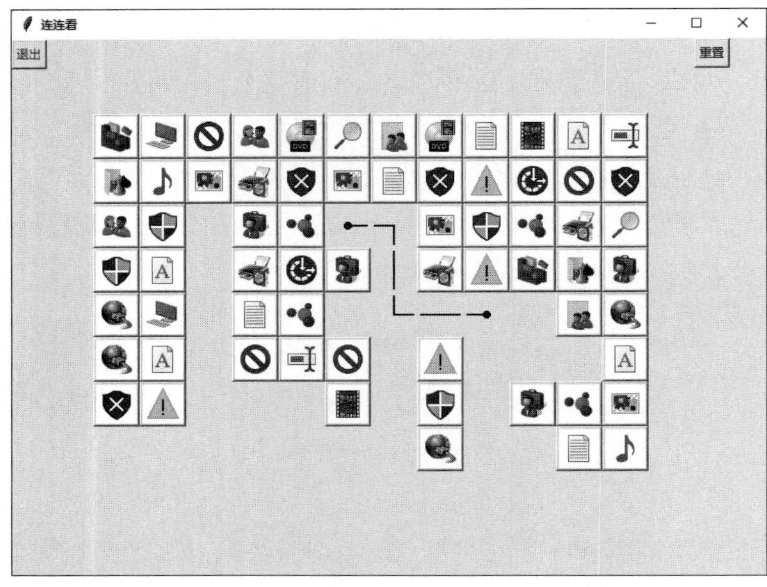

图 7-46　游戏中的间接角落连接

6. 游戏逻辑制作——完善与整理

现在，已经完成了连连看游戏编程的大部分内容，但是实际上这个游戏还并不完善。例如，单击【重置】按钮产生的效果是退出而不是重置，游戏在消除所有图案后既不会得到胜利提示也不会进入新游戏，可能，你还有其他想要加入的功能。

本节作为全文的末尾，就对整个游戏进行完善与整理吧！首先，要完善的是重置功能。单击重置按钮后，不能让它再执行 quit 函数，而是执行一个名为 restart 的函数，它的代码如下：

```
def restart(self):                                          #用于重置
    chm = 0; chn = 0                                        #取消选中格子
    self.rmap = []                                          #将打乱用的列表置为空
    self.label1["text"] = ""                                #将标签置为空
    for i in range(int(MAPX * MAPY/4)):                     #重新生成图案
        for j in range(4):
            self.rmap.append(i + 1)
    random.shuffle(self.rmap)                               #重新打乱图案
    for i in range(MAPY + 2):
        for j in range(MAPX + 2):                           #对于整个面板
            self.bmap[i][j]["image"]  = image[0]            #清空旧图案
            self.bmap[i][j]["relief"] = FLAT                #将显示方式设置为平坦
    for i in range(MAPY):
        for j in range(MAPX):                               #对于图案区
            self.imap[i + 1][j + 1] = self.rmap[i * MAPX + j] #把新图案写入 imap
            self.bmap[i + 1][j + 1]["image"]  = image[self.imap[i + 1][j + 1]] #设置图案
            self.bmap[i + 1][j + 1]["relief"] = RAISED #将按钮显示方式设置为弹起
```

因为这一部分简单易懂，注释也都写在了代码中，所以本文将不再赘述。最后，还需要完成胜利显示。消除所有图案便会赢得胜利。这一部分也很简单，只需要循环检测是否存在非空的方格即可，代码如下（其实还有更简便的方法，在这里留给读者思考）：

```
mapempty = True #用于胜利判定
              for i in range(1,MAPY + 1):
                 for j in range(1,MAPX + 1):
                    if(self.imap[i][j] != 0):
                       mapempty = False
              if mapempty:
                 self.label1["text"] = "恭喜你,你赢了!"
```

运行程序并进行一段时间的游戏，消除掉最后一组图案后，屏幕上遗留着最后一条连线，此时胜利信息会显示出来，如图 7-47 所示。

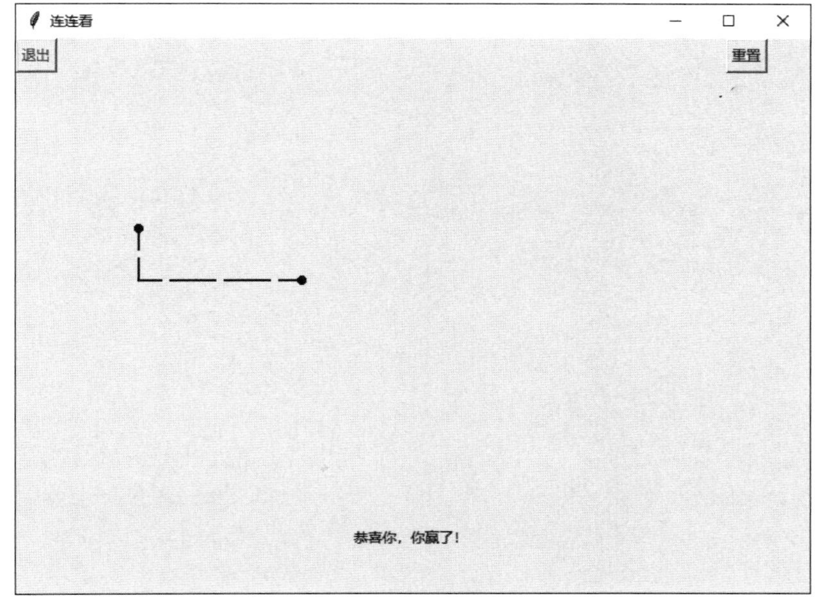

图 7-47　胜利显示

最后，对整个程序做一个整理，调试用的输出类代码是否已经被删除？程序的各功能是否正常？每一种连接的连线是否能够正确显示？如果这些问题的答复都是肯定的，那么恭喜你，现在运行你的程序，来一局自己制作的连连看吧！

本章小结

在本章中，主要介绍了如何使用 Python 进行 GUI 编程。首先简单介绍了 GUI 编程的两组重要概念：窗口与组件、事件驱动与回调机制。接下来，介绍了 Tkinter 库中的常用组件，并以连连看为例向读者展示了如何利用 Tkinter 库进行窗口化程序的编写。

本章习题

一、简述题

1. 以 7.3 节中的连连看游戏项目为例，简述以下概念：

   a. 组件 b. 事件 c. 事件-回调机制

2. 简述使用 Python 进行 GUI 编程的主要步骤。

二、实践题

1. 编写一个带有图形化界面的五子棋游戏。
2. 查阅基于哈夫曼编码的压缩算法，将其改写成一个具有图形化界面的压缩工具。

第 8 章

Python 网络爬虫

互联网上的信息每天都在爆炸式增长，无论是科研还是生活，都有批量获取网络上信息的需求，各种爬虫工具也不断涌现。Python 功能强大的第三方库无疑降低了编写爬虫程序的难度，降低你获取信息的成本。本章首先介绍网络的基础知识，然后介绍了与爬虫有关库的使用和反爬虫机制，最后提供了两个爬虫案例供实践学习。

网络爬虫(Web Crawler)是指一类能够自动化访问网络并抓取某些信息的程序，有时候也被称为“网络机器人”。它们被广泛用于互联网搜索引擎及各种网站的开发中，同时也是大数据和数据分析领域中的重要角色。Python 语言方便、高效的特点使其成为爬虫编写时最为流行的编程语言之一。不过，在开始爬虫编写前，还需要对 HTTP、HTML 以及 JavaScript 具备一些了解。

8.1 HTTP、HTML 与 JavaScript

8.1.1 HTTP

HTTP 是一个客户端终端(用户)和服务器端(网站)请求和应答的标准。通过使用网页浏览器、网络爬虫或者其他的工具，客户端可以发起一个 HTTP 请求到服务器上指定端口(默认端口为 80)。一般称这个客户端为用户代理程序(user agent)。应答的服务器上存储着一些资源，例如 HTML 文件和图像。一般称这个应答服务器为源服务器(origin server)。在用户代理和源服务器中间可能存在多个“中间层”，例如代理服务器、网关或者隧道(tunnel)。尽管 TCP/IP 协议是互联网上最流行的应用，HTTP 协议中，并没有规定必须使用它或它支持的层。

HTTP 假定其下层协议提供可靠的传输。通常，由 HTTP 客户端发起一个请求，创建一个到服务器指定端口的 TCP 连接。HTTP 服务器则在那个端口监听客户端的请求。一旦收到请求，服务器会向客户端返回一个状态，例如"HTTP/1.1 200 OK"，以及返回的内容，如请求的文件、错误消息或者其他信息。

HTTP 的请求方法有很多种，主要包括：

GET，向指定的资源发出“显示”请求。使用 GET 方法应该只用在读取数据，而不应当被用于产生“副作用”的操作中，例如在 Web Application 中。其中一个原因是 GET 可能会被网络蜘蛛等随意访问。

POST，向指定资源提交数据，请求服务器进行处理(例如提交表单或者上传文件)。数据被包含在请求本文中。这个请求可能会创建新的资源或修改现有资源或二者皆有。

PUT，向指定资源位置上传其最新内容。

DELETE，请求服务器删除 Request-URI 所标识的资源。

TRACE，回显服务器收到的请求，主要用于测试或诊断。

OPTIONS，这个方法可使服务器传回该资源所支持的所有 HTTP 请求方法。用'*'来代替资源名称，向 Web 服务器发送 OPTIONS 请求，可以测试服务器功能是否正常运作。

8.1.2 HTML

HTML(Hyper Text Markup Language)则是指超文本标记语言是一种用于创建网页的标准标记语言。注意，与 HTTP 不同的是，HTML 是直接与网页相关的，常与 CSS、JavaScript 一起被众多网站用于设计令人赏心悦目的网页、网页应用程序以及移动应用程序的用户界面。常用的网页浏览器都可以读取 HTML 文件，并将其渲染成可视化网页。

HTML 文档由嵌套的 HTML 元素构成。它们用 HTML 标签表示，包含于尖括号中，如<p>。在一般情况下，一个元素由一对标签表示：“开始标签”<p>与“结束标签”</p>。元素如果含有文本内容，就被放置在这些标签之间。在开始与结束标签之间也可以封装另外的标签，包括标签与文本的混合。这些嵌套元素是父元素的子元素。开始标签也可包含标签属性。这些属性有诸如标识文档区段、将样式信息绑定到文档演示和为一些如<img>等的标签嵌入图像、引用图像来源等作用。一些元素如换行符
，不允许嵌入任何内容，无论是文字或其他标签。这些元素只需一个单一的空标签(类似于一个开始标签)，无须结束标签。浏览器或其他媒介可以从上下文识别出元素的闭合端以及由 HTML 标准所定义的结构规则。因此，一个 HTML 元素的一般形式为：<标签 属性1="值1" 属性2="值2">内容</标签>。一个 HTML 元素的名称即为标签使用的名称。注意，结束标签的名称前面有一个斜杠“/”，空元素不需要也不允许结束标签。如果元素属性未标明，则使用其默认值。

8.1.3 JavaScript

现代网页除了 HTTP 和 HTML，还会涉及 JavaScript 技术。人们看到的浏览器中的页面，其实是在 HTML 的基础上，经过 JavaScript 进一步加工和处理后生成的效果。例如，淘宝网的商品评论就是通过 JavaScript 获取 JSON 数据，然后“嵌入”到原始 HTML 中并呈现给用户。这种在页面中使用 JavaScript 的网页对于 20 世纪 90 年代的 Web 界面而言几乎是天方夜谭，但在今天，以 AJAX 技术(Asynchronous JavaScript and XML，异步

JavaScript 与 XML)为代表的结合 JavaScript、CSS、HTML 等语言的网页开发技术已经成为了绝对的主流。JavaScript 使得网页可以灵活地加载其中一部分数据。后来,随着这种设计的流行,“AJAX”这个词语也成为一个“术语”。

JavaScript 一般被定义为一种“面向对象、动态类型的解释性语言”,最初由 Netscape(网景)公司推出,目的是作为新一代浏览器的脚本语言支持,换句话说,不同于 PHP 或者 ASP. NET,JavaScript 不是为“网站服务器”提供的语言,而是为“用户浏览器”提供的语言。为了在网页中使用 JavaScript,开发者一般会把 JavaScript 脚本程序写在 HTML 的< script >标签中。在 HTML 语法里,< script > 标签用于定义客户端脚本,如果需要引用外部脚本文件,可以在 src 属性中设置其地址,如图 8-1 所示。

```
▼<script>
     Do(function() {
       var app_qr = $('.app-qr');
       app_qr.hover(function() {
         app_qr.addClass('open');
       }, function() {
         app_qr.removeClass('open');
       });
     });

  </script>
</div>
▶<div id="anony-sns" class="section">…</div>
▶<div id="anony-time" class="section">…</div>
▶<div id="anony-video" class="section">…</div>
▶<div id="anony-movie" class="section">…</div>
▶<div id="anony-group" class="section">…</div>
▶<div id="anony-book" class="section">…</div>
▶<div id="anony-music" class="section">…</div>
▶<div id="anony-market" class="section">…</div>
▶<div id="anony-events" class="section">…</div>
▼<div class="wrapper">
   <div id="dale_anonymous_home_page_bottom" class="extra"></div>
  ▶<div id="ft">…</div>
</div>
<script type="text/javascript" src="https://img3.doubanio.com/f/shire/72ced6d…/js/jquery.min.js" async="true"></script> == $0
```

图 8-1 豆瓣首页网页源码中的< script >元素

JavaScript 在语法结构上比较类似 C++等面向对象的语言,循环语句、条件语句等也都与 Python 中的写法有较大的差异,但其弱类型特点更符合 Python 开发者的使用习惯。一段简单的 JavaScript 脚本程序如下:

```
function add(a,b) {
   var sum = a + b;
   console.log('%d + %d equals to %d',a,b,sum);
}
function mut(a,b) {
   var prod = a * b;
   console.log('%d * %d equals to %d',a,b,prod);
}
```

接着,通过下面的例子来展示 JavaScript 的基本概念和语法,代码如下:

```
var a = 1; // 变量声明与赋值
//变量都用 var 关键字定义
var myFunction = function (arg1) {          // 注意这个赋值语句,在 JavaScript 中,函数和变
                                            //量本质上是一样的
```

```
    arg1 += 1;
    return arg1;
}
var myAnotherFunction = function (f,a) {        //函数也可以作为另一个函数的参数被传入
    return f(a);
}
console.log(myAnotherFunction(myFunction,2))
//条件语句
if (a > 0) {
    a -= 1;
} else if (a == 0) {
    a -= 2;
} else {
    a += 2;
}
//数组
arr = [1,2,3];
console.log(arr[1]);
//对象
myAnimal = {
    name: "Bob",
    species: "Tiger",
    gender: "Male",
    isAlive: true,
    isMammal: true,
}
console.log(myAnimal.gender);                    //访问对象的属性
```

其实,人们所说的 AJAX 技术,与其说是一种"技术",不如说是一种"方案"。AJAX 技术改变了过去用户浏览网站时一个请求对应一个页面的模式,允许浏览器通过异步请求来获取数据,从而使得一个页面能够呈现并容纳更多的内容,同时也就意味着更多的功能。只要用户使用的是主流的浏览器,同时允许浏览器执行 JavaScript,用户就能够享受网站在网页中的 AJAX 内容。

以知乎的首页信息流为例,如图 8-2 所示,与用户的主要交互方式就是用户通过下拉页面(具体操作可通过鼠标滚轮、拖动滚动条等)查看更多动态,而在一部分动态(对于知乎而言包括被关注用户的点赞和回答等)展示完毕后,就会显示一段加载动画并呈现后续的动态内容。在这个过程中页面动画其实只是"障眼法",在这个过程中,正是 JavaScript 脚本请求了服务器发送相关数据,并最终加载到页面之中。在这个过程中页面显然没有进行全

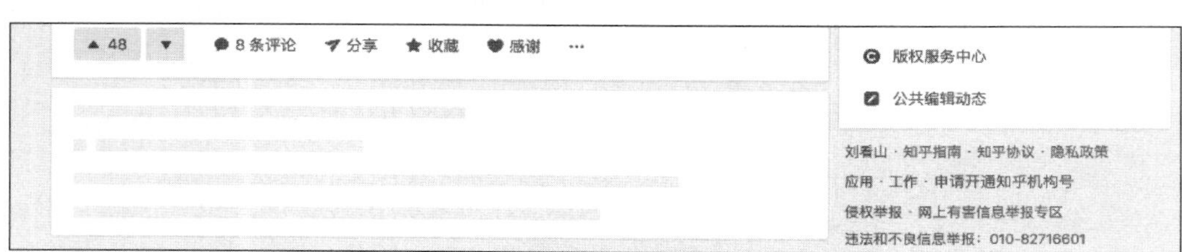

图 8-2　知乎首页动态的刷新

部刷新，而是只“新”刷新了一部分，通过这种异步加载的方式完成了对新的内容的获取和呈现，这个过程就是典型的 AJAX 应用。

8.2 Requests 的使用

8.2.1 Requests 简介

Requests 库，作为 Python 最知名的开源模块之一，目前支持 Python 2.6～2.7 以及 3.3～3.7 版本，Requests 由 Kenneth Reitz 开发[①]，如图 8-3 所示，其设计和源码也符合 Python 风格（这称之为 Pythonic）。

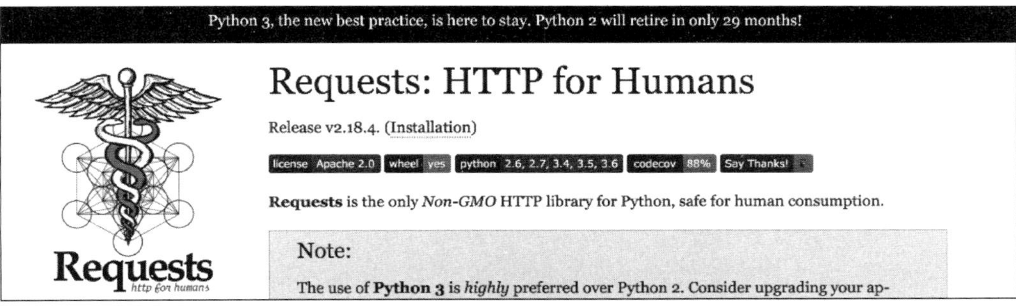

图 8-3　Requests 的口号：给人类使用的非转基因 HTTP 库

作为 HTTP 库，Requests 的使命就是完成 HTTP 请求。对于各种 HTTP 请求，Requests 都能简单漂亮地完成，当然，其中 GET 方法是最为常用的：

```
r = requests.get(URL)
r = requests.put(URL)
r = requests.delete(URL)
r = requests.head(URL)
r = requests.options(URL)
```

如果想要为 URL 的查询字符串传递参数（例如当你看到了一个 URL 中出现了“?xxx=yyy&aaa=bbb”时），只需要在请求中提供这些参数，就像这样：

```
comment_json_url = 'https://sclub.jd.com/comment/productPageComments.action'
p_data = {
  'callback': 'fetchJSON_comment98vv242411',
  'score': 0,
  'sortType': 1,
  'page': 0,
  'pageSize': 10,
```

① 他的个人网站是 https://www.kennethreitz.org/projects/

```
    'isShadowSku': 0,
  }

    response = requests.get(comment_json_url, params = p_data)
```

其中,p_data 是一个 dict 结构。打印出现在的 URL,可以看到 URL 的编码结果,输出是:

```
https://sclub.jd.com/comment/productPageComments.action?page = 0&isShadowSku = 0&sortType =
1&callback = fetchJSON_comment98vv242411&pageSize = 10&score = 0
```

使用.text 来读取响应内容时,Requests 会使用 HTTP 头部中的信息来判断编码方式。当然,编码是可以更改的,如下:

```
print(response.encoding) #会输出"GBK"
response.encoding = 'utf - 8'
```

text 有时候很容易和 content 混淆,简单地说,text 表达的是编码后(一般就是 Unicode 编码)的内容,而 content 是字节形式的内容。

Requests 中还有一个内置的 JSON 解码器,只需调用 r.json()即可。

在爬虫程序编写中,经常需要更改 HTTP 请求头。正如之前很多例子那样,想为请求添加 HTTP 头部,只要简单地传递一个 dict 给 headers 参数就可以。r.status_code 是另外一个常用的操作,这是一个状态码对象,可以这样检测 HTTP 请求对象。

```
print(r.status_code = = requests.codes.ok)
```

实际上 Requests 还提供了更简洁(简洁到不能更简洁,与上面的方法等效)的方法。

```
print(r.ok)
```

在这里 r.ok 是一个布尔值。

如果是一个错误请求(4XX 客户端错误或 5XX 服务器错误响应),可以通过 Response.raise_for_status() 来抛出异常。

8.2.2 使用 Requests 编写爬虫程序

在各大编程语言中,初学者要学会编写的第一个简单程序一般就是"Hello, World!",即通过程序在屏幕上输出一行"Hello, World!"这样的文字,在 Python 中,只需一行代码就可以做到。受到这种命名习惯的影响,把第一个爬虫称之为"HelloSpider",代码如下:

```
import lxml.html,requests
url = 'https://www.Python.org/dev/peps/pep - 0020/'
xpath = '//*[@id = "the - zen - of - Python"]/pre/text()'
```

```
res = requests.get(url)
ht = lxml.html.fromstring(res.text)
text = ht.xpath(xpath)
print('Hello,\n' + ''.join(text))
```

执行这个脚本，在终端中运行如下命令（也可以在直接 IDE 中单击“运行”）：

```
Python HelloSpider.py
```

很快就能看到输出如下：

```
Hello,
Beautiful is better than ugly.
...
Namespaces are one honking great idea -- let's do more of those!
```

至此，程序完成了一个网络爬虫程序最普遍的流程：①访问站点；②定位所需的信息；③得到并处理信息。接下来不妨看看每一行代码都做了什么：

```
import lxml.html,requests
```

这里使用 import 导入了两个模块，分别是 lxml 库中的 html 以及 Python 中著名的 requests 库。lxml 是用于解析 XML 和 HTML 的工具，可以使用 xpath 和 css 来定位元素，这里还导入了 requests。

```
url = 'https://www.Python.org/dev/peps/pep-0020/'
xpath = '//*[@id="the-zen-of-Python"]/pre/text()'
```

上面定义了两个变量，Python 不需要声明变量的类型，url 和 xpath 会自动被识别为字符串类型。url 是一个网页的链接，可以直接在浏览器中打开，页面中包含了“Python 之禅”的文本信息。xpath 变量则是一个 xpath 路径表达式，而 lxml 库可以使用 xpath 来定位元素，当然，定位网页中元素的方法不止 xpath 一种，以后会介绍更多的定位方法。

```
res = requests.get(url)
```

这里使用了 requests 中的 get 方法，对 url 发送了一个 HTTP GET 请求，返回值被赋值给 res，于是便得到了一个名为 res 的 Response 对象，接下来就可以从这个 Response 对象中获取想要的信息。

```
ht = lxml.html.fromstring(res.text)
```

lxml.html 是 lxml 下的一个模块，顾名思义，主要负责处理 HTML。fromstring 方法传入的参数是 res.text，即 Response 对象的 text（文本）内容。在 fromstring 函数的 doc string 中（文档字符串，即这个函数的说明，可以通过 print('lxml.html.fromstring.__doc__查看')）说

道，这个方法可以“Parse the html, returning a single element/document.”即 fromstring 根据这段文本来构建一个 lxml 中的 HtmlElement 对象。

```
text = ht.xpath(xpath)
print('Hello,\n' + ''.join(text))
```

这两行代码使用 xpath 来定位 HtmlElement 中的信息，并进行输出。text 就是得到的结果，“.join()”是一个字符串方法，用于将序列中的元素以指定的字符连接生成一个新的字符串。因为 text 是一个 list 对象，所以使用‘’这个空字符来连接。如果不进行这个操作而直接输出：

```
print('Hello,\n' + text)
```

程序会报错，出现‘TypeError: Can't convert 'list' object to str implicitly’这样的错误。当然，对于 list 序列而言，还可以通过一段循环来输出其中的内容。

通过刚才这个十分简单的爬虫示例，不难发现，爬虫的核心任务就是访问某个站点（一般为一个或一类 URL 地址）然后提取其中的特定信息，之后对数据进行处理（在这个例子中只是简单地输出）。当然，根据具体的应用场景，爬虫可能还需要很多其他的功能，例如自动抓取多个页面、处理表单、对数据进行存储或者清洗等。

8.3 常见网页解析工具

在前面了解网页结构的基础上，接下来将介绍几种工具，分别是 XPath、BeautifulSoup 模块以及 lxml 模块。

8.3.1 BeautifulSoup

BeautifulSoup 是一个很流行的 Python 库，名字来源于《爱丽丝梦游仙境》中的一首诗，作为网页解析（准确地说是 XML 和 HTML 解析）的利器，BeautifulSoup 提供了定位内容的人性化接口，简便正是它的设计理念。

由于 BeautifulSoup 并不是 Python 内置的，因此仍需要使用 pip 来安装。这里来安装最新的版本（BeautifulSoup 4 版本，也叫 bs4）：pip install beautifulsoup4。

另外，也可以这样安装：pip install bs4。

Linux 用户也可以使用 apt-get 工具来进行安装：apt-get install Python-bs4。

注意，如果计算机上 Python 2 和 Python 3 两种版本同时存在，那么可以使用 pip2 或者 pip3 命令来指明是为哪个版本的 Python 来安装，执行这两种命令是有区别的，如图 8-4 所示。

```
$ pip2 install numpy
Requirement already satisfied: numpy in /Library/Python/2.7/site-packages
$ pip3 install numpy
Requirement already satisfied: numpy in /Library/Frameworks/Python.framework/Versions/3.5/lib/python3.5/site-packages
```

图 8-4 pip2 与 pip3 命令的区别

BeautifulSoup 中的主要工具就是 BeautifulSoup(对象),这个对象的意义是指一个 HTML 文档的全部内容,先来看看 BeautifulSoup 对象能干什么:

```
import bs4,requests
from bs4 import BeautifulSoup

ht = requests.get('https://www.douban.com')
bs1 = BeautifulSoup(ht.content)
print(bs1.prettify())
print('title')
print(bs1.title)
print('title.name')
print(bs1.title.name)
print('title.parent.name')
print(bs1.title.parent.name)
print('find all "a"')
print(bs1.find_all('a'))
print('text of all "h2"')
for one in bs1.find_all('h2'):
  print(one.text)
```

这段示例程序的输出是这样的:

```
<!DOCTYPE HTML>
<html class = "" lang = "zh - cmn - Hans">
 <head>
                ...
豆瓣时间
```

可以看出,使用 BeautifulSoup 来定位和获取内容是非常方便的,一切看上去都很和谐,但是有可能会遇到这样一个提示:

```
UserWarning: No parser was explicitly specified
```

这意味着没有指定 BeautifulSoup 的解析器,解析器的指定需要把原来的代码变为这样:

```
bs1 = BeautifulSoup(ht.content,'parser')
```

BeutifulSoup 本身支持 Python 标准库中的 HTML 解析器,另外还支持一些第三方的解析器,其中最有用的就是 lxml。根据操作系统不同,安装 lxml 的方法包括:

```
$ apt - get install Python - lxml
$ easy_install lxml
$ pip install lxml
```

Python 标准库 html. parser 是 Python 内置的解析器,性能过关。而 lxml 的性能和容错能力都是最好的,缺点是安装起来有可能碰到一些麻烦(其中一个原因是 lxml 需要 C 语言库的支持),lxml 既可以解析 HTML,也可以解析 XML。不同的解析器分别对应下面的指定方法:

```
bs1 = BeautifulSoup(ht.content,'html.parser')
bs1 = BeautifulSoup(ht.content,'lxml')
bs1 = BeautifulSoup(ht.content,'xml')
```

除此之外，还可以使用 html5lib，这个解析器支持 HTML5 标准，不过目前还不是很常用。主要使用的是 lxml 解析器。

使用 find 方法获取到的结果都是 Tag 对象，这也是 BeautifulSoup 库中的主要对象之一，Tag 对象在逻辑上与 XML 或 HTML 文档中的 tag 相同，可以使用 tag.name 和 tag.attrs 来访问 tag 的名字和属性，获取属性的操作方法类似字典：tag['href']。

在定位内容时，最常用的就是 find()和 find_all()方法，find_all 方法的定义是：

```
find_all( name , attrs , recursive , text , **kwargs )
```

该方法搜索当前这个 tag(这时 BeautifulSoup 对象可以被视为一个 tag，是所有 tag 的根)的所有 tag 子节点，并判断是否符合搜索条件。name 参数可以查找所有名为 name 的 tag：

```
bs.find_all('tagname')
```

keyword 参数在搜索时支持把该参数当作指定名字 tag 的属性来搜索，就像这样：

```
bs.find(href = 'https://book.douban.com').text
```

其结果应该是"豆瓣读书"。当然，同时使用多个属性来搜索也是可以的，可以通过 find_all()方法的 attrs 参数定义一个字典参数来搜索多个属性：

```
bs.find_all(attrs = {"href": re.compile('time'),"class":"title"})
```

8.3.2 XPath 与 lxml

XPath，也就是 XML Path Language(XML 路径语言)，是一种被设计用来在 XML 文档中搜寻信息的语言。在这里需要先介绍一下 XML 和 HTML 的关系，所谓的 HTML，也就是之前所说的"超文本标记语言"，是 WWW 的描述语言，其设计目标是"创建网页和其他可在网页浏览器中访问的信息"，而 XML 则是 Extentsible Markup Language(可扩展标记语言)，其前身是 SGML(标准通用标记语言)。简单地说，HTML 是用来显示数据的语言(同时也是 html 文件的作用)，XML 是用来描述数据、传输数据的语言(对应 xml 文件，这个意义上 XML 十分类似于 JSON)。也有人说，XML 是对 HTML 的补充。因此，XPath 可用来在 XML 文档中对元素和属性进行遍历，实现搜索和查询的目的，也正是因为 XML 与 HTML 的紧密联系，可以使用 XPath 来对 HTML 文件进行查询。

XPath 的语法规则并不复杂，需要先了解 XML 中的一些重要概念，包括元素、属性、文本、命名空间、处理指令、注释以及文档，这些都是 XML 中的"节点"，XML 文档本身就是被

作为节点树来对待的。每个节点都有一个 parent(父/母节点),例如:

```
<movie>
    <name>Transformers</name>
    <director>Michael Bay</director>
</movie>
```

上面的例子里,movie 是 name 和 director 的 parent 节点。name、director 是 movie 的子节点。name 和 director 互为兄弟节点(Sibling)。

```
<cinema>
    <movie>
        <name>Transformers</name>
        <director>Michael Bay</director>
    </movie>
    <movie>
        <name>Kung Fu Hustle</name>
        <director>Stephen Chow</director>
    </movie>
</cinema>
```

如果 XML 是上面这样子,对于 name 而言,cinema 和 movie 就是先祖节点(ancestor),同时 name 和 movie 就是 cinema 的后辈(descendant)节点。

XPath 表达式的基本规则如表 8-1 所示。

表 8-1 XPath 表达式基本规则

表达式	对应查询
Node1	选取 Node1 下的所有节点
/node1	斜杠代表到某元素的绝对路径,此处即选择根上的 Node1
//node1	选取所有"node1"元素,不考虑 XML 中的位置
node1/node2	选取 node1 子节点中的所有 node2
node1//node2	选取 node1 所有后辈节点中的所有 node2
.	选取当前节点
..	选取当前的父节点
//@href	选取 XML 中的所有 href 属性

在实际编程中,一般不必亲自编写 XPath,使用 Chrome 等浏览器自带的开发者工具就能获得某个网页元素的 XPath 路径,通过分析感兴趣的元素的 XPath,就能编写对应的抓取语句。

在 Python 中用于 XML 处理的工具不少,例如 Python 2 版本中的 ElementTree API 等,不过目前一般使用 lxml 这个库来处理 XPath。lxml 的构建是基于两个 C 语言库的:libxml2 和 libxslt,因此,性能方面 lxml 表现足以让人满意。另外,lxml 支持 XPath 1.0、XSLT 1.0、定制元素类,以及 Python 风格的数据绑定接口,因此受到很多人的欢迎。

当然，如果机器上没有安装 lxml，首先还是得用 pip install lxml 命令来进行安装，安装时可能会出现一些问题(这是由于 lxml 本身的特性造成的)。另外，lxml 还可以使用 easy install 等方式安装，这些都可以参照 lxml 官方的说明：http://lxml.de/installation.html。

最基本的 lxml 解析方式：

```
from lxml import etree
doc = etree.parse('exsample.xml')
```

其中的 parse 方法会读取整个 XML 文档并在内存中构建一个树结构，如果换一种导入方式：

```
from lxml import html
```

这样会导入 html tree 结构，一般使用 fromstring()方法来构建：

```
text = requests.get('http://example.com').text
html.fromstring(text)
```

这时将会拥有一个 lxml.html.HtmlElement 对象，然后就可以直接使用 xpath 寻找其中的元素：

```
h1.xpath('your xpath expression')
```

例如，假设有一个 HTML 文档如图 8-5 所示。

```
▼<body class="mediawiki ltr sitedir-ltr mw-hide-empty-elt ns-0 ns-subject page-Apple rootpage-Apple skin-vector action-view">
   <div id="mw-page-base" class="noprint"></div>
   <div id="mw-head-base" class="noprint"></div>
  ▼<div id="content" class="mw-body" role="main">
     <a id="top"></a>
    ▶<div id="siteNotice" class="mw-body-content">…</div>
    ▼<div class="mw-indicators mw-body-content">
      ▶<div id="mw-indicator-good-star" class="mw-indicator">…</div>
      ▶<div id="mw-indicator-pp-default" class="mw-indicator">…</div>
     </div>
..  ▼<h1 id="firstHeading" class="firstHeading" lang="en"> == $0
       ::before
       "Apple"
     </h1>
    ▼<div id="bodyContent" class="mw-body-content">
       <div id="siteSub" class="noprint">From Wikipedia, the free encyclopedia</div>
       <div id="contentSub"></div>
      ▶<div id="jump-to-nav" class="mw-jump">…</div>
      ▼<div id="mw-content-text" lang="en" dir="ltr" class="mw-content-ltr">
        ▼<div class="mw-parser-output">
          ▶<div role="note" class="hatnote navigation-not-searchable">…</div>
          ▶<table class="infobox biota" style="text-align: left; width: 200px; font-size: 100%">
           …</table>
          ▶<p>…</p>
```

图 8-5　示例 HTML 结构

这实际上是维基百科“苹果”词条的页面结构，可以通过多种方式获得页面中的“Apple”这个大标题(h1 元素)，例如：

```
from lxml import html
# 访问链接,获取 HTML
text = requests.get('https://en.wikipedia.org/wiki/Apple').text
ht = html.fromstring(text)                                 # HTML 解析

h1Ele = ht.xpath('//*[@id="firstHeading"]')[0]             # 选取 id 为 firstHeading 的元素
print(h1Ele.text)                                          # 获取 text
print(h1Ele.attrib)                                        # 获取所有属性,保存在一个 dict 钟
print(h1Ele.get('class'))                                  # 根据属性名获取属性
print(h1Ele.keys())                                        # 获取所有属性名
print(h1Ele.values())                                      # 获取所有属性的值
```

8.4 Scrapy 框架与 Selenium

8.4.1 爬虫框架：Scrapy

按照官方的说法，Scrapy 是一个"为了爬取网站数据，提取结构性数据而编写的 Python 应用框架，可以应用在包括数据挖掘、信息处理或存储历史数据等各种程序中"。Scrapy 最初是为了网页抓取而设计的，也可以应用在获取 API 所返回的数据或者通用的网络爬虫开发之中。作为一个爬虫框架，可以根据自己的需求十分方便地使用 Scrapy 编写出自己的爬虫程序。毕竟要从使用 Requests(请求)访问 URL 开始编写，把网页解析、元素定位等功能一行行写进去，再编写爬虫的循环抓取策略和数据处理机制等其他功能，这些流程做下来，工作量其实也是不小的。使用特定的框架可以帮助更高效地定制爬虫程序。作为可能是最流行的 Python 爬虫框架，掌握 Scrapy 爬虫编写是在爬虫开发中迈出的重要一步。从构件上看，Scrapy 这个爬虫框架主要由以下组件来组成。

① 引擎(Scrapy)：用来处理整个系统的数据流处理，触发事务，是框架的核心。

② 调度器(Scheduler)：用来接受引擎发过来的请求，将请求放入队列中，并在引擎再次请求的时候返回。它决定下一个要抓取的网址，同时担负着网址去重这一重要工作。

③ 下载器(Downloader)：用于下载网页内容，并将网页内容返回给爬虫。下载器的基础是 twisted，一个 Python 网络引擎框架。

④ 爬虫(Spiders)：用于从特定的网页中提取自己需要的信息，即 Scrapy 中所谓的实体(Item)。也可以从中提取出链接，让 Scrapy 继续抓取下一个页面。

⑤ 管道(Pipeline)：负责处理爬虫从网页中抽取的实体，主要的功能是持久化信息、验证实体的有效性、清洗信息等。

⑥ 下载器中间件(Downloader Middlewares)：Scrapy 引擎和下载器之间的框架，主要是处理 Scrapy 引擎与下载器之间的请求及响应。

⑦ 爬虫中间件(Spider Middlewares)：Scrapy 引擎和爬虫之间的框架，主要工作是处理爬虫的响应输入和请求输出。

⑧ 调度中间件(Scheduler Middewares)：Scrapy 引擎和调度之间的中间件，从 Scrapy 引擎发送到调度的请求和响应。

它们之间的关系示意如图 8-6 所示。

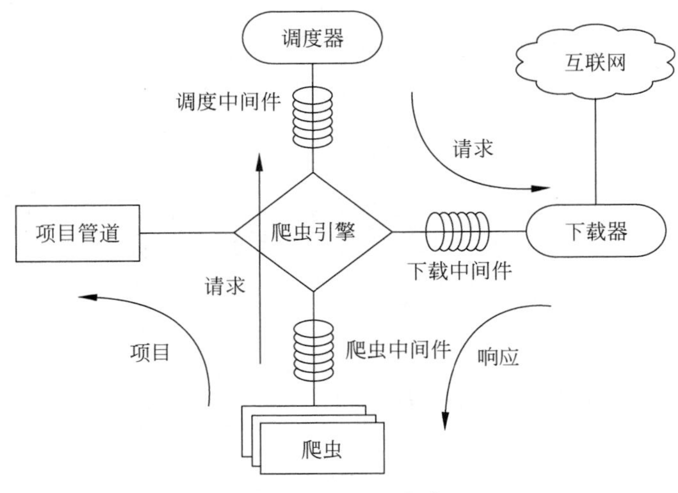

图 8-6　Scrapy 架构

可以通过 pip 十分轻松地安装 Scrapy，为了安装 Scrapy 可能首先需要使用以下命令安装 lxml 库：pip install lxml。

如果已经安装 lxml，那就可以直接安装 Scrapy：pip install scrapy。

在终端中执行命令（后面的网址可以是其他域名，例如 www. baidu. com）：scrapy shell www. douban. com。

可以看到 Scrapy 的反馈，如图 8-7 所示。

```
[s] Available Scrapy objects:
[s]   scrapy     scrapy module (contains scrapy.Request, scrapy.Selector, etc)
[s]   crawler    <scrapy.crawler.Crawler object at 0x1053c0b70>
[s]   item       {}
[s]   request    <GET http://www.douban.com>
[s]   response   <403 http://www.douban.com>
[s]   settings   <scrapy.settings.Settings object at 0x10633b358>
[s]   spider     <DefaultSpider 'default' at 0x106682ef0>
[s] Useful shortcuts:
[s]   fetch(url[, redirect=True]) Fetch URL and update local objects (by default, redirect
s are followed)
[s]   fetch(req)                  Fetch a scrapy.Request and update local objects
[s]   shelp()           Shell help (print this help)
[s]   view(response)    View response in a browser
```

图 8-7　Scrapy shell 的反馈

为了在终端中创建一个 Scrapy 项目，首先进入自己想要存放项目的目录下，也可以直接新建一个目录（文件夹），这里在终端中使用命令创建一个新目录并进入：

```
mkdir newcrawler
cd newcrawler/
```

之后执行 Scrapy 框架的对应命令：

```
scrapy startproject newcrawler
```

会发现目录下多出了一个新的名为 newcrawler 的目录。其中 items. py 定义了爬虫的“实体”类，middlewares. py 是中间件文件，pipelines. py 是管道文件，spiders 文件夹下是具体的爬虫，scrapy. cfg 则是爬虫的配置文件。然后执行新建爬虫的命令：

```
scrapy genspider DoubanSpider douban.com
```

输出为：

```
Created spider 'DoubanSpider' using template 'basic'
```

不难发现，genspider 命令就是创建一个名为“DoubanSpider”的新爬虫脚本，这个爬虫对应的域名为 douban. com。在输出中发现了一个名为“basic”的模板，这其实是 Scrapy 的爬虫模板。进入 DoubanSpider. py 中查看(见图 8-8)。

可见它继承了 scrapy. Spider 类，其中还有一些类属性和方法。Name 用来标示爬虫。它在项目中是唯一的，每一个爬虫有一个独特的 name。parse 是一个处理 response 的方法，在 Scrapy 中，response 由每个 request 下载生成。作为 parse 方法的参数，response 是一个 TextResponse 的实例，其中保存了页面的内容。start_urls 列表是一个代替 start_requests()方法的捷径，所谓的 start_requests 方法，顾名思义，其任务就是从 url 生成 scrapy. Request 对象，作为爬虫的初始请求。之后会遇到的 Scrapy 爬虫基本都有着类似这样的结构。

```
# -*- coding: utf-8 -*-
import scrapy


class DoubanspiderSpider(scrapy.Spider):
    name = 'DoubanSpider'
    allowed_domains = ['douban.com']
    start_urls = ['http://douban.com/']

    def parse(self, response):
        pass
```

图 8-8 DoubanSpider

为了定制 Scrapy 爬虫，要根据自己的需求定义不同的 Item，例如，创建一个针对页面中所有正文文字的爬虫，将 Items. py 中的内容改写为：

```
class TextItem(scrapy.Item):
    #define the fields for your item here like:
    text = scrapy.Field()
```

之后编写 DoubanSpider. py：

```
# -*- coding: utf-8 -*-
import scrapy
from scrapy.selector import Selector
from ..items import TextItem

class DoubanspiderSpider(scrapy.Spider):
    name = 'DoubanSpider'
    allowed_domains = ['douban.com']
    start_urls = ['https://www.douban.com/']

    def parse(self, response):
        item = TextItem()
```

```
        h1text = response.xpath('//a/text()').extract()
        print("Text is" + ''.join(h1text))
        item['text'] = h1text
        return item
```

这个爬虫会先进入 start_urls 列表中的页面(在这个例子中就是豆瓣网的首页),收集信息完毕后就会停止。response. xpath('//a/text()'). extract()这行语句将从 response(其中保存着网页信息)中使用 xpath 语句抽取出所有"a"标签的文字内容(text)。下一句会将它们逐一打印。

运行爬虫的命令是:

```
scrapy crawl spidername
```

其中,spidername 是爬虫的名称,即爬虫类中的 name 属性。

程序运行并抓取后,可以看到类似图 8-9 这样的输出(由于网站更新速度很快,读者使用类似程序时输出可能已发生变化),说明 Scrapy 成功进行了抓取(在运行之前可能还需要在 settings. py 中进行一些配置,如修改 USER_AGENT 等)。

图 8-9 Scrapy 的 DoubanspiderSpider 运行的输出

值得一提的是,除了简单的 scrapy. Spider,Scrapy 还提供了诸如 CrawlSpider、csvfeed 等爬虫模板,其中 CrawlSpider 是最为常用的。另外,Scrapy 的 Pipeline 和 Middleware 都支持扩展,配合主爬虫类使用将取得很流畅的抓取和调试体验。

当然,Python 爬虫框架当然不止 Scrapy 一种,在其他诸多爬虫框架中,比较值得一提的是 PySpider、Portia 等。PySpider 是一个"国产"的框架,由国内开发者编写,拥有一个可视化的 Web 界面来编写调试脚本,使得用户可以进行诸多其他操作,如执行或停止程序、监控执行状态、查看活动历史等。除了 Python,Java 语言也常常用于爬虫的开发,比较常见的爬虫框架包括 Nutch、Heritrix、WebMagic、Gecco 等。爬虫框架流行的原因,就在于开发者需要"多快好省"地完成一些任务,例如爬虫的 URL 管理、线程池之类的模块,如果自己从零做起,势必需要一段时间的实验、调试和修改。爬虫框架将一些"底层"的事务预先做好,开发者只需要将注意力放在爬虫本身的业务逻辑和功能开发上。有兴趣的读者可以继续了解如 PySpider 这样的新框架。

8.4.2　模拟浏览器：Selenium

我们知道，网页会使用 JavaScript 加载数据，对应于这种模式，可以通过分析数据接口来进行直接抓取，这种方式需要对网页的内容、格式和 JavaScript 代码有所研究才能顺利完成。但有时还会碰到另外一些页面，这些页面同样使用 AJAX 技术，但是其页面结构比较复杂，很多网页中的关键数据由 AJAX 获得，而页面元素本身也使用 JavaScript 来添加或修改，甚至于人们感兴趣的内容在原始页面中并不出现，需要进行一定的用户交互（例如不断下拉滚动条）才会显示。对于这种情况，为了方便，就会考虑使用模拟浏览器的方法来进行抓取，而不是通过"逆向工程"去分析 AJAX 接口，使用模拟浏览器的方法，特点是普适性强，开发耗时短，抓取耗时长（模拟浏览器的性能问题始终令人忧虑），使用分析 AJAX 的方法，特点则刚好与模拟浏览器相反，甚至在同一个网站同一个类别中的不同网页上，AJAX 数据的具体访问信息都有差别，因此开发过程投入的时间和精力成本是比较大的。如果碰到页面结构相对复杂或者 AJAX 数据分析比较困难（例如数据经过加密）的情况，就需要考虑使用浏览器模拟的方式了。

在 Python 模拟浏览器进行数据抓取方面，Selenium 永远是绕不过去的一个坎。Selenium（意为化学元素"硒"）是浏览器自动化工具，在设计之初是为了进行浏览器的功能测试。Selenium 的作用，直观地说，就是使得操纵浏览器进行一些类似普通用户的操作，例如访问某个地址、判断网页状态、单击网页中的某个元素（按钮）等。使用 Selenium 来操控浏览器进行的数据抓取其实已经不能算是一种"爬虫"程序，一般谈到爬虫，自然会想到的是独立于浏览器之外的程序，但无论如何，这种方法能够帮助解决一些比较复杂的网页抓取任务，由于直接使用了浏览器，因此麻烦的 AJAX 数据和 JavaScript 动态页面一般都已经渲染完成，利用一些函数，完全可以做到随心所欲地抓取，加之开发流程也比较简单，因此有必要进行基本的介绍。

Selenium 本身只是个工具，而不是一个具体的浏览器，但是 Selenium 支持包括 Chrome 和 Firefox 在内的主流浏览器。为了在 Python 中使用 Selenium，需要安装 selenium 库（仍然通过 pip install selenium 的方式进行安装）。完成安装后，为了使用特定的浏览器，可能需要下载对应的驱动。将下载到的文件放在某个路径下。并在程序中指明该路径即可。如果想避免每次配置路径的麻烦，可以将该路径设置为环境变量，这里就不再赘述了。

通过一个访问百度新闻站点的例子来引入 selenium 库，代码如下所示：

```
from selenium import webdriver
import time

browser = webdriver.Chrome('yourchromedriverpath')
#如"/home/zyang/chromedriver"
browser.get('http:www.baidu.com')
print(browser.title)                                    #输出："百度一下，你就知道"
browser.find_element_by_name("tj_trnews").click()       #单击"新闻"
browser.find_element_by_class_name('hdline0').click()   #单击头条
```

```
print(browser.current_url)          # 输出: http://news.baidu.com/
time.sleep(10)
browser.quit()                      # 退出
```

运行上面的代码，会看到 Chrome 程序被打开，浏览器访问了百度首页，然后跳转到了百度新闻页面，之后又选择了该页面的第一个头条新闻，从而打开了新的新闻页。一段时间后，浏览器关闭并退出。控制台会输出"百度一下，你就知道"(对应 browser.title)和 http://news.baidu.com/(对应 browser.current_url)。这无疑是一个好消息，如果能获取对浏览器的控制权，那么抓取某一部分的内容会变得如臂使指。

另外，selenium 库能够提供实时网页源码，这使得通过结合 Selenium 和 BeautifulSoup (以及其他上文所述的网页元素解析方法)成为可能，如果对 selenium 库自带的元素定位 API 不甚满意，那么这会是一个非常好的选择。总地来说，使用 selenium 库的主要步骤就是：

① 创建浏览器对象，即使用类似下面的语句：

```
from selenium import webdriver

browser = webdriver.Chrome()
...
```

② 访问页面，主要使用 browser.get()方法，传入目标网页地址。

③ 定位网页元素，可以使用 selenium 自带的元素查找 API，即

```
element = browser.find_element_by_id("id")
element = browser.find_element_by_name("name")
element = browser.find_element_by_xpath("xpath")
element = browser.find_element_by_link_text('link_text')
#...
```

还可以使用 browser.page_source 获取当前网页源码并使用 BeautifulSoup 等网页解析工具定位：

```
from selenium import webdriver
from bs4 import BeautifulSoup

browser = webdriver.Chrome('yourchromedriverpath')
url = 'https://www.douban.com'
browser.get(url)
ht = BeautifulSoup(browser.page_source,'lxml')
for one in ht.find_all('a',class_ = 'title'):
  print(one.text)
# 输出:
# 52 倍人生——戴锦华大师电影课
... ...
# 觉知即新生——终止童年创伤的心理修复课
```

④ 网页交互,对元素进行输入、选择等操作。如访问豆瓣并搜索某一关键字(效果见图 8-10)代码如下所示。

```
from selenium import webdriver
import time
from selenium.webdriver.common.by import By

browser = webdriver.Chrome('yourchromedriverpath')
browser.get('http://www.douban.com')
time.sleep(1)
search_box = browser.find_element(By.NAME,'q')
search_box.send_keys('网站开发')
button = browser.find_element(By.CLASS_NAME,'bn')
button.click()
```

图 8-10 使用 Selenium 操作 Chrome 进行豆瓣搜索的结果

在导航(窗口中的前进与后退)方面,主要使用 browser.back 和 browser.forward 两个函数。

⑤ 获取元素属性。可供使用的函数方法很多：

```
#one 应该是一个 selenium.webdriver.remote.webelement.WebElement 类的对象
one.text
one.get_attribute('href')
one.tag_name
one.id
...
```

之前曾对 Selenium 的基本使用做过简单的说明，有了网站交互（而不是典型爬虫程序避开浏览器界面的策略）还能够完成很多测试工作，例如找出异常表单、HTML 排版错误、页面交互问题。

8.5 案例：Selenium 爬虫下载小说

8.5.1 分析网页

很多人在阅读网络小说时都喜欢本地阅读，换句话说就是把小说下载到手机或者其他移动设备上阅读，这样不仅不受网络限制，还能够使用阅读 App 调整出自己喜欢的显示风格。但遗憾的是，各大网络小说很少会提供整部小说下载的功能，只有部分网站会给 VIP 会员提供下载多个章节内容的功能。对于普通读者而言，虽然 VIP 章节需要购买阅读，但是至少还是能够把大量的免费章节一口气看完的。完全可以使用爬虫程序来帮助把一个小说的所有免费章节下载到 txt 文件中，方便在其他设备阅读（这里也要提示大家支持正版，远离盗版，提高知识产权意识）。

以逐浪小说网为例，从排行榜中选取一个比较流行的小说（或者是读者感兴趣的）来进行分析。首先是小说的主页，其中包括了各种各样的信息（例如小说简介、最新章节、读者评论等），其次是一个章节列表页面（有的网站也称为"最新章节"页面），而小说的每一章则有着单独的页面。很显然，如果能够利用章节列表页面采集到所有章节的 URL，再分别抓取这些章节的内容，并写入到本地的 txt 文件中即可。

查看章节页面之后，不免十分遗憾地发现，小说章节内容使用 JS 加载，并且整个页面使用了大量的 CSS 和 JS 所生成的效果，这为抓取增加了一点难度。使用 requests 或者 urllib 库直接请求章节页面 URL 是不现实的了，但可以用 Selenium 来轻松搞定这个问题，对于一个规模不大的任务而言，性能和时间上的代价还是可以接受的。

接下来再分析一下如何定位正文元素，使用开发者模式来查看元素（见图 8-11），发现可以使用 read-content 这个 id 的值来定位到正文。不过 class 的值也是 read-content，理论上似乎可以使用 class 名定位，但 Selenium 目前还不支持复合类名的直接定位，所以使用 class 来定位的想法只能先作罢。

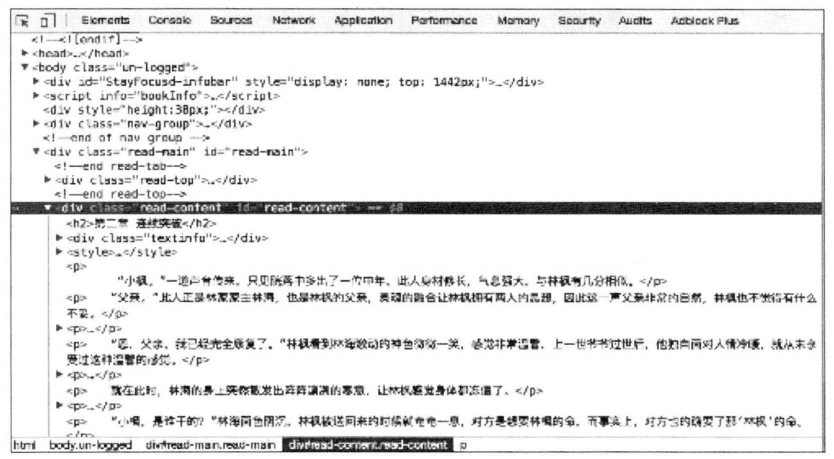

图 8-11　开发者模式下的小说章节内容

8.5.2　编写爬虫

使用 Selenium 配合 Chrome 来进行本次抓取，除了用 pip 安装 Selenium 之外，首先需要安装 chromedriver。

进入下载页面后(见图 8-12)，根据自己系统的版本进行下载即可。

Index of /2.25/

Name	Last modified	Size	ETag
Parent Directory		-	
chromedriver_linux32.zip	2016-10-22 07:32:45	3.04MB	175ac6d5a9d7579b612809434020fd3c
chromedriver_linux64.zip	2016-10-22 02:16:44	3.00MB	16673c4a4262d0f4c01836b5b3b2b110
chromedriver_mac64.zip	2016-10-22 06:23:51	4.35MB	384031f9bb782edce149c0bea89921b6
chromedriver_win32.zip	2016-10-22 05:25:54	3.36MB	2727729883ac960c2edd63558f08f601
notes.txt	2016-10-25 22:38:18	0.01MB	3ff9054860925ff9e891d3644cf40051

图 8-12　chromedriver 的下载页

之后，使用 selenium. webdriver. Chrome(path_of_chromedriver)语句可创建 Chrome 浏览器对象，其中 path_of_chromedriver 就是下载的 Chromedriver 的路径。

在脚本中，可以定义一个名为 NovelSpider 的爬虫类，使用小说的“全部章节”页面 URL 进行初始化(类似于 C++ 中的“构造”)，同时还拥有一个 list 属性，其中将会存放各个章节的 URL。类方法包括：

① get_page_urls，从全部章节页面抓取各个章节的 URL。

② get_novel_name，从全部章节页面抓取当前小说的书名。

③ text_to_txt，将各个章节中的文字内容保存到 txt 文件中。

④ looping_crawl，循环抓取。

思路梳理完毕后，就可以着手编写了，最终爬虫代码如下所示：

```
import selenium.webdriver, time, re
from selenium.common.exceptions import WebDriverException


class NovelSpider():
  def __init__(self, url):
    self.homepage = url
    self.driver = selenium.webdriver.Chrome(path_of_chromedriver)
    self.page_list = []

  def __del__(self):
    self.driver.quit()

  def get_page_urls(self):
    homepage = self.homepage
    self.driver.get(homepage)
    self.driver.save_screenshot('screenshot.png')

    self.driver.implicitly_wait(5)
    elements = self.driver.find_elements_by_tag_name('a')

    for one in elements:
      page_url = one.get_attribute('href')

      pattern = '^http:\/\/book\.zhulang\.com\/\d{6}\/\d+\.html'
      if re.match(pattern, page_url):
        print(page_url)
        self.page_list.append(page_url)

  def looping_crawl(self):
    homepage = self.homepage
    filename = self.get_novel_name(homepage) + '.txt'
    self.get_page_urls()
    pages = self.page_list
  #print(pages)

    for page in pages:
      self.driver.get(page)
      print('Next page:')

      self.driver.implicitly_wait(3)
      title = self.driver.find_element_by_tag_name('h2').text
      res = self.driver.find_element_by_id('read-content')
      text = '\n' + title + '\n'
      for one in res.find_elements_by_xpath('./p'):
```

```
                text += one.text
                text += '\n'

            self.text_to_txt(text, filename)
            time.sleep(1)
            print(page + '\t\t\tis Done!')

    def get_novel_name(self, homepage):

        self.driver.get(homepage)
        self.driver.implicitly_wait(2)

        res = self.driver.find_element_by_tag_name('strong').find_element_by_xpath('./a')
        if res is not None and len(res.text) > 0:
            return res.text
        else:
            return 'novel'

    def text_to_txt(self, text, filename):
        if filename[-4:] != '.txt':
            print('Error, incorrect filename')
        else:
            with open(filename, 'a') as fp:
                fp.write(text)
                fp.write('\n')


if __name__ == '__main__':
    hp_url = input('输入小说"全部章节"页面：')

    path_of_chromedriver = 'your_path_of_chrome_driver'

    try:
        sp1 = NovelSpider(hp_url)
        sp1.looping_crawl()
        del sp1
    except WebDriverException as e:
        print(e.msg)
```

__init__和__del__方法可以视为是构造函数和析构函数，分别在对象被创建和被销毁时执行。在__init__中使用一个 URL 字符串进行了初始化，而在__del__方法中退出了 Selenium 浏览器。Try-Except 语句执行主体部分并尝试捕获 WebDriverException 异常（这也是 Selenium 运行时最常见的异常类型）。在 lopping_crawl()方法中则分别调用了上述的其他几个方法函数。

driver.save_screenshot()是 selenium.webdriver 中保存浏览器当前窗口截图的方法。

driver.implicitly_wait()方法是 selenium 中的隐式等待，它设置了一个最长等待时间，如果在规定时间内网页加载完成，则执行下一步，否则一直等到时间截止，然后再执行下一步。

driver.find_elements_by_tag_name 是 Selenium 用来定位元素的诸多方法之一，所有定位单个元素的方法如下：

- find_element_by_id，根据元素的 id 属性来定位，返回第一个 id 属性匹配的元素；如果没有元素匹配，会抛出 NoSuchElementException 异常。
- find_element_by_name，根据元素的 name 属性来定位，返回第一个 name 属性匹配的元素，如果没有元素匹配，则抛出 NoSuchElementException 异常。
- find_element_by_xpath，根据 xpath 表达式定位。
- find_element_by_link_text，用链接文本定位超链接。同时这个方法还有子串匹配版本 find_element_by_partial_link_text。
- find_element_by_tag_name，使用 HTML 标签名来定位。
- find_element_by_class_name，使用 class 定位。
- find_element_by_css_selector，根据 CSS 选择器定位。

寻找多个元素的方法名只是将"element"变为复数"elements"，并返回一个寻找的结果(列表)，其余与上述方法一致。定位到元素之后，可以使用 text()和 get_attribute()方法获取其中的文本或各个属性。

```
page_url = one.get_attribute('href')
```

这行代码即使用 get_attribute()方法来获取定位到的各章节 URL 地址。还使用了 re——Python 的正则模块中的 re.match()方法，根据正则表达式来匹配 page_url。形如：

```
'^http:\/\/book\.zhulang\.com\/\d{6}\/\d+\.html'
```

这样的正则表达式所匹配的是下面这样的一个字符串：

```
http://book.zhulang.com/A/B/.html
```

其中，A 部分必须是六个数字，B 部分必须是一个以上的数字。这也正好是小说各个章节页面的 URL 形式。只有符合这个形式的 URL 链接才会被加入 page_list 中。

re 模块的常用函数有：

① compile：编译正则表达式，生成一个 pattern 对象。之后就可以以利用 pattern 的一系列方法对文本进行匹配查找(当然，匹配/查找函数也支持直接将 pattern 表达式作为参数)。

② match：用于查找字符串的头部(也可以指定起始位置)，它是一次匹配，只要找到了一个匹配的结果就返回。

③ search：用于查找字符串的任何位置，只要找到了一个匹配的结果就返回。

④ findall：以列表形式返回全部能匹配的子串；如果没有匹配，则返回一个空列表。

⑤ finditer：搜索整个字符串，获得所有匹配的结果。与 findall 的一大区别是，它返回一个顺序访问每一个匹配结果(Match 对象)的迭代器。

⑥ split：按照能够匹配的子串将字符串分割后返回一个结果列表。

⑦ sub：用于替换，将母串中被匹配的部分使用特定的字符串替换掉。

在 looping_crawl 方法中分别使用了 get_novel_name 获取书名并转化为.txt 文件名，get_page_urls 获取章节页面的列表，text_to_txt 来保存抓取到的正文内容。这之间还大量使用了各类元素定位方法（如上文所述）。

8.5.3 运行并查看 txt 文件

在此选取一个小说，逐浪小说网的《绝世神通》运行脚本并输入其章节列表页面的 URL，可以看到控制台中程序成功运行时的输出，如图 8-13 所示。

```
Next page:
http://book.zhulang.com/344033/298426.html          is Done!
Next page:
http://book.zhulang.com/344033/218044.html          is Done!
Next page:
http://book.zhulang.com/344033/219747.html          is Done!
Next page:
http://book.zhulang.com/344033/220347.html          is Done!
Next page:
http://book.zhulang.com/344033/221904.html          is Done!
Next page:
http://book.zhulang.com/344033/221907.html          is Done!
Next page:
http://book.zhulang.com/344033/223892.html          is Done!
Next page:
http://book.zhulang.com/344033/223893.html          is Done!
Next page:
http://book.zhulang.com/344033/225854.html          is Done!
Next page:
http://book.zhulang.com/344033/225856.html          is Done!
Next page:
```

图 8-13　小说爬虫的输出

抓取结束后，可以发现目录下多出一个名为“screenshot.png”的图片（见图 8-14）和“绝世神通.txt”，小说《绝世神通》的正文内容（按章节顺序）已经成功保存。

图 8-14　逐浪小说网的屏幕截图

程序圆满地完成了下载小说的任务，缺点是耗时有些久，而且 Chrome 也占用了大量的硬件资源。对于动态网页其实不一定必须使用浏览器模拟的方式来抓取，在下一节会尝试进行网络数据分析并直接从后台请求数据，不再需要 Selenium 作为“中介”。另外，对于获得的屏幕截图而言，图片是窗口截图，而不是整个页面的截图（长图），为了获得整个页面的截图或者部分页面元素的截图，需要使用其他方法，例如注入 JS 脚本等，这里就不再展开介绍了。当然，读者在下载网络内容时要注意版权意识，切勿使用爬虫程序进行恶意盗版行为，这个程序的例子仅作为学习之用。

8.6 处理表单以及反爬虫机制

8.6.1 处理表单

在之前的爬虫编写过程中，程序基本只是在使用 HTTP GET 操作，即仅仅是通过程序去“读”网页中的数据，但每个人在实际的浏览网页过程中，还会大量涉及 HTTP POST 操作。表单（Form）这个概念往往会与 HTTP POST 联系在一起，“表单”具体的是指 HTML 页面中的 form 元素，通过 HTML 页面的表单来 POST 发送出信息是最为常见的与网站服务器的交互方式之一。

以登录表单为例，访问 Yahoo.com 的登录界面，使用 Chrome 的网页检查工具，可以看到源码中十分明显的< form >元素（见图 8-15），注意其 method 属性为“post”，即该表单将会把用户的输入通过 POST 发送出去。

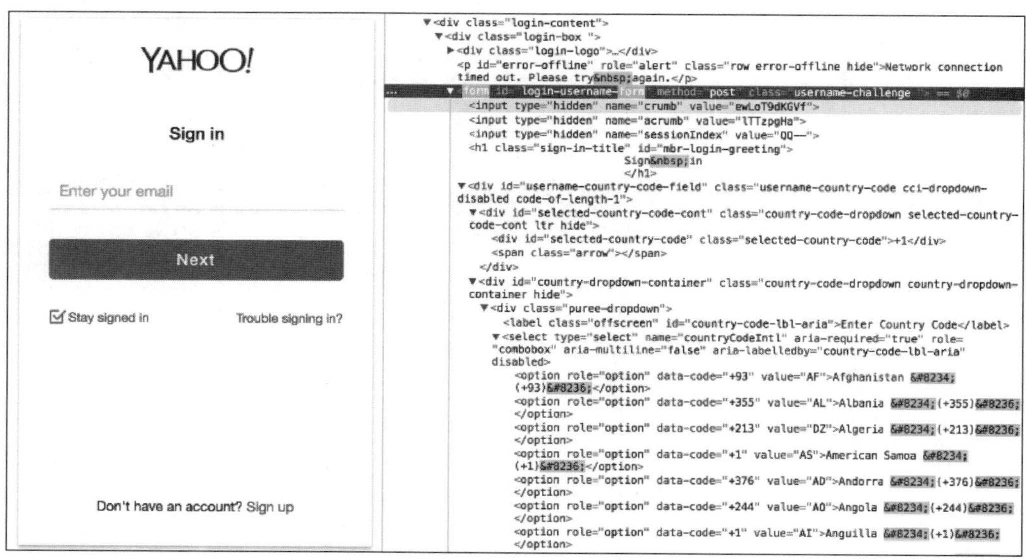

图 8-15　Yahoo 网站页面的登录表单

使用 requests 库中的 post 方法就可以完成简单的 HTTP POST 操作，下面的代码就是一个最基本的模板：

```
import requests
form_data = {'username':'user','password':'password'}
resp = requests.post('http://website.com',data = form_data)
```

这段代码将字典结构的 form_data 作为 post()方法的 data 参数，requests 会将该数据 POST 至对应的 URL(http://website.com)。虽然很多网站都不允许非人类用户的程序(包括普通爬虫程序)来发送登录表单，但可以使用自己在该网站上的账号信息来试一试，毕竟简单的登录表单发送程序也不会对网站造成资源压力。

对于结构比较简单的网页表单，可以通过分析页面源码来获取其字段名并构造自己的表单数据(主要是确定表单每个 input 字段的 name 属性，该名称对应着表单数据被提交到服务器后的变量名称)，而对于相对比较复杂的表单，它有可能向服务器提供了一些额外的参数数据，可以使用 Chrome 开发者工具的 Network 界面来分析。进入网页后，打开开发者工具并在 Network 工具中选中 Preserve Log 选项，这样可以保证在页面刷新或重定向时不会清除之前的监控数据。接着，在网页中填写自己的用户名和密码并单击登录，很容易就能够发现一条登录的 POST 表单记录。根据记录，首先可以确定 POST 的目标 URL 地址，接着需要注意的是 Request Headers 中的信息，其中的 User-Agent 值可以作为伪装爬虫的有力帮助。最后，找到 Form Data 数据，其中的字段包括 username、password、quickforward、handlekey，据此就可以编写自己的登录表单 POST 程序了。

谈及表单，一定绕不过 Cookie 与登录问题。概括地说，Cookie 就是保持和跟踪用户在浏览网站时的状态的一种工具。关于 Cookie，一个最为普遍的场景就是"保持登录状态"，在那些需要输入用户名和密码进行登录的网站中，往往会有一个"下次自动登录"的选项。例如在百度的用户登录页，如果勾选"下次自动登录"按钮，下次(例如关闭这个浏览器，然后重新打开)访问网站，会发现自己仍然是登录后的状态。在第一次登录时，服务器会把包含了经过加密的登录信息作为 Cookie 来保存到用户本地(硬盘)，在新的一次访问时，如果 Cookie 中的信息尚未过期(网站会设定登录信息的过期时间)，网站收到了这一份 Cookie，就会自动为用户进行登录。

因此，针对模拟登录的基本思路，第一种就是直接在爬虫程序中提交表单(用户名和密码等)，通过 requests 的 Session 来保持会话，成功进行登录；第二种则是通过浏览器来进行辅助，先通过一次手工的登录来获取并保存 Cookie，在之后的抓取或者访问中直接加载保存了的 Cookie，使得网站方"认为"程序已经登录。显然，第二种方法在应对一些登录过程比较复杂(尤其是登录表单复杂且存在验证码)的情况时比较合适，理论上说，只要本地的 Cookie 信息仍在过期期限内，就一直能够模拟出登录状态。再想象一下，其实无论是通过模拟浏览器还是其他方法，只要能够成功还原出登录后的 Cookie 状态，那么模拟登录状态就不再困难了。

8.6.2 网站的反爬虫

网站反爬虫的出发点很简单，网站的目的是为了服务普通人类用户的，而过多的来自爬虫程序的访问无疑会增大不必要的资源压力，不仅不能够为网站带来真实流量(能够创造商业效益或社会影响力的用户访问数)，反而白白浪费了服务器和运行成本。为此，网站方总是会设计一些机制来进行"反爬虫",与之相对,爬虫编写者们使用各种方式避开网站的反爬虫机制就又被称为"反反爬虫"(当然,递归地看,还存在"反反反爬虫"等)。网站反爬虫的机制从简单到复杂各不相同,基本思路就是要识别出一个访问是来自真实用户还是来自开发编写的计算机程序(这么说其实有歧义,实际上真实用户的访问也是通过浏览器程序来实现的,不是吗?)因此,一个好的反爬虫机制的最基本需求就是尽量多地识别出真正的爬虫程序,同时尽量少地将普通用户访问误判为爬虫。识别爬虫后要做的事情其实就很简单了,根据其特征限制乃至禁止其对页面的访问即可。但这也导致反爬虫机制本身的一个尴尬局面,那就是当反爬虫力度小的时候,往往会有漏网之鱼(爬虫),但当反爬虫力度大的时候,却有可能损失真实用户的流量(即"误伤")。

从具体手段上看,反爬虫可以包括很多方式:

① 识别 request headers 信息,这是一种十分基础的反爬虫手段,主要是通过验证 headers 中的 User-Agent 信息来判定当前访问是否来自常见的界面浏览器。更复杂的 headers 信息验证则会要求验证 Referer、Accept-encoding 等信息,一些社交网络的页面甚至会根据某一特定的页面类别使用独特的 headers 字段要求。

② 使用 AJAX 和动态加载,严格地说不是一种为反爬虫而生的手段,但由于使用了动态页面,如果对方爬虫只是简单的静态网页源码解析程序,那么就能够起到保护数据和流量的作用。

③ 验证码、验证码机制(在前面的内容已经涉及)与反爬虫机制的出发点非常契合,那就是辨别出机器程序和人类用户的不同。因此验证码被广泛用于限制异常访问,一个典型场景是,当页面受到短时间内频次异常高的访问后,就在下一次访问时弹出验证码。作为一种具有普遍应用场景的安全措施,验证码无疑是整个反爬虫体系的重要一环。

④ 更改服务器返回的信息,通过加密信息、返回虚假数据等方式保护服务器返回的信息,避免被直接爬取,一般会配合 AJAX 技术使用。

⑤ 限制或封禁 IP,这是反爬虫机制最主要的"触发后动作",判定为爬虫后就限制乃至封禁当前来自 IP 地址的访问。

⑥ 修改网页或 URL 内容,尽量使得网页或 URL 结构复杂化,乃至通过对普通用户隐藏某些元素和输入等方式来区别用户和爬虫。

⑦ 账号限制,即只有登录账号才能够访问网站数据。

从"反反爬虫"的角度出发,常用的一些方法都可以用来绕过一些普通的反爬虫系统,这些方法包括伪装 headers 信息、使用代理 IP、修改访问频率、动态拨号等。这里展开介绍 headers 伪装的方法:因为 headers 信息是网站方用来识别访问的最基本手段,因此可以在这方面下点功夫。

在 headers 字段表中最为常用的几个是 Host、User-Agent、Referrer、Accept、Accept-Encoding、Connection 和 Accept-Language,这些是最需要关注的字段。随手打开一个网页,观察 Chrome 开发者工具中显示的 Request Header 信息,就能够大致理解上面的这些含义,如打开百度首页时,访问(GET) www.baidu.com 的请求头信息如下:

```
Accept:text/html,application/xhtml + xml,application/xml;q = 0.9,image/webp,image/apng, * /
 * ;q = 0.8
Accept - Encoding: gzip, deflate, br
```

```
Accept-Language: en,zh;q=0.9,zh-CN;q=0.8,zh-TW;q=0.7,ja;q=0.6
Cache-Control: max-age=0
Connection: keep-alive
Cookie: XXX(此处略去)
Host: www.baidu.com
Referer: http://baidu.com/
Upgrade-Insecure-Requests: 1
User-Agent: Mozilla/5.0 (Macintosh; Intel Mac OS X 10_13_3) AppleWebKit/537.36 (KHTML, like Gecko) Chrome/66.0.3359.181 Safari/537.36
```

使用 requests 就可以十分快速地自定义请求头信息，requests 原始 GET 操作的请求头信息是非常“傻瓜”式的，几乎等于正大光明地告诉网站“我是爬虫”。如此“露骨”的 User-Agent 会被很多网站直接拒之门外，为此需要利用 requests 提供的方法和参数来修改包括 User-Agent 在内的 headers 信息。

下面的例子简单但直观，将请求头更换为了 Android 系统(移动端)Chrome 浏览器的请求头 UA，然后利用这个参数通过 requests 来访问百度贴吧(tieba.baidu.com)，将访问到的网页内容保存在本地，然后打开，可以看到这是与 PC 端浏览器所呈现的页面完全不同的手机端页面。代码如下所示：

```
import requests
from bs4 import BeautifulSoup

header_data = {
  'User-Agent': 'Mozilla/5.0 (Linux; Android 4.0.4; Galaxy Nexus Build/IMM76B) AppleWebKit/535.19 (KHTML, like Gecko) Chrome/18.0.1025.133 Mobile Safari/535.19',
}

r = requests.get('https://tieba.baidu.com',headers = header_data)

bs = BeautifulSoup(r.content)
with open('h2.html', 'wb') as f:
  f.write(bs.prettify(encoding = 'utf8'))
```

在上面的代码中，通过 headers 参数来加载了一个字典结构，其中的数据是 User-Agent 的键值对。运行程序，打开本地的 h2.html 文件，效果如图 8-16 所示。

图 8-16　本地文件 HTML 显示的贴吧首页

这说明网站方已经认为这是来自移动端的访问，从而最终提供了移动端页面的内容。这也给了一个灵感，很多时候 UA 信息将会决定网站为你提供的具体页面内容和页面效果，准确地说，这些不同的布局样式将会为抓取提供便利，因为当我们在手机浏览器上浏览很多网站时，它们提供的实际上是一个相当简洁、动态效果较少、关键内容却一个不漏的界面，因此如果有需要的话，可以将 UA 改为移动端浏览器试试在目标网站上的效果，如果能够获得一个“轻量级”的页面，无疑会简化抓取。

更换 Headers 信息后，爬虫程序被网站反爬虫机制屏蔽的风险也将有所下降。不过，对于“反爬虫”而言，其实最粗暴有效的手段就是直接降低对目标网站的访问量和访问频次，某种意义上说，没有不喜欢被访问的网站，只有不喜欢被不必要的大量访问打扰的网站。有一些网站可能会阻止用户过快地访问页面或提交数据(如表单数据)，因此，如果以一个比普通用户快很多的速度(“速度”一般指频率)访问网站，尤其是访问一些特定的页面，也有可能被反爬虫机制认为是异常活动。从这个最根本的“不打扰”的原则出发，最有效的反“反爬虫”方法是降低访问频率，例如在代码中加入 time. sleep(2)这种暂停几秒的语句，这虽然是一种非常笨拙的方法，但如果目标是不被网站发现它是非人类的爬虫，这有可能是最有效的方法。另外一种策略是，在保持高访问频次和大访问量的同时尽量模拟人类的访问规律，减少机械性的迭代式抓取，这可以通过设置随机抓取间隔时间等方式来实现，机械性的间隔时间(例如，每次访问都间隔 0.5 秒)很容易被判定为爬虫，但具有一定随机性的间隔时间(如本次间隔 0.2 秒，下一次间隔 1.6 秒)却能够起到一定的作用。另外，结合禁用 Cookie 等方式则可以避免网站“认出”访问，服务器将无法通过 Cookie 信息判断爬虫是否已经访问过页面。

8.7 案例：购物网站评论抓取

在线购物平台已经成为生活中不可或缺的一部分，从淘宝到京东，很难想象离开了这些网购平台我们的生活会缺失多少便利。而无论是对于普通消费者还是商家，商品评论都是十分有用的信息，消费者可以从他人的评论衡量商品的质量，而商家也可以根据评论调整生产与商业策略。以著名的网购平台京东(jd. com)为例，看看如何抓取特定商品的评论信息。由于网站更新频率很快，因此这里涉及的一些细节可能与读者阅读时有所不同，但只要遵循大体框架，就能实现出自己需要的爬虫程序。

8.7.1 查看网络数据

首先进入京东，单击并进入一个感兴趣的商品页面。这里以书籍《解忧杂货店》的页面为例，在浏览器中查看(见图 8-17)。

之后单击“商品评价”，可以查看以一页页的文字形式所呈现的评价内容。既然想要编写程序把这些评价内容抓取下来，就应该先考虑这次使用什么手段和工具。在之前的小说内容抓取中使用了 Selenium 浏览器自动化的方式，通过加载每一章节对应页面的内容来抓取，对于商品评论而言，这个策略看起来应该还是没问题的，毕竟 Selenium 的特色就是可以执行对页面的交互。不过，这次不妨从更深层的角度思考，仅以简单的 requests 来搞定这个任务。

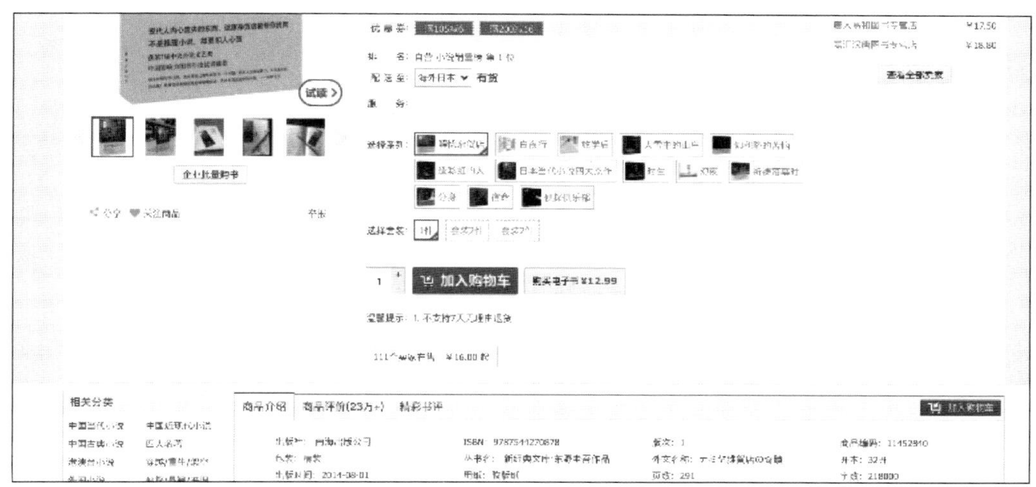

图 8-17　京东商品页面

一般来说，网购平台的页面中会大量使用 AJAX，因为这样就可以实现网页数据局部刷新，避免了加载整个页面的负担，对于商品评论内容这样变动频繁、时常刷新的内容而言尤为如此。可以尝试先直接使用 requests 请求页面并使用 lxml 的 XPath 定位来抓取一条评论。先使用 Chrome 的开发者模式检查元素并获得其 XPath，如图 8-18 所示。

图 8-18　Chrome 检查评论内容

然后可以来用几行代码检查一下是否能直接用 requests 请求页面并获得这条评论。代码如下(别忘了在 .py 文件开头使用 import 导入相关的包)：

```
if __name__ == '__main__':
    xpath_raw = '//*[@id="comment-0"]/div[1]/div[2]/div/div[2]/div[1]/text()[1]'
```

```
url = input("输入商品链接: ")
response = requests.get(url)
ht1 = lxml.html.fromstring(response.text)
print(ht1.xpath(xpath_raw))
```

输入商品链接“https://item.jd.com/11452840.html#comment”后，果不其然，获得的结果是“[]”，换句话说，这个简单粗暴的策略并不能抓取到评论内容。保险起见，来观察一下 requests 请求到的页面内容，在代码最后加上两行：

```
with open('jd_item.html','w') as fp:
  fp.write(response.text)
```

这样就可以把 response 的 text 内容直接写入 jd_item.html 文件，再次运行后，使用编辑器打开文件，找到商品评论区域，只看到了几个“加载中”：

```
......
<div id = "comment - 0" class = "mc ui - switchable - panel comments - table">
    <div class = "loading - style1"><b></b>加载中,请稍候...</div>
</div>
<div id = "comment - 1" class = "mc none ui - switchable - panel comments - table">
    <div class = "loading - style1"><b></b>加载中,请稍候...</div>
</div>
<div id = "comment - 2" class = "mc none ui - switchable - panel comments - table">
    <div class = "loading - style1"><b></b>加载中,请稍候...</div>
</div>
<div id = "comment - 3" class = "mc none ui - switchable - panel comments - table">
    <div class = "loading - style1"><b></b>加载中,请稍候...</div>
</div>
<div id = "comment - 4" class = "mc none ui - switchable - panel comments - table">
    <div class = "loading - style1"><b></b>加载中,请稍候...</div>
</div>
......
```

看来商品的评论属于动态内容，直接请求 HTML 页面是抓取不到的，只能另寻他法。之前提到，可以使用 Chrome 的 Network 工具来查看与网站的数据交互，所谓的数据交互，当然也包括 AJAX 内容。

首先单击页面中的商品评价按钮，之后打开 Network 工具。鉴于我们并不关心 JS 数据之外的其他繁杂信息，为了保持简洁，可以使用过滤器工具并选中 JS 选项。不过，可能会有读者发现这时并没有在显示结果中看到对应的信息条目，这样的情况可能是因为在 Network 工具开始记录信息之前评论数据就已经加载完毕。碰到这样的情况，直接单击“下一页”查看第 2 页的商品评论即可，这时可以直观地看到有一条 JS 数据加载信息被展示出来，如图 8-19 所示。

单击这条记录，在它的“Headers”选项卡中便是有关其请求的具体信息，可以看到它请

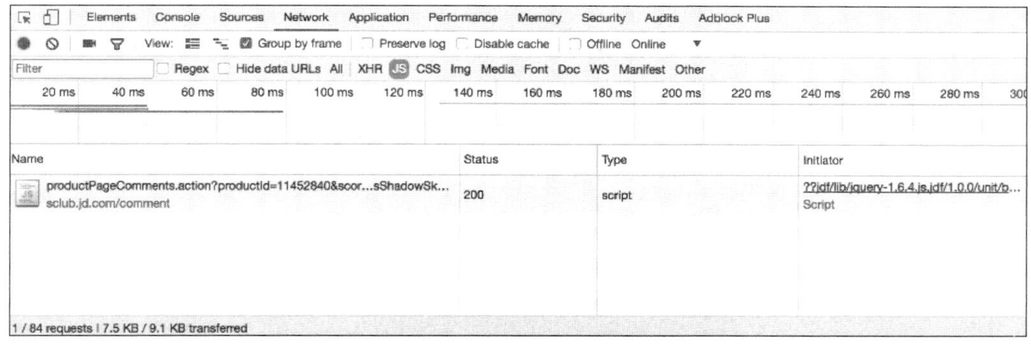

图 8-19 Network 工具查看 JS 请求信息

求的 URL 为：

```
https://sclub.jd.com/comment/productPageComments.action?productId = 11452840&score =
0&sortType = 3&page = 1&pageSize = 10&isShadowSku = 0&callback = fetchJSON_comment98vv110378
```

状态为 200（即请求成功，没有任何问题）。在右侧的 Preview 选项卡中可以预览其中所包含的评论信息。分析一下这个 URL 地址，显然，"?"之后的内容都是参数，访问这个 API 会使得对应的后台函数返回相关的 JSON 数据。其中 productId 的值正好就是商品页面 URL 中的编号，可见这是一个确定商品的 ID 值，在接下来的爬虫编写中，只需要更改对应的参数即可。

8.7.2 编写爬虫

动手写爬虫之前可以先设想一下.py 脚本的结构，方便起见，使用一个类作为商品评论页面的抽象表示，其属性应该包括商品页面的链接和所有抓取到的评论文本（作为一个字符串）。为了输出和调试的方便，还应该加入 log 日志功能，同时编写一个类方法 get_comment_from_item_url 作为访问数据并抓取的主体，同时还应该有一个类方法用来处理抓取到的数据，可称之为 content_process（意为"内容处理"）。在本例中，可以将评论信息中的几项关键内容（如评论文字、日期时间、用户名、用户客户端等）保存到 csv 文件中以备日后查看和使用。出于以上考虑，爬虫类可以编写为下面的伪代码：

```
class JDComment():
  _itemurl = ''

  def __init__(self, url):
    self._itemurl = url
    logging.basicConfig(
      level = logging.INFO,
    )
```

```
        self.content_sentences = ''

    def get_comment_from_item_url(self):

        comment_json_url = 'https://sclub.jd.com/comment/productPageComments.action'
        p_data = {
            'callback': 'fetchJSON_comment98vv110378',
            'score': 0,
            'sortType': 3,
            'page': 0,
            'pageSize': 10,
            'isShadowSku': 0,
        }

        p_data['productId'] = self.item_id_extracter_from_url(self._itemurl)

        ses = requests.session()

        while True:
            response = ses.get(comment_json_url, params = p_data)
            logging.info('-' * 10 + 'Next page!' + '-' * 10)
            if response.ok:
                r_text = response.text
                r_text = r_text[r_text.find('({') + 1:]
                r_text = r_text[:r_text.find(');')]
                js1 = json.loads(r_text)

                for comment in js1['comments']:
                    logging.info('{}\t{}\t{}\t{}'.format(comment['content'], comment['referenceTime'],
                                                         comment['nickname'], comment['userClientShow']))

                    self.content_process(comment)
                    self.content_sentences += comment['content']
            else:
                logging.error('Status NOT OK')
                break

            p_data['page'] += 1
            if p_data['page'] > 50:
                logging.warning('We have reached at 50th page')
                break

    def item_id_extracter_from_url(self, url):
        item_id = 0

        prefix = 'item.jd.com/'
        index = str(url).find(prefix)
        if index != -1:
            item_id = url[index + len(prefix): url.find('.html')]
```

```
        if item_id != 0:
            return item_id

    def content_process(self, comment):
        with open('jd-comments-res.csv','a') as csvfile:
            writer = csv.writer(csvfile,delimiter=',')
            writer.writerow([comment['content'],comment['referenceTime'],
                             comment['nickname'],comment['userClientShow']])
```

在上面的代码中，使用 requests. session 来保存会话信息，这样会比单纯的 requests. get 更接近一个真实的浏览器。当然，还应该定制 User-Agent 信息，不过由于此爬虫程序规模不大，被 ban(封禁)的可能性很低，所以不妨先专注于其他具体功能。

```
logging.basicConfig(
        level = logging.INFO,
    )
```

这几行代码设置了日志功能并将级别设为 INFO，如果想要把日志输出到文件而不是控制台，可以在 level 下面加一行"filename='app. log',"这样日志就会被保存到"app. log"这个文件之中。

p_data 是将要在 requests 请求中发送的参数(params)，这正是之前的 URL 分析中得到的结果。以后只需要更改 page 的值，其他参数保持不变。

```
p_data['productId'] = self.item_id_extracter_from_url(self._itemurl)
```

这行代码为 p_data(本身是一个 Python 字典结构)新插入了一项，键为'productId'，值为 item_id_extracter_from_url 方法的返回值。item_id_extracter_from_url 方法接受商品页面的 URL(注意，不是请求商品评论的 URL)并抽取出其中的 productId。而_itemurl(即商品页面 URL)在 JDComment 类的实例创建时被赋值。

```
response = ses.get(comment_json_url, params = p_data)
```

这行代码会向 comment_json_url 请求评论信息的 JSON 数据，接下来看到了一个 while 循环，当页码数突破一个上限(这里为 50)时停止循环。在循环中会对请求到的 fetchJSON 数据做一点点处理，将它转化成可编码为 JSON 的文本并使用：

```
js1 = json.loads(r_text)
```

这行代码会创建一个名为 js1 的 JSON 对象，然后就可以用类似于字典结构的操作来获取其中的信息了。在每次 for 循环中，不仅在 log 中输出一些信息，还使用

```
self.content_process(comment)
```

调用 content_process 方法来对每条 comment 信息进行操作，具体就是将其保存到 CSV 文件中。

```
self.content_sentences + = comment['content']
```

则会把每条文字评论加入当前的 content_sentences 中，这个字符串中存放所有文字评论。不过，在正式运行爬虫之前，不妨再多想一步。对于频繁的 JSON 数据请求，最好能够保持一个随机的时间间隔，这样不易被反爬虫机制（如果有的话）ban 掉，写一个 random_sleep 函数来实现这一点，每次请求结束后调用该函数。另外，使用页码最大值来中断爬虫的做法还不够合理，既然抓取的评论信息中有日期信息，完全可以使用一个日期检查函数来共同控制循环抓取的结束。当评论的日期已经早于设定的日期或者页码已经超出最大限制时，就立刻停止抓取。在变量 content_sentences 中存放着所有评论的文字内容，可以使用简单的自然语言处理技术来分析其中的一些信息，例如抓取关键词。实现这些功能后，最终爬虫程序就完成了。代码如下所示：

```
import requests, json, time, logging, random, csv, lxml.html, jieba.analyse
from pprint import pprint
from datetime import datetime


#京东评论 JS
class JDComment():
  _itemurl = ''

  def __init__(self, url, page):
    self._itemurl = url
    self._checkdate = None
    logging.basicConfig(
      #filename = 'app.log',
      level = logging.INFO,
    )
    self.content_sentences = ''
    self.max_page = page

  def go_on_check(self, date, page):
    go_on = self.date_check(date) and page <= self.max_page
    return go_on

  def set_checkdate(self, date):
    self._checkdate = datetime.strptime(date, '%Y-%m-%d')

  def get_comment_from_item_url(self):

    comment_json_url = 'https://sclub.jd.com/comment/productPageComments.action'
    p_data = {
      'callback': 'fetchJSON_comment98vv242411',
```

```
        'score': 0,
        'sortType': 3,
        'page': 0,
        'pageSize': 10,
        'isShadowSku': 0,
    }

    p_data['productId'] = self.item_id_extracter_from_url(self._itemurl)

    ses = requests.session()

    go_on = True
    while go_on:
        response = ses.get(comment_json_url, params = p_data)
        logging.info('-' * 10 + 'Next page!' + '-' * 10)
        if response.ok:

            r_text = response.text
            r_text = r_text[r_text.find('({') + 1:]
            r_text = r_text[:r_text.find(');')]
            js1 = json.loads(r_text)

            for comment in js1['comments']:
                go_on = self.go_on_check(comment['referenceTime'], p_data['page'])
                logging.info('{}\t{}\t{}\t{}'.format(comment['content'], comment['referenceTime'],
                                                    comment['nickname'], comment['userClientShow']))

                self.content_process(comment)
                self.content_sentences += comment['content']

        else:
            logging.error('Status NOT OK')
            break

        p_data['page'] += 1
        self.random_sleep() # delay

def item_id_extracter_from_url(self, url):
    item_id = 0

    prefix = 'item.jd.com/'
    index = str(url).find(prefix)
    if index != -1:
        item_id = url[index + len(prefix): url.find('.html')]

    if item_id != 0:
        return item_id

def date_check(self, date_here):
```

```
        if self._checkdate is None:
            logging.warning('You have not set the checkdate')
            return True
        else:
            dt_tocheck = datetime.strptime(date_here, '%Y-%m-%d %H:%M:%S')
            if dt_tocheck > self._checkdate:
                return True
            else:
                logging.error('Date overflow')
                return False

    def content_process(self, comment):
        with open('jd-comments-res.csv', 'a') as csvfile:
            writer = csv.writer(csvfile, delimiter=',')
            writer.writerow([comment['content'], comment['referenceTime'],
                             comment['nickname'], comment['userClientShow']])

    def random_sleep(self, gap=1.0):
        #gap = 1.0
        bias = random.randint(-20, 20)
        gap += float(bias) / 100
        time.sleep(gap)

    def get_keywords(self):
        content = self.content_sentences
        kws = jieba.analyse.extract_tags(content, topK=20)
        return kws


if __name__ == '__main__':

    url = input("输入商品链接：")
    date_str = input("输入限定日期：")
    page_num = int(input("输入最大爬取页数："))
    jd1 = JDComment(url, page_num)
    jd1.set_checkdate(date_str)
    print(jd1.get_comment_from_item_url())
    print(jd1.get_keywords())
```

在该爬虫程序中使用的模块包括 requests、json、time、logging、random、csv、lxml.html、jieba.analyse、datetime 等。接下来先运行爬虫试试，打开另外一个商品页面来测试爬虫的可用性，URL 为 http://item.jd.com/1027746845.html（这是书籍《白夜行》的页面），运行爬虫，效果如图 8-20 所示。

'ERROR:root:Date overflow'信息说明由于日期限制爬虫自动停止了，在后续的输出中可以看到评论关键词信息如下："京东""正版""不错""好评""快递""本书""包装""超快""东野""速度""质量""价钱""物流""便宜""喜欢""白夜""满意""好看""很快""很棒"。

同时，在爬虫程序目录下也生成了"jd-comments-res.csv"文件，说明爬虫运行成功。使

```
输入商品链接: http://item.jd.com/1027746845.html
输入限定日期: 2017-01-01
输入最大爬取页数: 10
INFO:root:----------Next page!----------
INFO:root:东野圭吾，日本著名推理作家，白夜行，是他的代表作，书真是太厚了，是我买过的他的作品最厚的一本，500多夜，里面人名特多，内容也跳跃，建议头脑清醒时间充
INFO:root:618跨店买了600多的书，觉得超值，买上装备我的书房    2017-05-31 01:14:08 傲***_   来自京东iPhone客户端
INFO:root:纸张不错，印刷不错，服务不错，书再好，如果印刷不好，纸张不好，让你看着心里不舒服。买书的过程也很重要，如果服务不好，速度太慢，等的心急，等到书来了，
INFO:root:书很棒，东野圭吾大作！   是正品，阅读中，下次还来你这家店，包装也严实    2017-02-22 18:23:34 一***d   来自京东iPhone客户端
INFO:root:买了两本！还不错 可以继续看下去！  2017-09-10 09:00:31 薇***士  来自京东iPhone客户端
ERROR:root:Date overflow
INFO:root:非常可以，纸张还可以，为什么非要上为写的字！直烦 2016-12-27 18:39:35 中***红  来自京东Android客户端
INFO:root:封塑包装完好，字迹清晰，送货速度也很快！     2017-02-26 01:15:18 奔***地  来自京东Android客户端
INFO:root:心仪已久，终于买到了，感谢京东开学季的活动，让我以平均每本15元的价钱买到了正版书籍，静下来读读书还是不错的，不能当电子产品的奴隶。虽然买一本书我能看
INFO:root:一次性买了很多，和朋友一起交换来看，之前也在京东上买过书，一般没什么问题，书也是正版，就是这次有一本书的膜是散开的，不过因为只有一本书也没什么问题，
INFO:root:那么多书，感觉得看一段儿了，书都很好，就是快递包装真的是&ldquo;不堪入目&rdquo;啊    2017-06-03 10:31:35 磊***飞  来自京东Android客户端
INFO:root:----------Next page!----------
INFO:root:非常好，快递很快，包装完好，没有破损，棒棒棒棒   2017-07-05 18:43:05 c***D   来自京东Android客户端
INFO:root:正版，书外观完好，先放着有时间慢慢来读。    2017-04-04 23:30:37 j***0   来自京东Android客户端
INFO:root:这是我第一次在文轩网买书，品质不错，但包装上有些瑕疵以至于书有一点点的损坏。建议：包装时在书的四个角上垫点东西，还有就是多缠几圈胶带 2017-06-25 1
INFO:root:很期待的一本书！活动时买的，价格优惠，一下子买了十多本，每本书都有薄膜包着，都是正版，非常满意！够看一阵子的了，还会继续来买的！！   2017-04-23 2
INFO:root:就是这样的一个轨包装，外面连个盒子都没有，看四个角直接变形，省事，不想退换。 2017-05-31 23:43:08 d***n   来自京东iPhone客户端
INFO:root:可以可以，我觉得我双十一之前都不会再买书了。包装完好，价格划算，快递态度好   2017-05-31 00:58:56 小***糖  来自京东Android客户端
ERROR:root:Date overflow
INFO:root:在这买了好几次了，每次都很满意。物流快，书质量很好。没有详细了解书的内容，看着封面的感觉买的。刚开始看，是推理小说，前面的文字描述还是有想要看下去的
```

图 8-20　运行 JDComment 爬虫

用软件打开 csv 文件，可以看到抓取到的所有评论及相关信息，以后如果还需要这些内容进行进一步的分析，就不需要再运行爬虫了。当然，对于大规模的数据分析要求而言，保存结果到数据库中可能是更好的选择。

本章小结

本章首先介绍了网络的基础知识，之后介绍了如何使用 Python 进行简单的爬虫。在爬取一个网站前，我们一定要阅读有关协议，在允许的范围内进行爬取操作。

本章习题

1. 下面哪个不是 Python Requests 库提供的方法？（　　）

   A. .post()　　B. .push()　　C. .get()　　D. .head()

2. Requests 库中，下面哪个是检查 Response 对象返回是否成功的状态属性？（　　）

   A. .headers　　B. .status

   C. .status_code　　D. .raise_for_status

3. Requests 库中，下面哪个属性代表了从服务器返回 HTTP 协议头所推荐的编码方式？（　　）

   A. .text　　B. .apparent_encoding

   C. .headers　　D. .encoding

4. Requests 库中，下面哪个属性代表了从服务器返回 HTTP 协议内容部分猜测的编码方式？（　　）

   A. .text　　B. .encoding

   C. .apparent_encoding　　D. .headers

第 9 章 Python Web 开发

Python 有上百种 Web 开发框架，有很多成熟的模板技术，选择 Python 开发 Web 应用，不但开发效率高，而且运行速度快，已经成为越来越多人的选择。

本章主要介绍使用 Flask 框架和 Django 框架进行 Web 开发的方法。其中 Flask 框架比较轻量，使用较为自由、灵活。Django 框架比较稳定、完善。读者可以根据需要进行选择。

9.1 Flask 框架基础

9.1.1 Flask 框架的安装

首先需要安装 Flask 以及一些扩展库，首选的方式就是创建一个虚拟环境，这样无论在该虚拟环境中安装的任何东西，主 Python 环境都不会受到影响。

创建项目主文件夹 flasktest，并进入该目录，然后使用如下的命令创建一个虚拟环境：

```
Python -m venv flask
```

Homebrew 在安装 Python 的过程中，会自动安装好 pip3，可以使用它来方便地安装需要的 Python 库。考虑到国内网络环境，可以使用清华提供的 pypi 源。在命令行中输入如下命令配置清华 pypi 源：

```
pip config set global.index-url https://pypi.tuna.tsinghua.edu.cn/simple
```

之后就可以安装 Flask 框架了，使用命令：

```
pip install flask
```

最后安装本实践所需的一些扩展包：

```
flask/bin/pip3 install Flask - WTF
flask/bin/pip3 install Flask - SQLAlchemy
flask/bin/pip3 install SQLAlchemy - Migrate
flask/bin/pip3 install Flask - Login
```

9.1.2　实现 Flask 中的"Hello，world！"

现在你的 flasktest 文件夹下有一个 flask 子文件夹，其中包含 Python 解释器、Flask 框架以及一些扩展。是时候去编写第一个 Web 应用程序了！

通常情况下，一个 Flask 项目有类似下面的结构：

```
app/
    - flask/
    - static/
    - templates/
      - base.html
      - ***.html
    - views.py
    - models.py
run.py
```

其中，app 文件夹用于存放主要的代码文件，子文件夹 flask 用于存放虚拟环境，static 用于存放如图片、JavaScript、CSS 等静态文件，templates 用于存放模板 html 文件。

现在开始为 app 包创建一个简单的初始化脚本（文件 app/__init__.py）：

```
from flask import Flask
app = Flask(__name__)
from app import views
```

上面的脚本创建了 Flask 应用对象，接着导入了视图模块（该模块暂未编写）。

视图（view）是用于响应来自网页浏览器请求的 Python 函数，每一个视图函数映射到一个或多个请求的 URL。

接下来编写第一个视图函数（文件 app/views.py）：

```
from app import app
@app.route('/')
def index():
    return "Hello, world!"
```

index()函数使用 route 装饰器创建了从 URL 地址/到 index()的映射，它只返回一个字符串“Hello，world!”。

最后一步是创建一个脚本来启动 Flask 应用，在根目录下创建文件 run.py，输入如下内容：

```
from app import app
app.run(debug = True)
```

这个脚本从 app 包中导入 app 变量，并调用它的 run 函数来启动服务器。这样只需运行脚本 run.py 即可启动服务器。在 MacOS 中，必须明确先声明这是一个可执行文件，输入如下命令：

```
chmod a + x run.py
```

然后输入如下命令以执行脚本 run.py：

```
./run.py
```

在服务器运行成功并初始化后，它将会监听 5000 端口等待连接，现在用浏览器打开 http://localhost:5000，即可看到 index 函数所返回的字符串了，如图 9-1 所示。

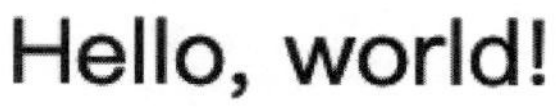

Hello, world!

图 9-1 “Hello world!”运行结果

9.1.3 Jinja2 模板

使用 Python 生成 HTML 是一件非常困难和繁琐的事情，因为程序员必须自行做好 HTML 转义工作以保持应用程序的安全。出于这个原因，Flask 使用 Jinja2 模板引擎自动生成 HTML，省去了人工转义环节，大大提高了编程效率。

在上一节中，index 视图函数仅仅返回了一个字符串，而要想实现一个用户登录页面，需要视图函数返回一个 HTML 页面，但如果直接在 index 函数中编写这个页面的话，代码将会显得非常复杂和凌乱，这显然不是一个可扩展的选择。

一个好的想法是使得应用程序与网页布局分开，这样更便于整个项目的组织和管理，而模板正可以帮助实现这种分离。现在来编写第一个模板文件（文件 app/templates/index.html）：

```
<!DOCTYPE html >
< html lang = "en">
< head >
    < meta charset = "UTF - 8">
    < title > MyBlog  -  {{title}}</title >
</head >
< body >
```

```
    <h1>Hi, {{user.nickname}}</h1>
</body>
</html>
```

正如你所看到的，上边的模板只是在一个标准的 HTML 页面中添加了一些位于{{...}}中的动态内容。现在来看看如何在视图函数（文件 app/views.py）中使用这个模板：

```
from app import app
from flask import render_template
@app.route('/')
def index():
    user = {'nickname': 'Shangzhe'}
    title = 'Home'
    return render_template("index.html",
                           title = title,
                           user = user)
```

再次运行 run.py，此时网页结果如图 9-2 所示。

MyBlog - Home

Hi, Shangzhe

图 9-2　使用 Jinja2 模板

可以看到，网页的标题和内容都是按照视图函数中的赋值来的。为了渲染模板，需要从 Flask 框架中导入一个名为 render_template 的新函数，此函数需要传入模板名以及一些变量，它会调用 Jinja2 模板引擎，把{{...}}中的内容替换为相应的变量内容，然后返回一个被替换后的网页。

此外，Jinja2 模板还支持条件、循环语句以及模板的继承。模板继承允许程序员把所有页面的公共部分单独拿出来，放在一个基础模板中，这样其他模板就可以直接导入该基础模板，而无须编些重复的代码了。下面直接用例子来说明，定义一个基础模板，该模板包含导航栏以及提示框（文件 app/templates/base.html）：

```
<!DOCTYPE html>
<html lang="en">
<head>
    <meta charset="UTF-8">
    {% if title %}
    <title>MyBlog - {{ title }}</title>
    {% else %}
    <title>MyBlog</title>
    {% endif %}
```

```
</head>
<body>
    <div><a href="/"> Home </a></div>
    <hr>
    {% with messages = get_flashed_messages() %}
    {% if messages %}
    <ul>
    {% for message in messages %}
        <li>{{ message }} </li>
    {% endfor %}
    </ul>
    {% endif %}
    {% endwith %}

    {% block content %}{% endblock %}
</body>
</html>
```

这个模板使用了 if 和 for 语句以实现逻辑判断和循环，此外还使用了 block 控制语句来定义派生模板可以插入的地方。该模板可以传入 title 和 messages 两个参数，其中 title 控制标题内容，messages 为要显示的消息。

接下来可以修改 index. html，使其继承 base. html（文件 app/templates/index. html)：

```
{% extends "base.html" %}
{% block content %}
    <h1>Hi, {{user.nickname}}</h1>
{% endblock %}
```

9.2 案例：使用 Flask 框架实现简单的微博网站

9.2.1 功能介绍

本节基于 Flask 框架，实现了一个简易的微博网站(界面如图 9-3 所示)，主要包含用户权限管理、发布微博、浏览微博等功能。前端使用原生的 HTML+CSS+JS 实现，在此处不做详细说明，感兴趣的读者可以自行查阅相关资料。

9.2.2 设计

1. 界面设计

本项目的前端界面参照新浪微博(weibo. com)，实现了一个简易的微博网页。页面顶部用于展示用户基本信息，包括头像、昵称和关注按钮。页面主要区域分为左右两个部分，左边展示了用户的详细信息，如粉丝数和简介等；右边是和微博相关的区域，包括发布微博和展示微博列表。

图 9-3　微博界面

2. 模型设计

为了便于程序的开发，需要将程序中应用到的数据抽象为不同的模型。本例包含两个主要的模型：用户模型(User)用于记录用户信息，拥有用户名、密码、昵称三个属性；博客模型(Blog)用于记录微博信息，拥有发布时间和微博内容两个属性。由于本例实现的功能较为简单，所以并未考虑博客和作者/评论者的关系。在大型项目中，模型的设计和模型之间的关系往往会更加复杂。

3. 接口设计

前端与后端使用基于 HTTP 的 RESTful 接口进行通信，这也是现在 B/S、C/S 项目中较常用的通信方式之一。在 REST 样式的 Web 服务中，每个资源都有一个地址。资源本身都是方法调用的目标，方法列表对所有资源都是一样的。这些方法都是标准方法，包括 HTTP GET、POST、PUT、DELETE，还可能包括 HEAD 和 OPTIONS。本项目共需要实现两个接口，用于发布微博和获取微博列表，详细信息见表 9-1 和表 9-2。

表 9-1　发布微博接口

接口名称	发布微博	接口名称	发布微博
接口地址	/blog/post	参数	{"blog":"发布内容"}
方法	POST	返回值	{"msg":"请求状态"}

表 9-2　微博列表接口

接口名称	获取微博列表
接口地址	/blog/list
方法	GET
参数	无
返回值	{"msg":"请求状态","list":[{"time":时间戳,"msg":微博内容}]}

9.2.3 实现步骤

1. 搭建 Flask 服务

首先，创建 app.py，用于初始化 flask 实例，代码如下：

```
from flask import Flask
app = Flask(__name__)
app.debug = True
app.secret_key = 'super secret key'
app.config['SESSION_TYPE'] = 'filesystem'
```

接着，创建 manage.py，使用 manager 对 flask 实例进行管理，代码如下：

```
from app import app
from flask_script import Manager
manage = Manager(app)
if __name__ == '__main__':
manage.run()
```

打开终端/命令行，输入如下命令：

```
Python manage.py runserver
```

如果看到图 9-4 所示信息，说明服务启动成功。

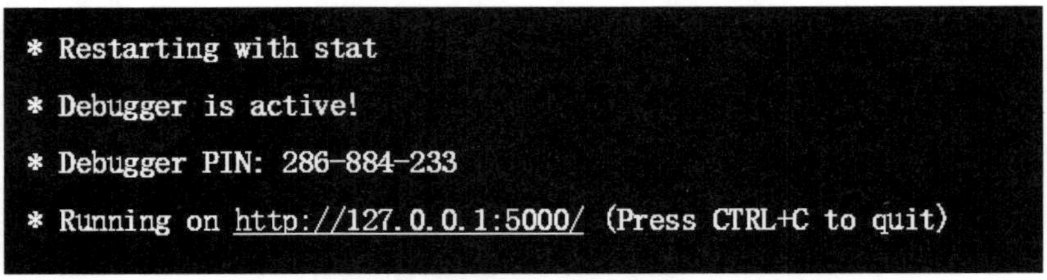

```
* Restarting with stat
* Debugger is active!
* Debugger PIN: 286-884-233
* Running on http://127.0.0.1:5000/ (Press CTRL+C to quit)
```

图 9-4 启动服务成功

用浏览器打开日志中提示的地址：http://127.0.0.1:5000，看到浏览器提示 Not Found(见图 9-5)，但这并不代表出了错误，而是因为当前路径下并没有相应的资源。

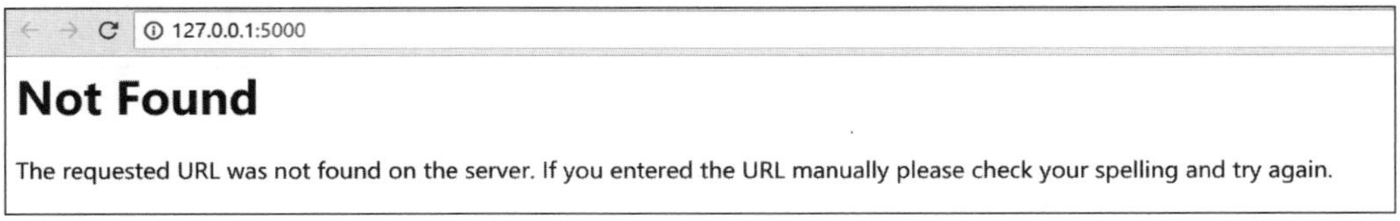

127.0.0.1:5000

Not Found

The requested URL was not found on the server. If you entered the URL manually please check your spelling and try again.

图 9-5 找不到对应的地址

2. 连接数据库

Python 提供了 pymongo 对 MongoDB 进行操作，但是如果直接在代码中对数据库进行各种操作，不仅增加了代码的耦合性，也降低了代码的安全性。因此，选择使用 mongoengine 这种对象文档映射器(类似于 ORM)操作数据库。

首先，创建 model. py 用于存放项目中的模型，然后安装 mongoengine，代码如下：

```
pip install mongoengine
```

之后，使用如下代码引用 mongoengine。

```
from mongoengine import *
```

接着，调用 connect 方法连接数据库，如果 mongodb 搭建在本机，并且使用默认端口(27017)，可以忽略 ip 和端口，只传入数据库名，代码如下：

```
connect("dbname", ip = 'ip', port = 'port')
```

数据库连接成功之后，就可以开始创建所需要的数据模型，为了使数据类和数据表能够进行关联，需要继承 mongoenging 的 Document 类。在声明属性时候，根据需要将属性定义为不同的 field 类型，从而实现类属性和表列的绑定。常用的 field 包含 StringField、IntField、FloatField、DictField、ListField 等，用于表示字符串、整数、浮点数、字典和列表类型，除此之外，还包含数十种其他类型，读者可以访问 http://docs. mongoengine. org 进行参考。

在设计部分曾经提到需要两个数据模型，分别是用户模型和博客模型，接下来根据设计进行实现，代码如下：

```
#用户模型
class User(Document, UserMixin):
    username = StringField(required = True)    #用户名,require 表示必填
    password = StringField(required = True)    #密码
    nickname = StringField()                   #昵称

#博客名
class Blog(Document):
    time = IntField(required = True)           #发布时间
    msg = StringField(require = True)          #内容
```

创建好数据模型之后，尝试向数据库中添加一条数据，使用 save()方法进行保存，代码如下：

```
user = User()
user.username = "username"
user.password = "password"
user.save()
```

使用下列代码连接数据库，查看是否保存成功，图 9-6 展示了成功保存后的数据。

```
mongo
use blog
db.user.find()
```

```
> db.user.find()
{ "_id" : ObjectId("5d988a3651200e07906bccd1"), "username" : "username", "password" : "password" }
```

图 9-6　查看数据库内容

可以看到，数据库出现了刚刚保存的信息，说明模型可以正常使用。对于模型的其他操作，会在后面实现接口时说明，有兴趣的读者可以访问 mongoengine 官网，查看其他更加丰富的功能。

3. 蓝图与接口

Blueprint 是一种组织一组相关视图及其他代码的方式。与把视图及其他代码直接注册到应用的方式不同，蓝图方式是把它们注册到蓝图，然后在工厂函数中把蓝图注册到应用。

一般而言，在项目中每个模块都会拥有相应的蓝图，以下示例在 views.py 中创建了两个蓝图，分别对应用户操作和博客操作，代码如下：

```
from flask import Blueprint
blog_bp = Blueprint('blog', __name__)
user_bp = Blueprint('user', __name__)
```

接着，在 app(Flask 实例)中注册蓝图，通过 url_prefix 在与蓝图有关的 url 前面增加相应的名称，代码如下：

```
app.register_blueprint(blog_bp,url_prefix = "/blog")
app.register_blueprint(user_bp,url_prefix = "/user")
```

注册完蓝图，就可以开始实现相应的接口，第一个接口是发布微博接口，代码如下：

```
@blog_bp.route('/post',methods = ['post'])
def post_blog():
    msg = request.form.get('blog', None)
    blog = Blog()
    blog.msg = msg
    blog.time = int(time.time())
    blog.save()
    return jsonify({"msg":"success"})
```

通过@blog_bp.route 声明接口，第一个参数为接口地址，第二个参数为调用接口的方法。根据前文，我们声明了一个通过 POST 访问的接口，地址为/blog/post。在接口中，通过 request.form.get 获取'blog'参数对应的值，即微博的内容。之后创建一个 blog 对象，通过 save 方法保存到数据库中。由于是接口，所以一定有返回内容，这里返回了一个 json 格式的对象,表示发布成功。

使用 Postman(见图 9-7)测试接口,发布一条微博,成功接收到返回值。

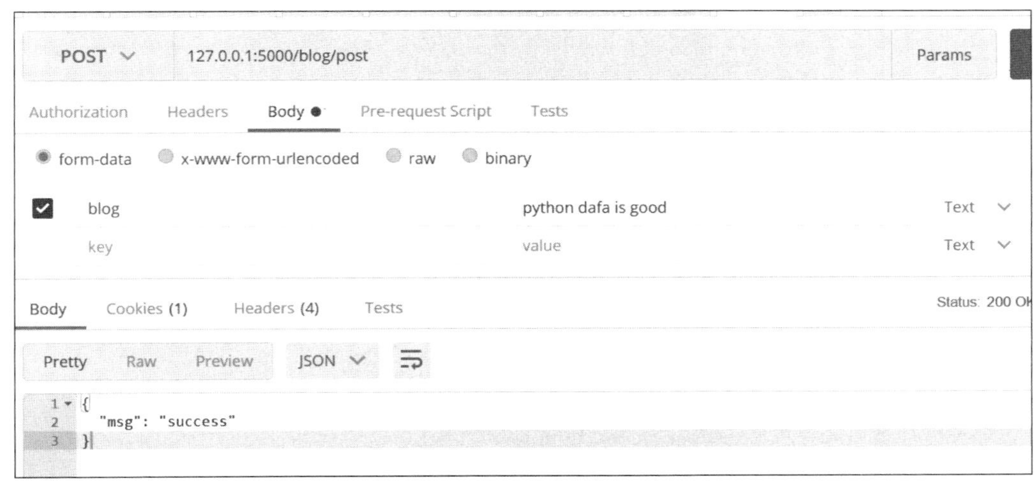

图 9-7 发布微博接口

第二个接口是获取微博列表,代码如下:

```
@blog_bp.route("/list",methods = ['get'])
def blog_list():
    blogs = Blog.objects.order_by(" - time").all()
    result = []
    for item in blogs:
        result.append(item.get_json())
    return jsonify({"list":result})
```

使用 Blog.objects.all()进行排序,由于我们希望微博列表能够按照时间倒序排序,即最新发布的微博展示在最上方,因此使用 order_by("－time")实现倒序排序。之后把每个对象转为 json 格式加入返回结果列表中。为了代码简洁,在 blog 类中封装了一个 get_json()方法,代码如下:

```
def get_json(self):
     return {
          "time":self.time,
          "msg":self.msg
     }
```

使用 Postman 测试该接口,成功获取到微博数据,图 9-8 中展示了获取到的数据内容。

4. 使用模板渲染网页

后端的接口已经实现,接下来就是前端界面的问题了。一般来说,前端会用到以下几类文件:

- *.html: 用于规范界面结构。

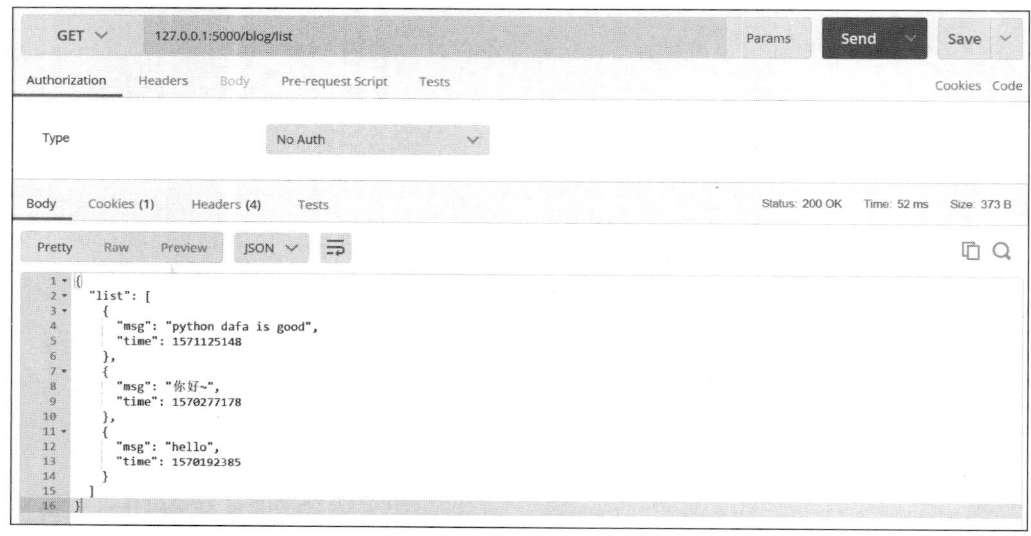

图 9-8　获取微博列表

- *.css：用于设定前端样式。
- *.js：用于规定网页的行为。
- 多媒体文件。
- 其他文件。

其中，html 需要放在 templates 目录下，其他的文件既可以放在 static 目录中，也可以放在 CDN 中。因为本项目仅为演示项目，所以笔者选择放在 static 中。

仅仅放在目录中是不够的，还需要对 static 和 templates 进行配置，代码如下：

```
from flask import render_template
@app.route('/')
def index():
    return render_template('index.html')
```

在 app.py 中加入以上代码，用于将路由"/"和 index.html 模板文件绑定起来。重启 Server 服务，再次访问 127.0.0.1:5000，发现这次显示的不是 404，而是 index.html 中的内容。

5. 权限控制

在平时使用的应用中，权限控制是一个很重要的部分。例如对于微博而言，我们只能对自己发布的内容进行管理，不能对其他用户的数据造成影响。

本节通过登录功能的实现，简要介绍 Flask 中权限管理的方式。

在 app.py 中，配置 LoginManager，然后重写 load_user 方法，代码如下：

```
from flask_login import LoginManager

login_manager = LoginManager()
```

```
login_manager.login_view = 'login'
login_manager.login_message_category = 'info'
login_manager.login_message = 'Access denied.'
login_manager.init_app(app)

@app.route("/login")
def login():
    return "login page"

@login_manager.user_loader
def load_user(uid):
    user = User.objects(id = uid)
    if len(user) > 0:
        curr_user = user[0]
        curr_user.id = user[0].id
        return curr_user
```

在 load_user 中，使用 user.objects 查找相关用户，若查询结果不为空，则将查询到的 user 复制为 curr_user。之后，在 views.py 中，增加登录和登出的接口，关键部分在于调用 login_user()和 logout_user()方法，代码如下：

```
@user_bp.route('/login', methods = ['POST'])
def login():

    username = request.form.get('username')
    password = request.form.get("password")
    user = User.objects(username = username,password = password)
    if len(user) > 0:
        curr_user = user[0]
        curr_user.id = user[0].id
        #通过 Flask-Login 的 login_user 方法登录用户
        login_user(curr_user)
        return jsonify({"msg":"success"})
    else:
        return jsonify({"msg":"Wrong username or password!"})

@user_bp.route('/logout')
@login_required
def logout():
    logout_user()
    return 'Logged out successfully!'
```

最后，在需要进行权限限制的地方增加@login_required，例如我们以获取微博列表为例：

```
@blog_bp.route("/list",methods = ['get'])
@login_required
```

```
def blog_list():
    blogs = Blog.objects.order_by("-time").all()
    result = []
    for item in blogs:
        result.append(item.get_json())
    return jsonify({"list":result})
```

测试接口，若在没有登录的情况下访问，则会跳转到登录页面。只有登录之后，才能够正确访问该接口。

9.3 Django 框架基础

9.3.1 Django 简介

Django 是一个由 Python 语言编写的开源 Web 应用开发框架。Django 与之前介绍的众多 GUI 开发库一样，采用了"模型—视图—控制器(MVC)"的软件设计模式。与其他 Web 开发框架相比，Django 有以下几点优势，使得它成为最受欢迎的 Web 开发框架之一。

① 具有完整且翔实的文档支持，可以极大地方便开发人员。

② 提供全套的 Web 解决方案，包括服务器、前端开发以及数据库交互。

③ 提供强大的 URL 路由配置，可以使得开发人员设计并使用优雅的 URL。

④ 自助管理后台，让开发人员仅需要做很少的修改就拥有一个完整的后台管理界面。

Django 开发框架的安装可以参考其官方网站 https://www.djangoproject.com，由于不同系统中的安装方法有一定区别，这里将不一一列出。在本章接下来的内容中，以一个投票系统的开发过程为例，向读者介绍如何使用 Django 框架便捷且迅速地进行 Web 开发。

9.3.2 创建项目和模型

1. 创建项目

使用 Django 进行 Web 开发的第一步是网站项目的创建。可以说，一个 Django 项目涵盖了所有相关的配置项，包括数据库的配置、针对 Django 的配置选项和应用本身的配置选项等。可以在 Linux 命令行里(Windows 命令类似)使用下列命令在指定路径下创建一个 Django 项目：

```
$ cd 项目路径
$ django-admin startproject mysite
```

执行完这段命令后，可以在项目路径中找到一个名为 mysite 的项目文件夹。这个文件夹中包含的文件结构如下所示：

```
mysite/
    manage.py
```

```
mysite/
    __init__.py
    settings.py
    urls.py
    wsgi.py
```

其中,manage.py 文件是一个 Python 脚本,该脚本为我们提供了对 Django 项目的多种交互式管理方式,而内层的 mysite 文件则是 Django 项目的核心部分,也是该项目真正的 Python 包,它所包含文件的功能如下所述:

① __init__.py:一个空文件,用以指示 Python 这个目录应该被看作一个 Python 包。

② settings.py:该 Django 项目的配置文件,用以指明项目的各项配置。

③ urls.py:该 Django 项目的 url 路由器,用以匹配和调度 url 请求。

④ wsgi.py:该 Django 项目与 WSGI 兼容的 Web 服务器入口,作为一个入门开发者不需要了解太多关于该文件的细节。

2. 数据库设置

在创建完 Django 项目后,接下来就要配置项目的数据库。Django 框架会使用第 13 章中曾介绍过的嵌入式数据库 SQLite 作为默认数据库。如果读者没有太多数据库管理经验,或者所开发的项目并不需要更高级的数据库支持,那么使用默认的 SQLite 是最简单的选择。

当然,Django 框架也支持更为健壮的一些数据库产品,例如 PostgreSQL 和 MySQL。为实现这一点,只需更改 mysite/settings.py 中的 DATABASES 配置项即可,即将其 default 条目中的 ENGINE 和 NAME 按以下说明修改:

① ENGINE:默认为 SQLIte 数据库 'django.db.backends.sqlite3',若使用 PostgreSQL 数据库时应将该项修改为'django.db.backends.postgresql_psycopg2',使用 MySQL 数据库时应修改为'django.db.backends.mysql',使用 Oracle 数据库时应修改为'django.db.backends.oracle',还有其他一些支持的数据库配置可以参考官方文档。

② NAME:该项为数据库的名称。

③ USER:数据库的用户名,使用默认的 SQLite 数据库时无须指定,下同。

④ PASSWORD:数据库用户 USER 的密码。

⑤ HOST:数据库服务器的地址,本地为 localhost 或 127.0.0.1。

⑥ PORT:数据库服务所在的端口。

例如,如果我们使用 PostgreSQL 数据库应将 DATBASES 做如下配置:

```
DATABASES = {
    'default': {
        'ENGINE': 'django.db.backends.postgresql_psycopg2',
        'NAME': 'mydatabase',
        'USER': 'mydatabaseuser',
        'PASSWORD': 'mypassword',
        'HOST': '127.0.0.1',
        'PORT': '5432',
```

```
    }
}
```

另外,读者如果使用了自定义的数据库配置,则需要确保数据库已经被正确创建;如果使用了默认的 SQLite,则数据库文件将会在之后需要的时候被自动创建。

3. 启动服务器

下面将 Django 项目的服务器启动起来,在项目目录下执行下面两行命令:

```
$ Python manage.py migrate
$ Python manage.py runserver
```

其中,第一行命令是为框架自带的几个"应用"创建数据库表;第二行命令是启动服务器指令,不出意外的话,将看到以下几行输出,表明服务器启动成功:

```
Performing system checks

System check identified no issues (0 silenced).
May 24, 2016 - 12:02:54
Django version 1.9.6, using settings 'mysite.settings'
Starting development server at http://127.0.0.1:8000/
Quit the server with CONTROL - C.
```

此时,在浏览器中打开 http://127.0.0.1:8000 会出现如图 9-9 所示的页面(可能会因为版本差异,页面内容有所不同)。

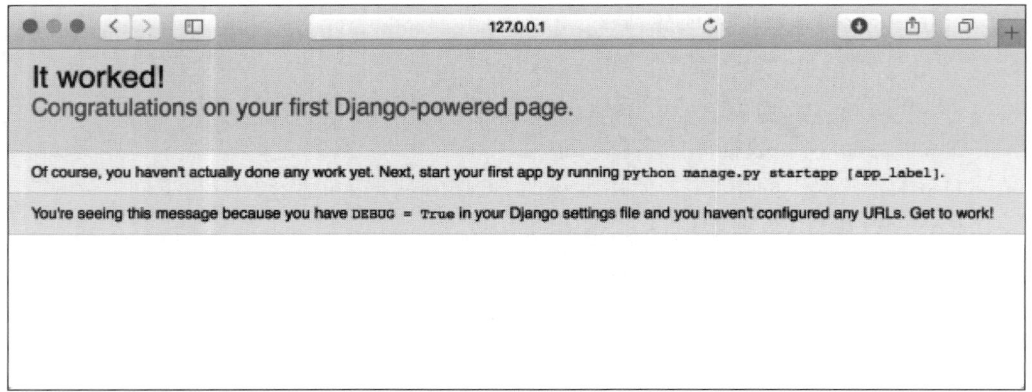

图 9-9 服务器启动成功提示页面

最后,由于 Django 的开发服务器会根据需要自动重新载入 Python 代码,并不需要因代码的修改而重启服务器,在下文中我们也将在服务器开启的状态下进行进一步的开发。然而,有一些行为,例如文件的添加等,需要服务器重启以使之生效。在这种情况下,我们需要手动重启服务器。

4. 创建模型

(1) 定义模型

从本小节起，我们将开始真正的项目开发过程。在此之前，首先介绍一下数据模型和应用的概念。在 Django 中，一个项目中最重要的元素之一就是模型，它包含了项目所使用的数据结构，并可以帮助我们完成与数据库的各项交互，包括数据库表的建立、记录的增删改查等；而模型则是包含在项目的一个“应用”中的，应用是完成一个特定功能的模块，例如，本章中的投票系统。值得一提的是，一个应用可以被运用到多个项目中，以减少代码的重复开发。也就是说，我们的投票系统可以非常容易地被加入一个更大的网页项目中。

下面，我们首先建立一个名为 polls 的投票应用：

```
$ Python manage.py startapp polls
```

这条命令运行后，会在当前文件下创建一个名为 polls 的目录，其结构如下所示：

```
polls/
    __init__.py
    admin.py
    migrations/
        __init__.py
    models.py
    tests.py
    views.py
```

在接下来的开发重点就是 models. py 文件和 views. py 文件两个文件。前者是负责本小节中所介绍的数据模型，而后者则是负责 14.4 节中将要介绍的视图。

Django 中的模型是以 Python 类的形式表示的，类的定义存放在 models. py 文件中。例如，在我们的投票系统中，其 models. py 文件定义了 Question 和 Choice 两个类，分别对应于两个数据模型，如下代码所示：

```
#coding:utf-8

from django.db import models                    #引入 Django 中负责模型的模块

class Question(models.Model):                   #自定义模型类需继承 models.Model 类
  #定义模型的数据结构
   question_text = models.CharField(max_length=200)
   pub_date = models.DateTimeField('date published')

  #定义该对象实例的字符串表示,Python 3 中应为__str__
   def __unicode__(self):
       return self.question_text

class Choice(models.Model):                     #自定义模型类需继承 models.Model 类
```

```
    #定义模型的数据结构
    question = models.ForeignKey(Question)          #外键关联
    choice_text = models.CharField(max_length=200)
    votes = models.IntegerField(default=0)

    #定义该对象实例的字符串表示,Python 3 中应为__str__
    def __unicode__(self):
        return self.choice_text
```

在上面的代码中,我们可以看到模型中的每个数据元素(术语称"字段")都是用字段类Field子类的一个实例定义的,例如发布时间 pub_date 字段是日期时间字段类DateTimeField的一个实例对象。其中,常用的字段类如下:

① AutoField:一个自动递增的整型字段,添加记录时它会自动增长。

② BooleanField:布尔字段,管理工具里会自动将其描述为 checkbox。

③ FloatField:浮点型字段。

④ IntegerField:用于保存一个整数。

⑤ CharField:字符串字段,单行输入,用于较短的字符串,如要保存大量文本,使用TextField。CharField 有一个必填参数 CharField.max_length,表示字符串的最大长度,Django 会根据这个参数在数据库中限制该字段所允许的最大字符数,并自动提供校验功能。

⑥ EmailField:一个带有检查 Email 合法性的 CharField。

⑦ TextField:一个容量很大的文本字段。

⑧ DateField:日期字段。有下列额外的可选参数:auto_now,当对象被保存时,自动将该字段的值设置为当前日期,通常用于表示最后修改时间;auto_now_add,当对象首次被创建时,自动将该字段的值设置为当前日期,通常用于表示对象创建日期。

⑨ TimeField:时间字段,类似于 DateField,但 DateFields 存储的"年月日"日期信息,而 TimeFields 会存储"时分秒"时间信息。

⑩ DateTimeField:日期时间字段,与 DateFields 和 TimeFields 类似,存储日期和时间信息。

⑪ FileField:一个文件上传字段。FileField 有一个必填参数 upload_to,用于指定上载文件的本地文件系统路径。

⑫ ImageField:类似 FileField,不过要校验上传对象是不是一个合法图片。

另外,我们可以看到 Choice 类中使用外键 ForeignKey 定义了一个"一对多"关联,这意味着每个选项 Choice 都关联着一个问题 Question。Django 中还提供了其他常见的关联方式,列举如下:

① OneToOneField:"一对一"关联,使用方法与 ForeignKey 类似,事实上,可以通过将ForeignKey 设置为 unique=True 实现。

② ManyToManyField:"多对多"关联,例如菜品和调料之间的关系,一道菜品中可以使用多种调料,而一种调料也可以用于多道菜品。可以使用关联管理器 RelatedManager 对关联的对象进行添加 add()和删除 remove()。

（2）激活模型

模型定义完后，Django 就可以帮助我们根据字段和关联关系的定义在数据库中建立数据表，并帮助我们在之后对数据库的各项操作。不过在此之前，我们还需要做一点点工作，那就是告诉 Django 我们在项目中添加了新的应用及其包含的数据模型。

首先，需要打开项目的设置文件 setting. py，并将新添加的应用加入 INSTALLED_APPS 项中。例如，下面是将 polls 应用添加到项目配置后的样子，如下代码所示：

```
#
INSTALLED_APPS = (
    'django.contrib.admin',
    'django.contrib.auth',
    'django.contrib.contenttypes',
    'django.contrib.sessions',
    'django.contrib.messages',
    'django.contrib.staticfiles',
    'polls',
)
#
```

接下来，需要使用管理脚本 manage. py 中的 makemigrations 命令告诉 Django 已经添加了新的应用，Django 会为新的应用生成以供数据库生成的迁移文件。例如，下面这行命令就为刚刚添加的 polls 应用创建了新的迁移文件：

```
$ Python manage.py makemigrations polls
Migrations for 'polls':
  0001_initial.py:
    - Create model Question
    - Create model Choice
    - Add field question to choice
```

从命令输出中可以看出，polls 应用的添加导致了三点新变化：分别创建问题 Question 和选项 Choice 模型，并将问题作为选项的外键字段。最后，我们只需再次执行 migrate 命令即可在数据库中创建相应的表以及字段关联关系。

```
$ Python manage.py migrate
```

综上，我们每次修改模型时实际上需要做以下几步操作：

① 对模型文件 model. py 做一些修改。

② 运行 Python manage. py makemigrations，为这些修改创建迁移文件。

③ 运行 Python manage. py migrate，将这些改变更新到数据库中。

9.3.3 生成管理页面

在定义完项目所需的模型后，首要任务之一就是编写一个后台管理页面，用以将数据添加到模型中去。在本节中，我们将继续使用投票系统的例子，展示如何快速地为网站管理者“搭建”一个后台页面，以方便发布、修改以及获取投票信息。这里，搭建用了引号，因为实际上 Django 作为一个快速开发框架已经提供了基础的后台管理页面，我们只需要对它做一些修改工作即可。

首先，需要创建一个后台管理员账号：

```
$ Python manage.py createsuperuser
Username: zhangyuan
Email address: yzhang16@buaa.edu.cn
Password:
Password (again):
Superuser created successfully.
```

按照以上的提示，建立了一个后台管理账号，并为其设置了用户名、邮箱和密码。注意，可以为一个项目创建多个后台管理用户，并赋予他们不同的权限。

这时，就可以通过域名/admin 的方式(例如，在本地部署下默认为 http://127.0.0.1:8000/admin/)打开 Django 已经提供的后台管理页面。用刚才创建的管理员账号登录后，就可以看到如图 9-10 所示的页面。然而，在其中并没有看到任何与投票系统相关的项目，还需要将数据模型注册到管理页面中去。这十分简单，只需打开 polls/admin.py 文件，向其中加入下面两行代码就可以把模型 Question 注册到管理页面中：

```
from .models import Question
admin.site.register(Question)
```

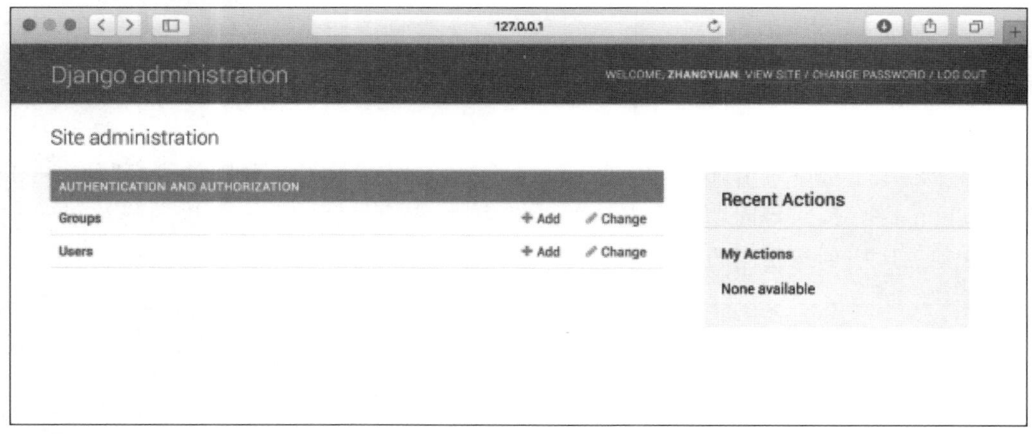

图 9-10 后台管理页面

此时，再次进入后台管理页面就可以看到在 Polls 选项卡中出现了 Question 选项(如图 9-11 所示)，单击该选项我们就进入了投票问题 Question 的管理页面，如图 9-12 所示。

通过 Question 的管理页面可以添加、删除或修改一个投票问题。例如，我们可以通过单击 ADD QUESTION 按钮添加一个问题，如图 9-13 所示。

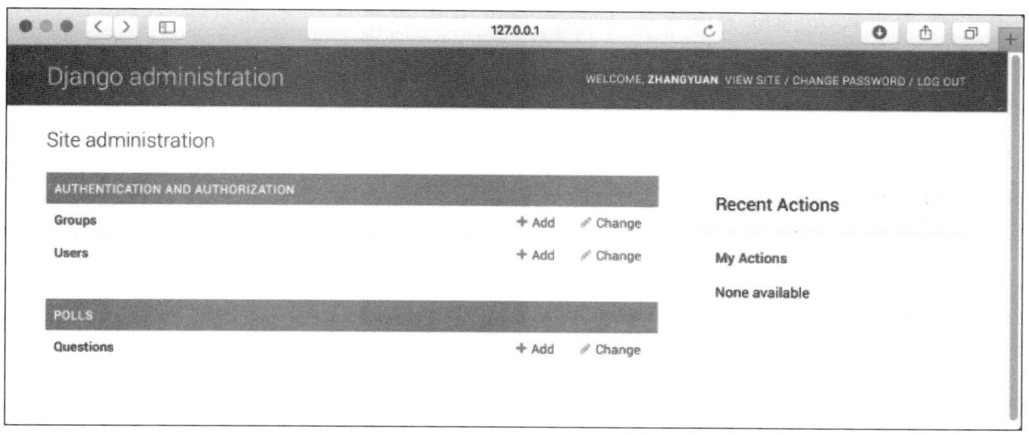

图 9-11 注册了模型 Question 后的管理页面

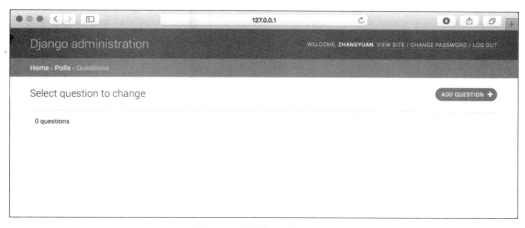

图 9-12 投票问题管理页面

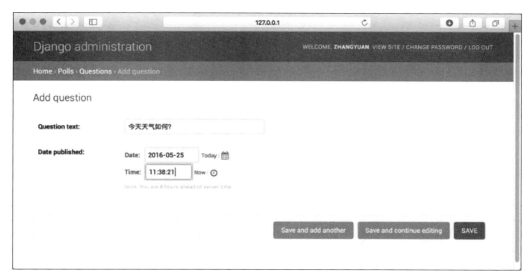

图 9-13 添加投票问题页面

单击 SAVE 按钮即可添加该条问题，此时可以从 Question 管理页面(如图 9-14 所示)中看到刚才添加的问题，单击它可以修改和管理该问题(如图 9-15 所示)。

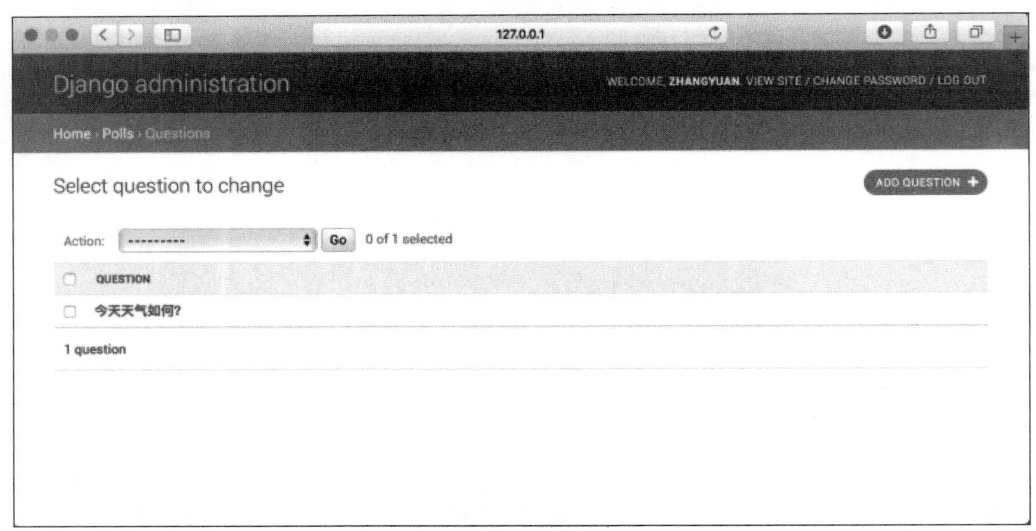

图 9-14　添加新问题后的投票问题管理页面

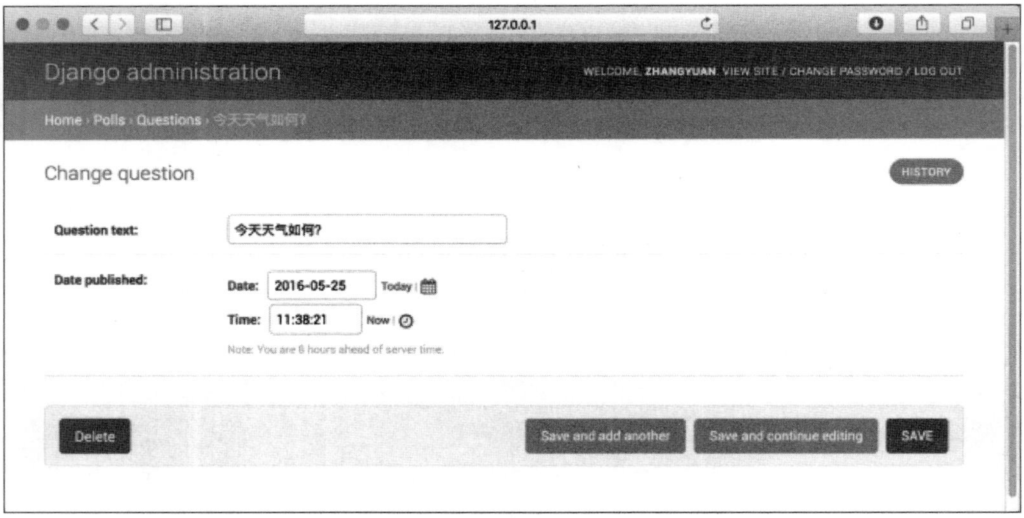

图 9-15　编辑与管理投票问题页面

可以使用同样的方法在管理页面中注册选项 Choice 模型，之后依次添加问题的若干个选项，并通过外键字段 question 与所属的问题对象相关联。然而，这样做是十分复杂的，我们下面将介绍一种更为便捷的实现方式——自定义表单。

```
from django.contrib import admin
from .models import Choice, Question

class ChoiceInline(admin.StackedInline):        #默认显示 3 个选项的列表
```

```
    model = Choice
    extra = 3
    #自定义的投票问题表单

class QuestionAdmin(admin.ModelAdmin):
    fieldsets = [
        (None, {'fields': ['question_text']}),
        ('Date information', {'fields': ['pub_date'], 'classes': ['collapse']}),
    ]                                               #投票问题和发布时间
    inlines = [ChoiceInline]                        #投票问题的选项

admin.site.register(Question, QuestionAdmin)        #将自定义表单注册到管理页面
```

在上面的代码中，通过继承于 admin.ModelAdmin 类的子类 QuestionAdmin 定义了一个自定义表单，该表单包括两部分：一部分是问题 Question 本身的字段，即问题和发布时间(以默认隐藏选项卡形式显示)；另一部分是以外键方式与投票问题相关联的选项列表 ChoiceInline 类。其中，ChoiceInline 类定义了通过外键与问题关联的模型 Choice，以及默认出现的选项数。最终，该自定义表单的效果见图 9-16，可以在同一个页面内填写问题及其选项，若需要添加新的选项可以使用 Add another Choice 按钮。保存后，可以再次通过该页面修改投票问题及其选项，并查看每个选项的投票次数。

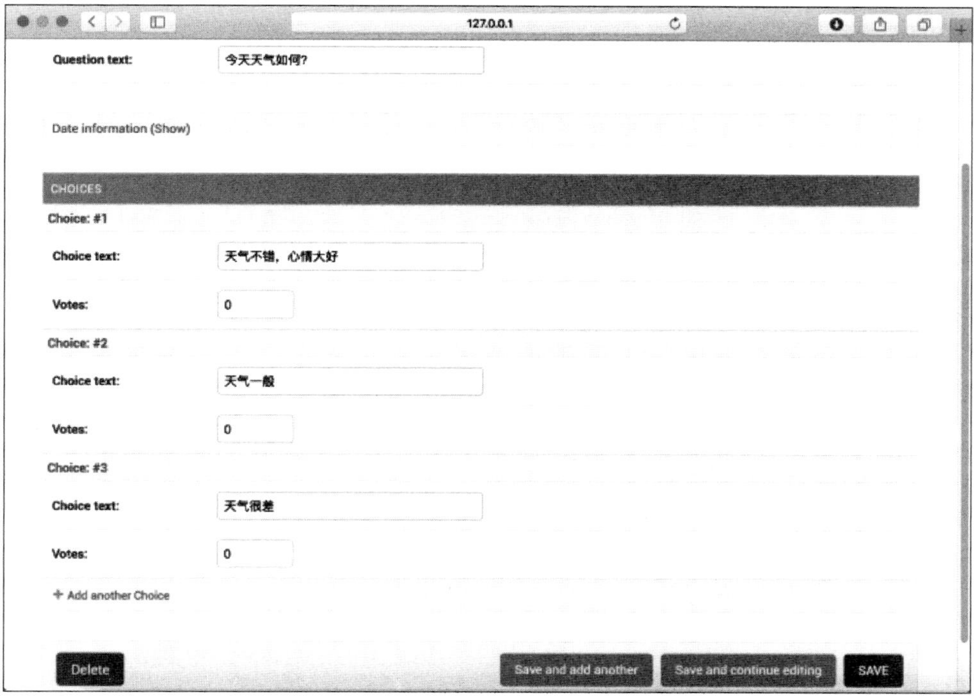

图 9-16　自定义表单页面

至此，基本完成了对后台管理页面的生成工作。当然，还可以对页面的很多地方进行个性化修改。例如，可以使得如图 9-15 的投票问题管理页面显示更多的信息，并添加投票

问题过滤功能。

9.3.4 构建前端页面

在本节中，我们将继续以投票应用为例介绍如何构建一个面向用户的前端页面。在Django框架中，前端页面的搭建是使用视图和模板相配合的方式实现的。下面，将依次介绍这两个概念。

在Django中，视图是用来定义一类具有相似功能和外观的页面概念，它通常使用一个特定的Python函数提供服务，并且与一个特定的模板相关联以生成与用户交互的前端页面。使用视图的方式，可以减少代码的重复编写，例如，不需要为每个投票问题都编写一个投票页面，而只需使用投票视图定义这一类投票页面即可。

在我们的投票应用中，将有以下两个视图。

① 首页视图：最新发布的投票问题的投票表单。

② 投票功能视图：处理用户的投票行为。

下面我们将主要介绍这两个视图及其对应模板的构建。视图是以Python函数的形式编写在应用的views.py文件中的(polls/views.py)，而每个视图所对应的模板存放在应用的模板路径下与应用同名的文件夹中(polls/templates/polls/)。可以说，模板的作用是描述一类页面应具有的布局样式，而视图会处理用户对此类页面的请求，并"填充"模板最终返回一个具体的HTML页面。下面，首先为首页视图创建了一个模板，如下代码所示：

```
<h1>{{ question.question_text }}</h1>
{% if error_message %}<p><strong>{{ error_message }}</strong></p>{% endif %}
<form action="{% url 'polls:vote' question.id %}" method="post">
{% csrf_token %}
{% for choice in question.choice_set.all %}
    <input type="radio" name="choice" id="choice{{ forloop.counter }}" value="{{
choice.id }}" />
    <label for="choice{{ forloop.counter }}">{{ choice.choice_text }}</label><br />
{% endfor %}
<input type="submit" value="Vote" />
</form>
```

在上面的模板中，将最新投票问题变量question及其对应的选项question.choice_set集合以超链接列表的形式显示在页面上。这段HTML代码之所以被称为模板，是因为随着投票问题变量question的改变，这段代码会产生不同的最终页面，并根据投票问题及选项的不同对投票操作报以不同的响应，而这是由下面创建的首页视图index和投票视图vote两个函数所实现的，如下代码所示：

```
from django.http import HttpResponse
from django.shortcuts import get_object_or_404, render
from .models import Question, Choice

def index(request):
```

```
    #获取最新的投票问题,若没有投票问题则返回404错误
    try:
        question = Question.objects.order_by('-pub_date')[0]
    except Question.DoesNotExist:
        raise Http404("还没有投票问题!")
        #设定使用上面代码中的question填充模板中的变量question
    context = {'question': question}
    #使用render函数"填充"模板
    return render(request, 'polls/index.html', context)

def vote(request, question_id):
    p = get_object_or_404(Question, pk=question_id)
    try:
        #获取被投票的选项
        selected_choice = p.choice_set.get(pk=request.POST['choice'])
    except (KeyError, Choice.DoesNotExist):
        #若没有选择任何选项,则返回投票页面,并提示错误
        return render(request, 'polls/index.html', {
            'question': p,
            'error_message': "您还没有选任何选项!",
    })#将错误信息填充到模板中的变量error_message
    else:
        #更改数据库,将被投票选项的投票数加1
        selected_choice.votes += 1
        selected_choice.save()
        return HttpResponse("投票成功!")
```

最后,我们只需将视图与URL绑定即可。在Django中,可以自由地设计我们想要的URL,并通过项目的urls.py和应用的url.py(polls/url.py)文件与视图函数绑定,如下代码所示:

```
from django.conf.urls import url,include
from django.contrib import admin

urlpatterns = [
    url(r'^polls/', include('polls.urls', namespace="polls")),
    url(r'^admin/', admin.site.urls),
]#使用include函数引用了polls/urls.py文件
```

```
from django.conf.urls import url
from . import views
urlpatterns = [
    url(r'^$', views.index, name='index'),
    url(r'^(?P<question_id>[0-9]+)/vote/$', views.vote, name='vote'),
]#使用正则表达式匹配URL,并调用相应的视图
```

至此,已经完成了一个简易投票系统的全部搭建工作,重启服务器后(因为添加了部分文件),可以通过"域名/polls/"(默认为http://127.0.0.1:8000/polls/)来访问这个应用,

页面效果如图 9-17 所示。选择一个选项，并单击“投票”按钮即可完成投票，投票成功后会跳转到“投票成功！”的提示页面。此时，进入这个问题的后台管理页面，如图 9-18 所示，可以看到“天气不错，心情大好”这个选项的投票数变为了 1。

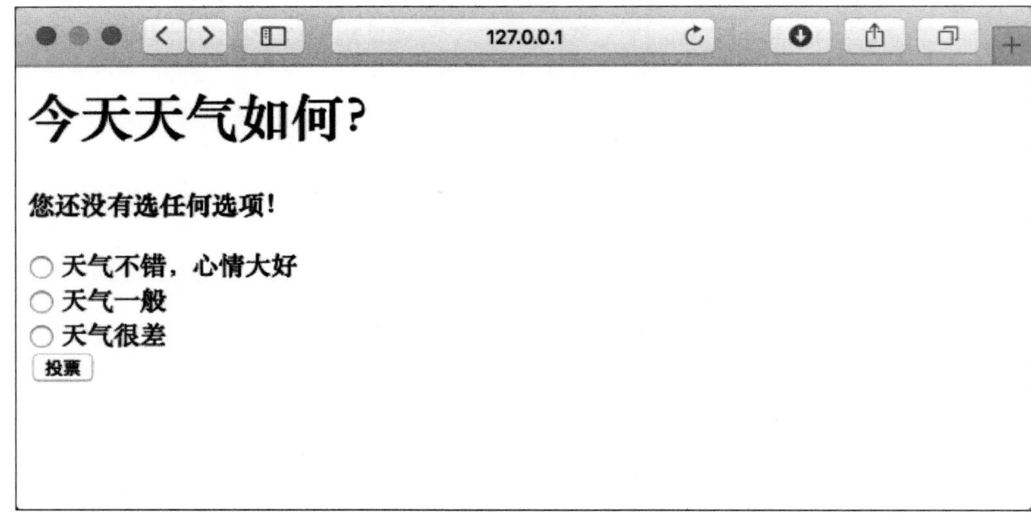

图 9-17　投票首页

图 9-18　投票问题管理页面

9.4 案例：使用 Django 搭建用户注册登录系统

9.4.1 创建项目以及一个 App

```
django-admin startproject django_sample
```

首先，安装好 Django 之后，在命令行中运行上面的第一条命令，用 django-admin 来创建一个 project，命名为 django_sample，创建完成后可以查看一下新建项目目录结构，如图 9-19 所示。

目录说明：

① django_sample：项目的容器。

② manage. py：Django 自带的一个实用的命令行工具，可以提供各种方式的交互。

③ django_sample /settings. py：该 Django 项目的设置/配置。

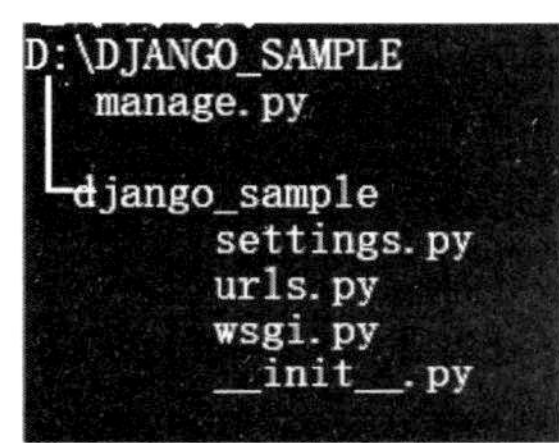

图 9-19 新建项目目录结构

④ django_sample /urls. py：该 Django 项目的 URL 声明，一份由 Django 驱动的网站"目录"。

⑤ django_sample /wsgi. py：一个 WSGI 兼容的 Web 服务器的入口，以便运行你的项目。

⑥ django_sample /__init__. py：一个空文件，告诉 Python 该目录是一个 Python 包。

接下来进入项目根目录下在命令行中输入以下命令，启动服务器：

```
python manage.py runserver 0.0.0.0:8000
```

0.0.0.0 让其他电脑可连接到开发服务器，8000 为端口号。如果不说明，那么端口号默认为 8000。在浏览器输入服务器的 ip(这里输入本机 IP 地址：127.0.0.1:8000)及端口号，如果正常启动，输出结果为 Django 的初始界面，如图 9-20 所示。

接下来运行下一条命令：

```
Python manage.py startapp first_web
```

查看新增 App 后的项目目录，如图 9-21 所示。

多了一个文件夹 first_web，文件说明：

① first_web/admin. py：此文件用来注册你的 App 的数据模型，也即数据表、模型必须在此注册后才可以使用。

② first_web/apps. py：包含了此 App 名称。

③ first_web/models. py：创建你的数据模型，也即数据库中的表。

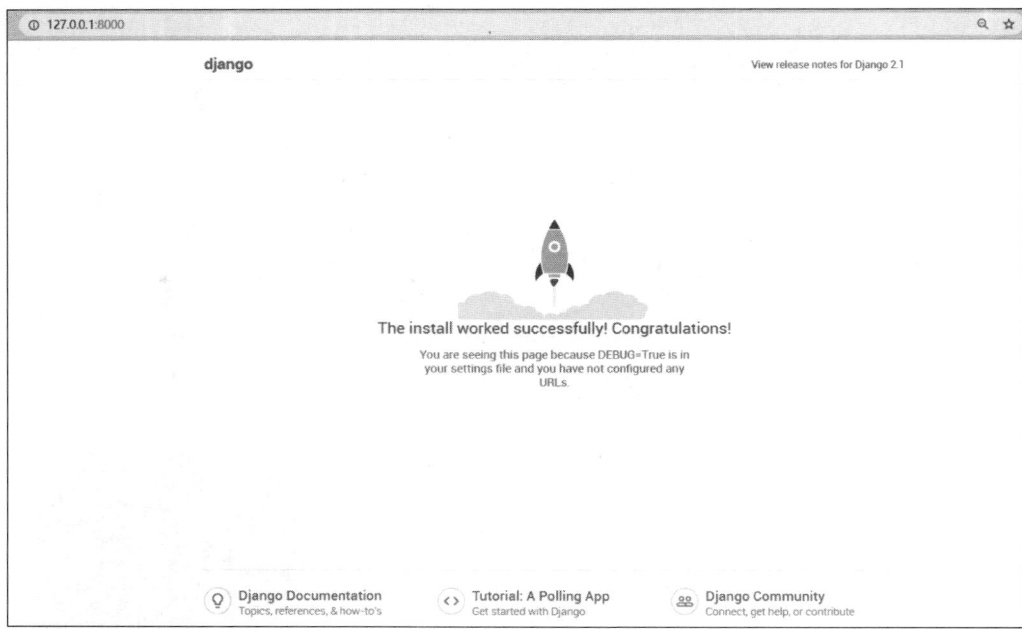

图 9-20　Django 的初始界面

④ first_web/tests.py：编写测试用例。

⑤ first_web/views.py：存放视图逻辑。

⑥ first_web/__init__.py：一个空文件。

除此之外，为了方便程序编写，手动创建文件，得到完整目录结构，如图 9-22 所示。

```
D:\DJANGO_SAMPLE
│  manage.py
│
├─django_sample
│  │  settings.py
│  │  urls.py
│  │  wsgi.py
│  │  __init__.py
│  │
│  └─__pycache__
│          settings.cpython-36.pyc
│          urls.cpython-36.pyc
│          wsgi.cpython-36.pyc
│          __init__.cpython-36.pyc
│
└─first_web
    │  admin.py
    │  apps.py
    │  models.py
    │  tests.py
    │  views.py
    │  __init__.py
    │
    └─migrations
            __init__.py
```

图 9-21　新增 App 后的项目目录

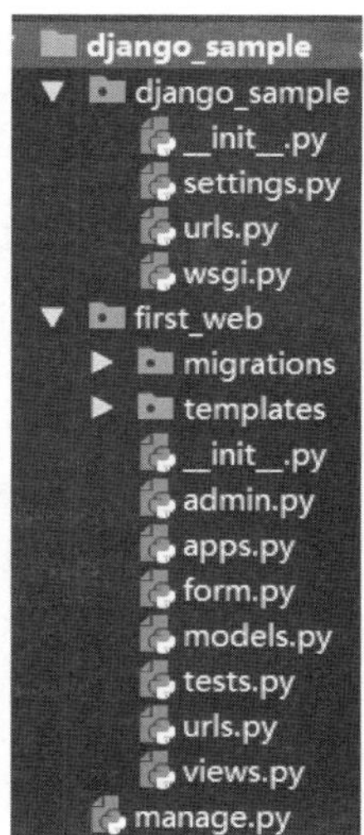

图 9-22　完整项目目录结构

templates 文件夹存放编写的 html 文件，form. py 存放编写的表单，urls. py 存放为 first_web 这个 App 独立出来的 url，这些文件的用途读者可暂时不必了解，后续会一一提到。

经过本小节，读者应达到的目标是，利用命令行创建一个项目，运行 Django 的 hello world 界面，完善好的项目结构如图 9-22 所示。

9.4.2　进行全局配路由及视图框架搭建

网址 url 设计，如图 9-23 所示。其中"/"是登录到主页，按照网站 url 惯例，主页通常是一级路由的，因此没有设置二级路由。

```
from django.urls import path

from . import views

urlpatterns = [
    path('', views.index, name = 'index'),
    path('login', views.login, name = 'login'),
    path('register', views.register, name = 'register'),
    path('logout', views.logout, name = 'logout'),
    path('forget', views.forget, name = 'forget'),
    path('send', views.send, name = 'send'),
]
```

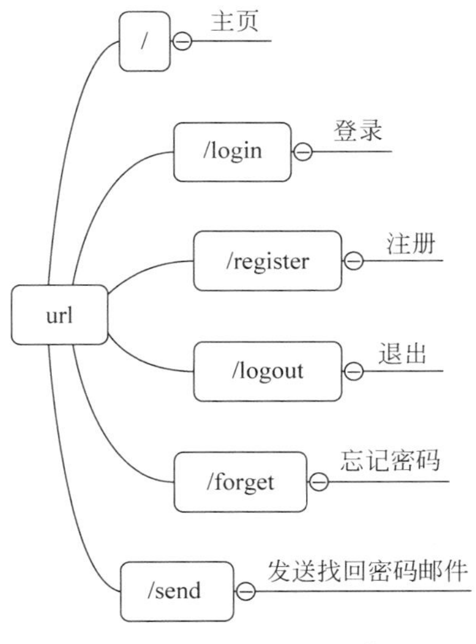

图 9-23　网址 url 设计

在 first_web/urls. py 中添加上述脚本，此文件实现了 url 和视图函数之间的绑定，视图函数主要是用来处理逻辑，写在 first_web/views. py 中。

```
from django.shortcuts import render,redirect

def index(request):
    return render(request,'first_web/index.html')

def login(request):
    pass
    return render(request,'first_web/login.html')

def register(request):
    pass
    return render(request,'first_web/register.html')

def forget(request):
    pass
    return render(request,'first_web/forget.html')

def logout(request):
    pass
    return redirect('/')

def send(request):
    pass
```

在 first_web/views.py 中添加上述脚本，搭建起视图的框架，在这里并不着急去实现每个页面的功能，首先应该把框架搭起来，就像盖房子一样，先搭起脚手架，再丰富内容。views.py 中的每一个函数名需要与 urls.py 中你自己配置的对应关系相对应。同时，render 函数会拉去网页模板进行渲染，redirect 函数会重定向网页到指定 url。

从这里也可以看出，主页、登录、注册、忘记密码，这四个 url 有对应的 html 页面，退出会重定向到主页，不用写一个实际的 html 页面，send 函数是找回密码时需要向用户邮箱发送邮件设计的，是一个功能性的函数，读者暂且略过，后续会介绍它的实现。

此外，在 templates 文件夹下创建 first_web 目录，在 first_web 目录下创建所需要的 html 文件，模板结构如图 9-24 所示。要将前端页面做得像个样子，那么就不能每个页面都各写各的，单打独斗。一个网站有自己的统一风格和公用部分，可以把这部分内容集中到一个基础模板 base.html 中。其余的 html 文件都会继承自这个 base.html 文件，确保网站风格一致，同时也做到了代码复用。读者暂且不必考虑上述 html 文件的内部实现，后续会逐一提到。

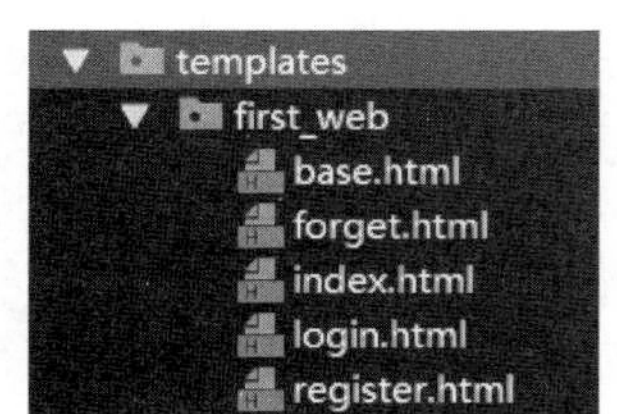

图 9-24　模板结构

到现在，已经配置好了 url 与视图的对应关系，搭建了视图框架，也创建好了几个页面，虽然是空的。下面就将逐一实现网站的功能，做好准备了吗？

9.4.3 主页面

首先完善 base.html 页面，为了使页面更加美观，这里采用了 bootstrap 框架进行前端页面的编写，base.html 的页面如下：

```
<!DOCTYPE html>
<html lang="zh-CN">
  <head>
    <title>
        {% block title %}django_sample{% endblock %}
    </title>
    <!-- 新 Bootstrap 核心 CSS 文件 -->
    <link href="https://cdn.staticfile.org/twitter-bootstrap/3.3.7/css/bootstrap.min.
css" rel="stylesheet">
    <!-- jQuery 文件.务必在 bootstrap.min.js 之前引入 -->
    <script src="https://cdn.staticfile.org/jquery/2.1.1/jquery.min.js"></script>
    <!-- 最新的 Bootstrap 核心 JavaScript 文件 -->
    <script src="https://cdn.staticfile.org/twitter-bootstrap/3.3.7/js/bootstrap.min.
js"></script>
      {% block css %}
      {% endblock %}
  </head>
  <body>
    <nav class="navbar navbar-default">
      <div class="container-fluid">
        <div class="navbar-header">
            <button type="button" class="navbar-toggle collapsed" data-toggle=
"collapse" data-target="#my-nav" aria-expanded="false">
              <span class="sr-only">切换导航条</span>
              <span class="icon-bar"></span>
              <span class="icon-bar"></span>
              <span class="icon-bar"></span>
          </button>
          <a class="navbar-brand" href="#">学习 django</a>
        </div>
        <div class="collapse navbar-collapse" id="my-nav">
          <ul class="nav navbar-nav">
            <li class="active">
                <a href="/">主页</a>
            </li>
          </ul>
            <ul class="nav navbar-nav navbar-right">
              {% if request.session.is_login %}
                  <li>
                      <a href="#">欢迎：{{ request.session.username }}</a>
                  </li>
                  <li>
                      <a href="/logout">退出</a>
```

```
                </li>
              {% else %}
                <li>
                    <a href="/login">登录</a>
                </li>
                <li>
                    <a href="/register">注册</a>
                </li>
              {% endif %}
          </ul>
        </div>
      </div>
    </nav>
    {% block content %}{% endblock %}
    {% block script %}{% endblock %}
  </body>
</html>
```

简要说明：

① Head 部分通过三行代码引入了 bootstrap 的 cdn 版本。

② {% block title %}django_sample{% endblock %}设置了一个动态的页面标题，继承 base 的页面可以动态修改。

③ {% block css %} {% endblock %}设置了动态的 css 代码块，继承者也可以动态修改。

④ {% block content %} {% endblock %}留下了页面的内容块，留给继承者动态修改。

⑤ {% block script %} {% endblock %}留下了页面的 js 脚本块，留给继承者动态修改。

同时，Django 提供强大的模板内的标签语句来实现判断、循环等操作，来实现对页面的动态显示，满足用户个性化的需求，如上通过 if 标签判断用户是不是登录状态，来对页面进行动态化的显示。如果用户是登录状态，会显示欢迎语句及退出按钮，否则会显示登录及注册按钮。

此外，if 判断中用到了 request.session.is_login，is_login 是自己定义的变量名，后续在视图中的逻辑会看到如何定义这个变量，这里介绍一下 Django 提供的 session 会话机制。

因为因特网 HTTP 协议的特性，每一次来自用户浏览器的请求(request)都是无状态的、独立的。通俗地说，就是无法保存用户状态，后台服务器根本就不知道当前请求和以前及以后请求是否来自同一用户。对于静态网站，这可能不是个问题，而对于动态网站，尤其是京东、天猫、银行等购物或金融网站，无法识别用户并保持用户状态是致命的，根本就无法提供服务。你可以尝试将浏览器的 Cookie 功能关闭，会发现将无法在京东登录和购物。为了实现连接状态的保持功能，网站会通过用户的浏览器在用户机器内被限定的硬盘位置中写入一些数据，也就是所谓的 Cookie。通过 Cookie 可以保存一些诸如用户名、浏览记录、表单记录、登录和注销等各种数据。但是这种方式非常不安全，因为 Cookie 保存在用户的机器上，如果 Cookie 被伪造、篡改或删除，就会造成极大的安全威胁。因此，现代网站设计通常将 Cookie 用来保存一些不重要的内容，实际的用户数据和状态还是以 session 会话的方式保存在服务器端。session 依赖 Cookie！但与 Cookie 不同的地方在于 session 将所有的数据都放在服务器端，用户浏览器的 Cookie 中只会保存一个非明文的识别信息，例如哈希值。

Django 提供了一个通用的 session 框架，并且可以使用多种 session 数据的保存方式，保存到数据库、缓存、Cookie、文件都可以，通常应该尽量保存在数据库中。session 在 Django 框架中是默认开启的，并且已经注册在 App 中了，当 session 启用后，传递给视图 request 参数的 HttpRequest 对象将包含一个 session 属性，就像一个字典对象一样。你可以在 Django 的任何地方读写 request. session 属性，或者多次编辑使用它。读者不必着急，马上会介绍如何使用 session。

通过 session 会话机制，可以实现前后端数据的共享，并且通过 Django 提供的各种标签 if、for 等，实现网页的动态渲染，达到个性化的需求。

Base. html 写完之后，读者或许会感到代码好多，每个页面花费时间太长了！但是，别忘了 Django 的模板继承功能，下面是主页面 index. html 的代码：

```
{% extends 'first_web/base.html' %}
{% block content %}
    {% if request.session.is_login %}
        <h1>Hello,World!</h1>
    {% else %}
        <h1>请登录后查看界面</h1>
    {% endif %}
{% endblock %}
```

第一行代码表示此页面继承自哪里，第二行到第八行代码完善 content 块中的内容，利用 session 中的数据判断用户是不是登录状态然后动态展示内容，是不是感觉有了模板继承写好 base 之后都很简单了呢？接下来运行一下项目，还记得运行的指令吗？

在浏览器中输入 127.0.0.1:8000，会看到主页如图 9-25 所示，这里介绍一下此页面的显示过程和 Django 是如何工作的。

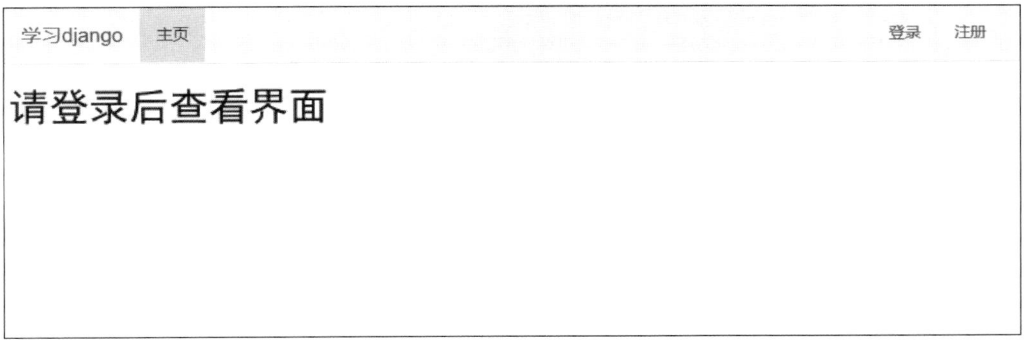

学习django 主页 登录 注册

请登录后查看界面

图 9-25　主页

Django 首先会根据 urls. py 中定义好的视图绑定关系，发现网页根目录"/"对应的是 views. py 中的 index 函数，这个函数的内容在之前 views. py 文件中已经写好，会返回一个渲染页面，Django 根据模板存放位置找到 index. html，将其渲染到浏览器。

9.4.4 登录页面及对应视图逻辑的编写

登录页面，用到了 Django 的表单功能，Django 的表单功能也非常强大，可以准备和重构数据用于页面渲染；为数据创建 HTML 表单元素；接收和处理用户从表单发送过来的数据。

首先需要在 form. py 中创建登录页的表单模型，登录页的数据显然只有用户名和密码两项，因此在 form. py 中写入以下代码：

```
from django import forms

class UserForm(forms.Form):
    username = forms.CharField(label = "用户名",max_length = 128,widget = forms.TextInput
(attrs = {'class': 'form - control'}))
    password = forms. CharField ( label = " 密 码", max _ length = 256, widget = forms.
PasswordInput(attrs = {'class': 'form - control'}))
```

简要说明：

① 首先导入 Django 的 forms 模块，所有的表单都继承自 forms. Form 类。

② 每个字段都有自己的字段类型，如 charfield，分别对应 html 语言中< form >内的一个 input 元素。

③ Label 用于设置< label >标签。

④ max_length 限制字段输入的最大长度。它同时起到两个作用：一是在浏览器页面限制用户输入不可超过最大长度，二是在后端服务器验证用户输入的长度也不可超过。

⑤ widget 定义了 input 框的类型及对应的属性。

接下来修改登录视图，即 views. py 中的 login 函数，如下：

```
from django.shortcuts import render, redirect
from django.http import HttpResponse
from django.contrib.auth.models import User
from .form import UserForm

def login(request):
    if request.session.get('is_login', None):
        return redirect('/')

    if request.method == "POST":
        login_form = UserForm(request.POST)
        message = "所有字段都必须填写!"
        if login_form.is_valid():
            username = login_form.cleaned_data['username']
            password = login_form.cleaned_data['password']
```

```
        try:
            user = User.objects.get(username = username)
                if user.check_password(password):
                    request.session['is_login'] = True
                    request.session['username'] = username
                    return redirect('/')
            else:
                    message = "密码不正确!"
        except:
                message = "用户名不存在!"
    return render(request, 'first_web/login.html', locals())
login_form = UserForm()
return render(request, 'first_web/login.html', locals())
```

在头部，引入了定义好的 UserForm 表单模型，同时引入了 Django 内部自带的用户系统，这样可以省去对 User 建表、加密密码等操作。

代码简要说明：

① 当初次进入登录页面时，是非 post 方法，会返回一个空表单让用户填写。

② 对于 post 方法，接收表单数据，并验证。

③ 使用表单类自带的 is_valid()方法一步完成数据验证工作。

④ 验证成功后，可以从表单对象的 cleaned_data 数据字典中获取表单的具体值。

⑤ 如果验证不通过，则返回一个包含先前数据的表单给前端页面，方便用户修改。也就是说，它会帮你保留先前填写的数据内容，而不是返回一个空表。

⑥ 登录成功时，会定义 session 会话中的变量，is_login 判断用户是否登录成功，username 记录用户名以展示个性化信息。

另外，这里使用了一个小技巧，Python 内置了一个 locals()函数，它返回当前所有的本地变量字典，可以偷懒地将这作为 render 函数的数据字典参数值，就不用费劲去构造一个形如{'message':message, 'login_form':login_form}的字典了。这样做的好处当然是大大方便编写代码，但是同时也可能往模板传入了一些多余的变量数据，造成数据冗余降低效率。

接下来看一下登录页面的代码：

```
{% extends 'first_web/base.html' %}

{% block content %}
    <div class = "container">
        <div class = "col-md-4 col-md-offset-4">
          <form class = 'form-login' action = "/login" method = "post">
                {% if message %}
                    <div class = "alert alert-warning">{{ message }}</div>
                {% endif %}
                {% csrf_token %}
                <h2 class = "text-center">欢迎登录</h2>
                <div class = "form-group">
```

```
                    {{ login_form.username.label_tag }}
                     {{ login_form.username}}
                </div>
                <div class = "form - group">
                     {{ login_form.password.label_tag }}
                     {{ login_form.password }}
                </div>
                <button type = "button" id = "forget" class = "btn btn - default" onclick =
"forgett()" >忘记密码</button>
                <button type = "submit" class = "btn btn - primary pull - right">登录</button>
            </form>
        </div>
    </div>

{ % endblock % }
{ % block script % }
    < script >
            function forgett(){
                window.location.href = "/forget"
            }
    </script>
{ % endblock % }
```

代码简要说明：

① Content 块中利用视图传来的 login_form 进行表单的渲染。

② {% csrf_token %}防御 CSRF 攻击，在 HTTP 请求中以参数的形式加入一个随机产生的 token，并在服务器端建立一个拦截器来验证这个 token，如果请求中没有 token 或者 token 内容不正确，则认为可能是 CSRF 攻击而拒绝该请求。

③ Script 脚本中添加了一个重定向函数，如果用户单击忘记密码按钮会转到忘记密码的界面。

接下来，运行服务器。登录页如图 9-26 所示，可是此时并没有用户，怎么验证是否成功了呢？

图 9-26　登录页

别忘记，我们用的是 Django 自带的用户系统 User，Django 会完成对用户账号的管理，可以在 manage.py 目录下命令行执行以下命令：

```
Python manage.py createsuperuser
```

创建用户名、密码均为 root 的超级用户，用该账号登录系统。

登录成功界面如图 9-27 所示，并且右上角会显示欢迎信息。

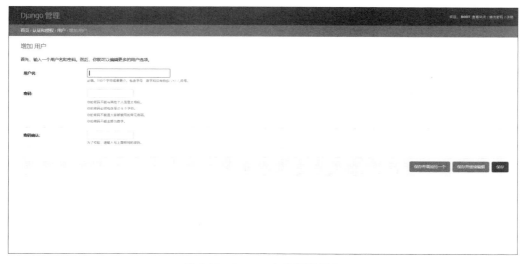

图 9-27 登录成功界面

还记得在 django_sample/urls.py 中见到一个 admin 路径吗？这是 Django 自带的后台管理页面，在浏览器中输入 127.0.0.1:8000/admin，会进入后台管理页，输入超级用户的用户名和密码，可以进入到管理界面，Django 自带管理后台如图 9-28 所示。

图 9-28 Django 自带管理后台

可以通过后台管理当前用户以及用户自定义模型的信息,实现增删改查的 UI 化操作。

9.4.5 注册页面样式

注册页面如图 9-29 所示,相信有了上一小节登录页面的实现过程,注册页面的具体实现过程读者自己动手尝试。本系统所有源码将会给出,读者也可参照源码进行实现。

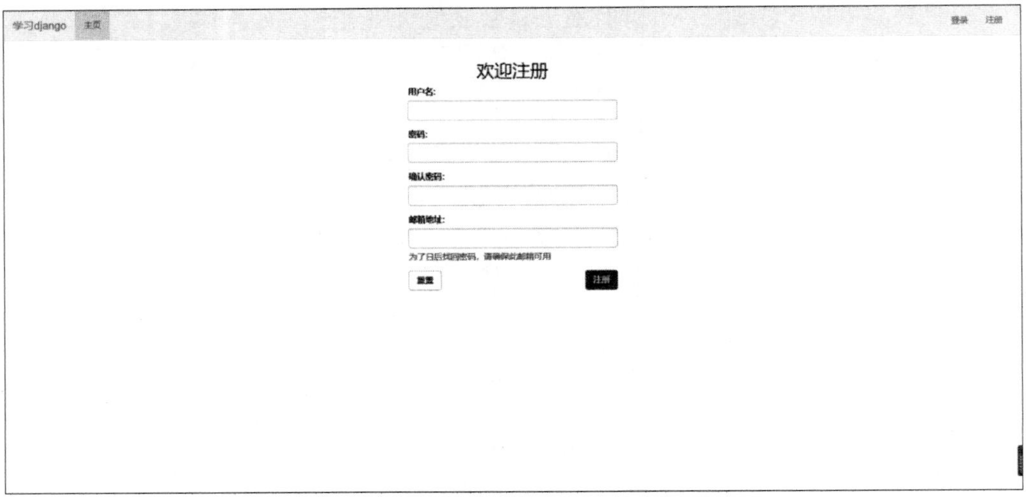

图 9-29 注册页面

9.4.6 找回密码功能

在本小节介绍一下找回密码功能的设计,首先回忆一下日常找回密码的操作,比较简单的一种是给用户注册时的邮箱发一个验证码,然后用户将验证码填写到找回密码页面,后台去验证提供的验证码正确与否,从而判断用户身份的真实性。

从上面的描述可以看出需要用数据库来存储验证码,因此首先在 first_web/models.py 中定义验证码模型如下:

```
from django.db import models

#Create your models here.
class Check(models.Model):
    email = models.EmailField(max_length=50)
    check = models.CharField(max_length=50)
```

简要说明:

① Django 所定义的模型都需要继承自 models.Model,一个模型实际上是数据库的一张表。

② email 字段用了 Django 内置的 EmailField 类型,存储找回密码的用户的邮箱是多少。

③ check 字段用了 CharField 类型，存储发送给用户的验证码是多少。

逻辑就是拿用户填写到表单的验证码与数据库中的进行对比，查看是否一致来完成用户合法身份的判定。在给用户发送邮件的时候，同时将用户邮箱和对应的验证码存储到数据库中。

模型需要在 first_web/admin.py 文件中进行注册，代码如下：

```
from django.contrib import admin
from first_web.models import Check

# Register your models here.
admin.site.register(Check)
```

通知 Django 新建了一个模型。模型建好之后，需要告诉 Django 新生成了一个表，Django 会自动连接 MySQL 数据库建立好所需要的表格，需要在 manage.py 根目录的命令行中执行以下命令：

```
Python manage.py makemigrations

Python manage.py migrate
```

这时，check 表应该已经生成在 MySQL 数据库中，登录 MySQL 数据库查看，check 表在数据库中，如图 9-30 所示。

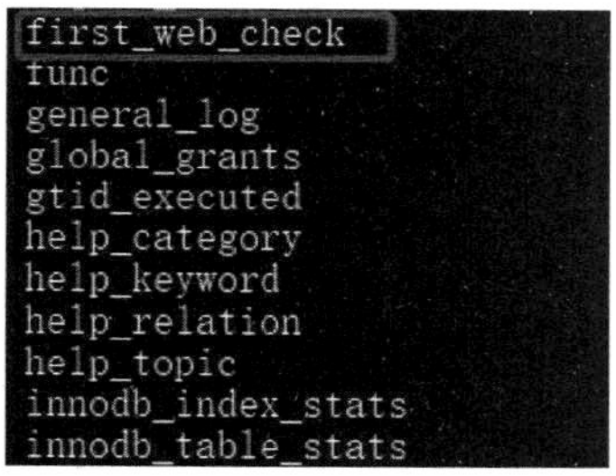

```
first_web_check
func
general_log
global_grants
gtid_executed
help_category
help_keyword
help_relation
help_topic
innodb_index_stats
innodb_table_stats
```

图 9-30 check 表在数据库中

接下来考虑，如何实现自动给用户发送邮件呢？其实这个并不难实现，Django 自带邮件自动发送机制，但是首先需要在 django_sample/settings.py 文件中进行邮件服务器的配置，告诉 Django 用哪个邮箱发送邮件，在文件末尾加入下列代码：

```
#以下这个配置信息,Django 会自动读取,
#使用账号以及授权码进行登录,
#如果登录成功,可以发送邮件
EMAIL_HOST = 'smtp.sina.com'
#设置端口号,为数字
EMAIL_PORT = 25
#设置发件人邮箱
EMAIL_HOST_USER = 'thu_dashboard@sina.com'
#设置发件人 授权码
EMAIL_HOST_PASSWORD = 'itsasecret'
#设置是否启用安全链接
EMAIL_USER_TLS = True
```

这里需要读者自行申请一个公共邮箱，同时确保邮箱开启 smtp 服务，公共邮箱的配置不在讨论范围内，这里不过多展开。

接下来就是传统的表单创建、视图逻辑编写、html 模板编写。

Form.py 新建忘记密码页面的表单：

```
class ForgetForm(forms.Form):
    email = forms.EmailField(label = "邮箱地址", widget = forms.EmailInput(attrs = {'class':
'form - control','id':'email'}))
    check = forms.CharField(label = "验证码", max_length = 256, widget = forms.TextInput
(attrs = {'class': 'form - control'}))
    password1 = forms.CharField(label = "新密码", max_length = 256, widget = forms.
PasswordInput(attrs = {'class': 'form - control'}))
    password2 = forms.CharField(label = "确认密码", max_length = 256, widget = forms.
PasswordInput(attrs = {'class': 'form - control'}))
```

有了前面编写表单的经验，这里便不再过多介绍，表单有四项，邮箱地址、收到的验证码、新密码、确认密码。

Forget 页面的视图逻辑如下：

```
@csrf_exempt
def forget(request):
    if request.method == "POST":
        forget_form = ForgetForm(request.POST)
        message = "请检查填写内容完整性"
        if forget_form.is_valid():
            email = forget_form.cleaned_data['email']
            password1 = forget_form.cleaned_data['password1']
            password2 = forget_form.cleaned_data['password2']
            check_num = forget_form.cleaned_data['check']
            if password1 != password2: # 判断两次密码是否相同
                message = "两次输入的密码不同!"
                return render(request, 'first_web/forget.html', locals())
            elif not Check.objects.filter(email = email):
                message = "验证码未发送"
                return render(request, 'first_web/forget.html', locals())
            elif check_num != Check.objects.get(email = email).check:
                message = "验证码错误"
                return render(request, 'first_web/forget.html', locals())
            elif check_num == Check.objects.get(email = email).check:
                message = "修改成功"
                user = User.objects.get(email = email)
                user.set_password(password1)
                user.save()
                Check.objects.get(email = email).delete()
                return render(request, 'first_web/forget.html', locals())
    forget_form = ForgetForm()
    return render(request, 'first_web/forget.html', locals())
```

逻辑中会出现多次判断，包括两次输入密码是否相同、是否给该邮箱发送过验证码、验证码错误与否，最后才会成功更新密码。

forget.html 页面代码如下：

```
{% extends 'first_web/base.html' %}
{% block content %}
  <div class = "container">
      <div class = "col - md - 4 col - md - offset - 4">
        <form class = 'form - forget' action = "/forget" method = "post">
            {% if message %}
                <div class = "alert alert - warning">{{ message }}</div>
            {% endif %}
            {% csrf_token %}
            <h2 class = "text - center">忘记密码</h2>
            <div class = "form - group">
                {{ forget_form.email.label_tag }}
                {{ forget_form.email}}
            </div>
            <div class = "form - group">
                {{ forget_form.check.label_tag }}
                {{ forget_form.check }}
            </div>
            <div class = "form - group">
                {{ forget_form.password1.label_tag }}
                {{ forget_form.password1 }}
            </div>
            <div class = "form - group">
                {{ forget_form.password2.label_tag }}
                {{ forget_form.password2 }}
            </div>
            <button type = "button" class = "btn btn - default pull - left" id = "send">发送
验证码</button>
            <button type = "submit" class = "btn btn - primary pull - right">提交</button>
        </form>
      </div>
  </div><!-- /container -->
{% endblock %}
{% block script %}
   <script>
   $ (document).ready(function(){
    $ ("#send").click(function(){
      var email  =  $ ("#email").val();
       $ .getJSON("/send",{'email':email}, function(ret){
      })
    });
  });
  </script>
{% endblock %}
```

除了填写表单，这里有一个发送验证码的函数，会调用 send 函数，参数是邮箱，first_web/views.py 中的 send 函数如下：

```
    def send(request):
    try:
        same_email = Check.objects.get(email = request.GET['email'])
    except Check.DoesNotExist:
        same_email = None
    check_num = generate_check()
    if same_email:
        same_email.check = check_num
        same_email.save()
    else:
        temp = Check.objects.create(email = request.GET['email'], check = check_num)
        temp.save()
    res = send_mail('【Thu - dashboard 修改密码】',
                    '请在修改密码页面输入以下验证码: ' + check_num,
                    'thu_dashboard@sina.com',
                    [request.GET['email']])
    return HttpResponse(res)

def generate_check():
    ran_str = ''.join(random.sample(string.ascii_letters + string.digits, 16))
    return ran_str
```

会调用 django.core.mail 中的 send_mail 函数,发送验证码给用户,同时将验证码存到数据库 check 表中。

最终忘记密码界面,如图 9-31 所示。

图 9-31　忘记密码界面

用户输入邮箱之后,单击发送验证码,收到邮件之后将验证码填入表单,填入新密码以及二次输入,提交表单。在 forget 视图函数的逻辑里,如果用户修改成功之后,会将 check 表中的记录删除。

本章小结

这一章的Python项目案例使用Python Flask框架实现了一个简单的web网站。麻雀虽小，五脏俱全，这样一个简单的应用却涵盖了Flask的几个重要组成部分，包括视图函数、Jinja2模板、SQLAlchemy数据库、Web表单等。通过学习并实践本章的内容，读者将能够入门Flask开发，并有能力利用Flask框架自主开发一个小型的Web应用。

在本章中，还介绍了如何使用Django框架建立一个简单的用户注册登录系统。从项目建立到前后端的设计与开发过程中，读者可以对“模型—视图—控制器(MVC)”这一设计开发模式建立初步的认识。

本章习题

一、简述题

1. 结合本章中的例子，谈谈你对MVC设计开发模式的认识。

2. 概述Django中数据模型(models)、应用(APPs)、视图(views)和模板(templets)这四个概念及其关系。

二、实践题

1. 使用Django建立一个简单的用户注册和登录页面。

2. 使用Django建立一个博客站点，要求至少具有发布、删除、修改和查看博文的功能。

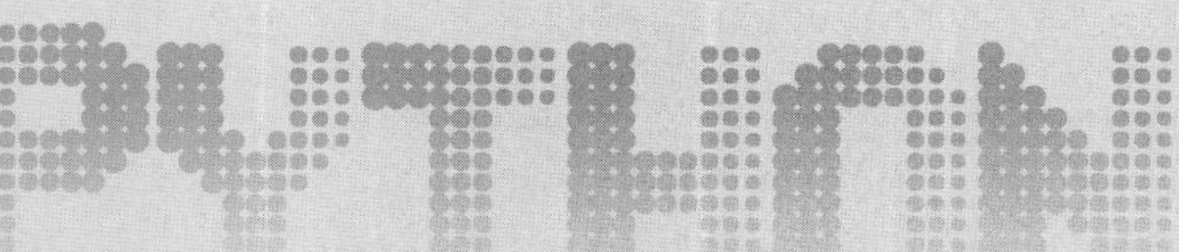

第 10 章 Python 数据分析与可视化

数据进行相关分析，找到有价值的信息和规律，使得人们对世界的认识更快、更便捷。在数据分析领域，Python 语言简单易用，第三方库强大，并提供了完整的数据分析框架，因此深受数据分析人员的青睐，Python 已经当仁不让地成为数据分析人员的一把利器。本章将介绍 Python 中经常用到的一些数据分析与可视化库。

10.1 从 MATLAB 到 Python

MATLAB 是什么？官方说法是，"MATLAB 是一种用于算法开发、数据分析、数据可视化以及数值计算的高级技术计算语言和交互式环境"（官网介绍见图 10-1）。MATLAB 凭借着在科学计算与数据分析领域强大的表现，被学术界和工业界接纳为主流的技术。不

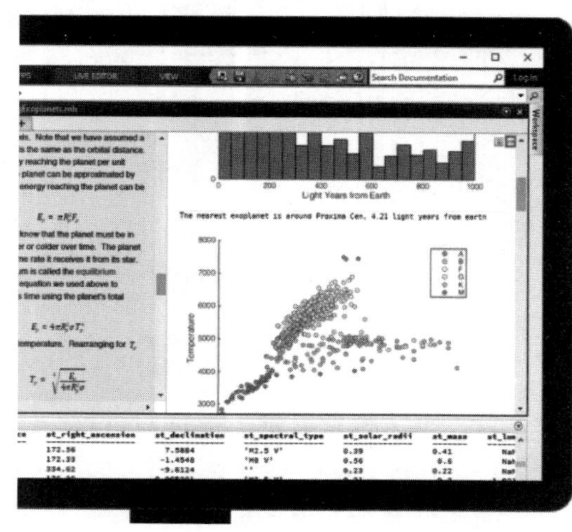

图 10-1 MATLAB 官网中的介绍

过，MATLAB 也有一些劣势，首先是价格，与 Python 这种下载即用的语言不同，MATLAB 软件的正版价格不菲，这一点导致其受众并不十分广泛。其次，MATLAB 的可移植性与可扩展性都不强，比起在这方面得天独厚的 Python，可以说是没有任何长处。随着 Python 语言的发展，由于其简洁和易于编码的特性，使用 Python 进行科研和数据分析的用户越来越多。另外，由于 Python 活跃的开发者社区和日新月异的第三方扩展库市场，Python 在这一领域也逐渐与 MATLAB 并驾齐驱，成为中流砥柱。Python 中用于这方面的著名工具包括以下几种。

① NumPy：这个库提供了很多关于数值计算的工具，例如：矢量与矩阵处理，以及精密的计算。

② SciPy：科学计算函数库，包括线性代数模块、统计学常用函数、信号和图像处理等等。

③ Pandas：Pandas 可以视为 NumPy 的扩展包，在 NumPy 的基础上提供了一些标准的数据模型（例如二维数组）和实用的函数（方法）。

④ Matplotlib：有可能是 Python 中最负盛名的绘图工具，模仿 MATLAB 的绘图包。

作为一门通用的程序语言，Python 比 MATLAB 的应用范围更广泛，有更多程序库（尤其是一些十分实用的第三方库）的支持。这里就以 Python 中常用的科学计算与数值分析库为例，简单介绍一下 Python 在这个方面的一些应用方法。篇幅所限，我们将注意力主要放在 NumPy、Pandas 和 Matplotlib 三个最为基础的工具上。

10.2 NumPy

NumPy 这个名字一般认为是“numeric Python”的缩写，使用它的方法和使用其他库一样：import numpy。我们还可以在 import 扩展模块时给它起一个“外号”，就像这样：

```
import numpy as np
```

NumPy 中的基本操作对象是 ndarray，与原生 Python 中的 list（列表）和 array（数组）不同，ndarray 的名字就暗示了这是一个“多维”的对象。首先我们可以创建一个这样的 ndarray：

```
raw_list = [i for i in range(10)]
a = numpy.array(raw_list)
pr(a)
```

输出为：array([0, 1, 2, 3, 4, 5, 6, 7, 8, 9])，这只是一个一维的数组。

还可以使用 arange()方法做等效的构建过程（提醒一下，Python 中的计数是从 0 开始的），之后，通过函数 reshape()，可以重新构造这个数组。例如，可以构造一个三维数组，其中 reshape 的参数表示各维度的大小，且按各维顺序排列：

```
raw_list = [i for i in range(10)]
a = numpy.array(raw_list)
pr(a)
from pprint import pprint as pr
a = numpy.arange(20) #构造一个数组
pr(a)
a = a.reshape(2,2,5)
pr(a)
pr(a.ndim)
pr(a.size)
pr(a.shape)
pr(a.dtype)
```

输出为：

```
array([ 0,  1,  2,  3,  4,  5,  6,  7,  8,  9, 10, 11, 12, 13, 14, 15, 16,
       17, 18, 19])
array([[[ 0,  1,  2,  3,  4],
        [ 5,  6,  7,  8,  9]],

       [[10, 11, 12, 13, 14],
        [15, 16, 17, 18, 19]]])
3
20
(2, 2, 5)
dtype('int32')
```

通过 reshape()方法将原来的数组构造为了 2*2*5 的数组(三个维度)之后还可进一步查看 a(ndarray 对象)的相关属性：ndim 表示数组的维度；shape 属性则为各维度的大小；size 属性表示数组中全部的元素个数(等于各维度大小的乘积)；dtype 可查看数组中元素的数据类型。

数组创建的方法比较多样，可以直接以列表(list)对象为参数创建，还可以通过特殊的方式，np.random.rand()就会创建一个 0—1 区间内的随机数组：

```
a = numpy.random.rand(2,4)
pr(a)
```

输出为：

```
array([[ 0.61546266, 0.51861284, 0.04923905, 0.84436196],
[ 0.98089299, 0.21496841, 0.23208293, 0.81651831]])
```

ndarray 也支持四则运算：

```
a = numpy.array([[1, 2], [2, 4]])
b = numpy.array([[3.2, 1.5], [2.5, 4]])
pr(a + b)
pr((a + b).dtype)
pr(a - b)
pr(a * b)
pr(10 * a)
```

上面代码演示了对 ndarray 对象进行基本的数学运算，其输出为：

```
array([[ 4.2,   3.5],
       [ 4.5,   8. ]])
dtype('float64')
array([[ -2.2,   0.5],
       [ -0.5,   0. ]])
array([[  3.2,   3. ],
       [  5. ,  16. ]])
array([[10, 20],
       [20, 40]])
```

在两个 ndarray 做运算时要求维度满足一定条件(例如加减时维度相同)，另外，a+b 的结果作为一个新的 ndarray，其数据类型已经变为 float64，这是因为 b 数组的类型为浮点，在执行加法时自动转换为了浮点类型。

另外，ndarray 还提供了十分方便的求和、最大/最小值方法：

```
ar1 = numpy.arange(20).reshape(5,4)
pr(ar1)
pr(ar1.sum())
pr(ar1.sum(axis = 0))
pr(ar1.min(axis = 0))
pr(ar1.max(axis = 1))
```

axis=0 表示按行，axis=1 表示按列。输出结果为：

```
array([[ 0,  1,  2,  3],
       [ 4,  5,  6,  7],
       [ 8,  9, 10, 11],
       [12, 13, 14, 15],
       [16, 17, 18, 19]])
190
array([40, 45, 50, 55])
array([0, 1, 2, 3])
array([ 3,  7, 11, 15, 19])
```

在科学计算中常常用到矩阵的概念，NumPy 中也提供了基础的矩阵对象(numpy.matrixlib.defmatrix.matrix)。矩阵和数组的不同之处在于，矩阵一般是二维的，而数组却可以是任意维度(正整数)，另外，矩阵进行的乘法是真正的矩阵乘法(数学意义上的)，而在数组中的“*”则只是每一对应元素的数值相乘。

创建矩阵对象也非常简单，可以通过 asmatrix 把 ndarray 转换为矩阵。

```
ar1 = numpy.arange(20).reshape(5,4)
pr(numpy.asmatrix(ar1))
mt = numpy.matrix('1 2; 3 4',dtype = float)
pr(mt)
pr(type(mt))
```

输出为：

```
matrix([[ 0,  1,  2,  3],
        [ 4,  5,  6,  7],
        [ 8,  9, 10, 11],
        [12, 13, 14, 15],
        [16, 17, 18, 19]])
matrix([[ 1.,  2.],
        [ 3.,  4.]])
<class 'numpy.matrixlib.defmatrix.matrix'>
```

对两个符合要求的矩阵可以进行乘法运算：

```
mt1 = numpy.arange(0,10).reshape(2,5)
mt1 = numpy.asmatrix(mt1)
mt2 = numpy.arange(10,30).reshape(5,4)
mt2 = numpy.asmatrix(mt2)
mt3 = mt1 * mt2
pr(mt3)
```

输出为：

```
matrix([[220, 230, 240, 250],
        [670, 705, 740, 775]])
```

访问矩阵中的元素仍然使用类似于列表索引的方式：

```
pr(mt3[[1],[1,3]])
```

输出为：

```
matrix([[705, 775]])
```

对于二位数组以及矩阵，还可以进行一些更为特殊的操作，具体包括转置、求逆、求特征向量等：

```
import numpy.linalg as lg
a = numpy.random.rand(2,4)
pr(a)
a = numpy.transpose(a)          #转置数组
pr(a)
b = numpy.arange(0,10).reshape(2,5)
b = numpy.mat(b)
pr(b)
pr(b.T)                         #转置矩阵
```

输出为：

```
array([[ 0.73566352,  0.56391464,  0.3671079 ,  0.50148722],
       [ 0.79284278,  0.64032832,  0.22536172,  0.27046815]])
```

```
array([[ 0.73566352,  0.79284278],
       [ 0.56391464,  0.64032832],
       [ 0.3671079 ,  0.22536172],
```

```
import numpy.linalg as lg

a = numpy.arange(0,4).reshape(2,2)
a = numpy.mat(a)                       #将数组构造为矩阵(方阵)
pr(a)
ia = lg.inv(a)                         #求逆矩阵
pr(ia)
pr(a * ia)                             #验证 ia 是否为 a 的逆矩阵,相乘结果应该为单位矩阵
eig_value, eig_vector = lg.eig(a)      #求特征值与特征向量
pr(eig_value)
pr(eig_vector)
```

输出为：

```
matrix([[0, 1],
        [2, 3]])
matrix([[-1.5,  0.5],
        [ 1. ,  0. ]])
matrix([[ 1.,  0.],
        [ 0.,  1.]])
array([-0.56155281,  3.56155281])
matrix([[-0.87192821, -0.27032301],
        [ 0.48963374, -0.96276969]])
```

另外,可以对二维数组进行拼接操作,包括横纵两种拼接方式：

```
import numpy as np

a = np.random.rand(2,2)
b = np.random.rand(2,2)
pr(a)
pr(b)
c = np.hstack([a,b])
d = np.vstack([a,b])
pr(c)
pr(d)
```

输出为：

```
array([[ 0.39433009,  0.61635481],
       [ 0.90390343,  0.58251318]])
array([[ 0.48100629,  0.89721558],
       [ 0.07523263,  0.33338738]])
array([[ 0.39433009,  0.61635481,  0.48100629,  0.89721558],
       [ 0.90390343,  0.58251318,  0.07523263,  0.33338738]])
array([[ 0.39433009,  0.61635481],
```

```
 [ 0.90390343,  0.58251318],
 [ 0.48100629,  0.89721558],
 [ 0.07523263,  0.33338738]])
```

最后,可以使用 boolean mask(布尔屏蔽)来筛选需要的数组元素并绘图:

```
import matplotlib.pyplot as plt
a = np.linspace(0, 2 * np.pi, 100)
b = np.cos(a)
plt.plot(a,b)
mask = b >= 0.5
plt.plot(a[mask], b[mask], 'ro')
mask = b <= - 0.5
plt.plot(a[mask], b[mask], 'bo')
plt.show()
```

最终的绘图效果如图 10-2 所示。

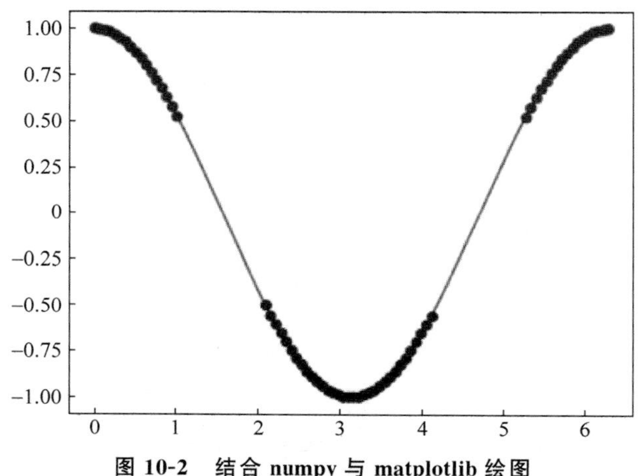

图 10-2　结合 numpy 与 matplotlib 绘图

10.3 Pandas

Pandas 一般被认为是基于 NumPy 而设计的,由于其丰富的数据对象和强大的函数方法,Pandas 成为数据分析与 Python 结合的最好范例之一。Pandas 中主要的高级数据结构:Series 和 DataFrame,帮助我们用 Python 更为方便简单地处理数据,其受众也愈发广泛。

由于一般需要配合 NumPy 使用,因此可以这样导入两个模块:

```
import pandas
import numpy as np
from pandas import Series, DataFrame
```

Series可以看作是一般的数组(一维数组),不过,Series这个数据类型具有索引(index),这是与普通数组十分不同的一点:

```
s = Series([1,2,3,np.nan,5,1])                        #从 list 创建
print(s)

a = np.random.randn(10)
s = Series(a, name = 'Series 1')                      #指明 Series 的 name
print(s)

d = {'a': 1, 'b': 2, 'c': 3}
s = Series(d,name = 'Series from dict')               #从 dict 创建
print(s)

s = Series(1.5, index = ['a','b','c','d','e','f','g'])  #指明 index
print(s)
```

需要注意的是,如果在使用字典创建Series时指定index,那么index的长度要和数据(数组)的长度相等。如果不相等,会被NaN填补,类似这样:

```
d = {'a': 1, 'b': 2, 'c': 3}
s = Series(d,name = 'Series from dict',index = ['a','c','d','b']) #从 dict 创建
print(s)
```

输出为:

```
a     1.0
c     3.0
d     NaN
b     2.0
Name: Series from dict, dtype: float64
```

注意,这里索引的顺序是和创建时索引的顺序一致的,"d"索引是"多余的",因此被分配了NaN(not a number,表示数据缺失)值。

当创建Series时的数据只是一个恒定的数值时,会为所有索引分配该值,因此,s = Series(1.5, index=['a','b','c','d','e','f','g'])会创建一个所有索引都对应1.5的Series。另外,如果需要查看index或者name,可以使用Series.index或Series.name来访问。

访问Series的数据仍然是使用类似列表的下标方法,或者是直接通过索引名访问,不同的访问方式包括:

```
s = Series(1.5, index = ['a','b','c','d','e','f','g']) #指明 index
print(s[1:3])
print(s['a':'e'])
print(s[[1,0,6]])
print(s[['g','b']])
print(s[s < 1])
```

输出为：

```
b    1.5
c    1.5
dtype: float64
a    1.5
b    1.5
c    1.5
d    1.5
e    1.5
dtype: float64
b    1.5
a    1.5
g    1.5
dtype: float64
g    1.5
b    1.5
dtype: float64
Series([], dtype: float64)
```

想要单纯访问数据值的话，使用 values 属性：

```
print(s['a':'e'].values)
```

输出为：

```
[ 1.5 1.5 1.5 1.5 1.5]
```

除了 Series，Pandas 中的另一个基础的数据结构就是 DataFrame，粗略地说，DataFrame 是将一个或多个 Series 按列逻辑合并后的二维结构，也就是说，每一列单独取出来是一个 Series，DataFrame 这种结构听起来很像是 MySQL 数据库中的表(table)结构。我们仍然可以通过字典(dict)来创建一个 DataFrame，例如通过一个值是列表的字典创建：

```
d = {'c_one': [1., 2., 3., 4.], 'c_two': [4., 3., 2., 1.]}
df = DataFrame(d, index = ['index1', 'index2', 'index3', 'index4'])
print(df)
```

输出为：

```
        c_one  c_two
index1    1.0    4.0
index2    2.0    3.0
index3    3.0    2.0
index4    4.0    1.0
```

但其实，从 DataFrame 的定义出发，应该从 Series 结构来创建。DataFrame 有一些基本的属性可供访问：

```
d = {'one': Series([1., 2., 3.], index = ['a', 'b', 'c']),
     'two': Series([1, 2, 3, 4], index = ['a', 'b', 'c', 'd'])}
```

```
df = DataFrame(d)
print(df)
print(df.index)
print(df.columns)
print(df.values)
```

输出为：

```
   one  two
a  1.0    1
b  2.0    2
c  3.0    3
d  NaN    4
Index(['a', 'b', 'c', 'd'], dtype = 'object')
Index(['one', 'two'], dtype = 'object')
[[  1.    1.]
 [  2.    2.]
 [  3.    3.]
 [ nan   4.]]
```

由于“one”这一列对应的 Series 数据个数少于“two”这一列，因此其中有一个 NaN 值，表示数据空缺。

创建 DataFrame 的方式多种多样，还可以通过二维的 ndarray 来直接创建：

```
d = DataFrame(np.arange(10).reshape(2,5),columns = ['c1','c2','c3','c4','c5'],index = ['i1',
'i2'])
print(d)
```

输出为：

```
    c1  c2  c3  c4  c5
i1   0   1   2   3   4
i2   5   6   7   8   9
```

还可以将各种方式结合起来。利用 describe()方法可以获得 DataFrame 的一些基本特征信息：

```
df2 = DataFrame({ 'A' : 1., 'B': pandas.Timestamp('20120110'), 'C': Series(3.14,index = list
(range(4))), 'D' : np.array([4] * 4, dtype = 'int64'), 'E' : 'This is E' })
print(df2)
print(df2.describe())
```

输出为：

```
     A          B       C     D     E
0  1.0 2012-01-10    3.14  4   This is E
1  1.0 2012-01-10    3.14  4   This is E
2  1.0 2012-01-10    3.14  4   This is E
3  1.0 2012-01-10    3.14  4   This is E
```

```
       A     C     D
count  4.0   4.00  4.0
mean   1.0   3.14  4.0
std    0.0   0.00  0.0
min    1.0   3.14  4.0
25%    1.0   3.14  4.0
50%    1.0   3.14  4.0
75%    1.0   3.14  4.0
max    1.0   3.14  4.0
```

DataFrame 中包括了两种形式的排序：一种是按行列排序，即按照索引（行名）或者列名进行排序，指定 axis=0 表示按索引（行名）排序，axis=1 表示按列名排序，并可指定升序或降序；第二种排序是按值排序，同样，也可以自由指定列名和排序方式：

```
d = {'c_one': [1., 2., 3., 4.], 'c_two': [4., 3., 2., 1.]}
df = DataFrame(d, index = ['index1', 'index2', 'index3', 'index4'])
print(df)
print(df.sort_index(axis = 0,ascending = False))
print(df.sort_values(by = 'c_two'))
print(df.sort_values(by = 'c_one'))
```

在 DataFrame 中访问（以及修改）数据的方法也非常多样化，最基本的是使用类似列表索引的方式：

```
dates = pd.date_range('20140101', periods = 6)
df = pd.DataFrame(np.arange(24).reshape((6,4)),index = dates, columns = ['A','B','C','D'])
print(df)
print(df['A'])                          #访问"A"这一列
print(df.A)                             #同上，另外一种方式
print(df[0:3])                          #访问前三行
print(df[['A','B','C']])                #访问前三列
print(df['A']['2014-01-02'])            #按列名行名访问元素
```

除此之外，还有很多更复杂的访问方法，如下：

```
print(df.loc['2014-01-03'])                 #按照行名访问
print(df.loc[:,['A','C']])                  #访问所有行中的 A、C 两列
print(df.loc['2014-01-03',['A','D']])       #访问'2014-01-03'行中的 A 和 D 列
print(df.iloc[0,0])                         #按照下标访问，访问第 1 行第 1 列元素
print(df.iloc[[1,3],1])                     #按照下标访问，访问第 2、4 行的第 2 列元素
print(df.ix[1:3,['B','C']])                 #混合索引名和下标两种访问方式，访问第 2 到第 3
                                            #行的 B、C 两列
print(df.ix[[0,1],[0,1]])                   #访问前两行前两列的元素(共 4 个)
print(df[df.B>5])                           #访问所有 B 列数值大于 5 的数据
```

对于 DataFrame 中的 NaN 值，Pandas 也提供了实用的处理方法，为了演示 NaN 的处理，先为目前的 DataFrame 添加 NaN 值：

```
df['E'] = pd.Series(np.arange(1,7),index = pd.date_range('20140101',periods = 6))
df['F'] = pd.Series(np.arange(1,5),index = pd.date_range('20140102',periods = 4))
print(df)
```

这时的 df 是：

```
              A   B   C   D  E    F
2014-01-01    0   1   2   3  1  NaN
2014-01-02    4   5   6   7  2  1.0
2014-01-03    8   9  10  11  3  2.0
2014-01-04   12  13  14  15  4  3.0
2014-01-05   16  17  18  19  5  4.0
2014-01-06   20  21  22  23  6  NaN
```

通过 dropna(丢弃 NaN 值,可以选择按行或按列丢弃)和 fillna 来处理(填充 NaN 部分)：

```
print(df.dropna())
print(df.dropna(axis = 1))
print(df.fillna(value = 'Not NaN'))
```

对于两个 DataFrame 可以进行拼接(或者说合并),可以为拼接指定一些参数：

```
df1 = pd.DataFrame(np.ones((4,5)) * 0, columns = ['a','b','c','d','e'])
df2 = pd.DataFrame(np.ones((4,5)) * 1, columns = ['A','B','C','D','E'])
pd3 = pd.concat([df1,df2],axis = 0)                          #按行拼接
print(pd3)
pd4 = pd.concat([df1,df2],axis = 1)                          #按列拼接
print(pd4)
pd3 = pd.concat([df1,df2],axis = 0,ignore_index = True)      #拼接时丢弃原来的 index
print(pd3)
pd_join = pd.concat([df1,df2],axis = 0,join = 'outer')       #类似 SQL 中的外连接
print(pd_join)
pd_join = pd.concat([df1,df2],axis = 0,join = 'inner')       #类似 SQL 中的内连接
print(pd_join)
```

对于“拼接”,其实还有另一种方法“append”。但 append 和 concat 之间有一些小差异,有兴趣的读者可以做进一步的了解,这里我们就不再赘述。最后,要提到 Pandas 自带的绘图功能(这里导入 matplotlib 只是为了使用 show 方法显示图表)：

```
from matplotlib import pyplot as plt

df = DataFrame(abs(np.random.randn(4,5)),
               columns = ['Students','Doctors','Teachers','Drivers','Trader'],
               index = ['Beijing','Shanghai','Hangzhou','Shenzhen'])
df.plot(kind = 'bar')
plt.show()
```

绘图结果可如图 10-3 所示。

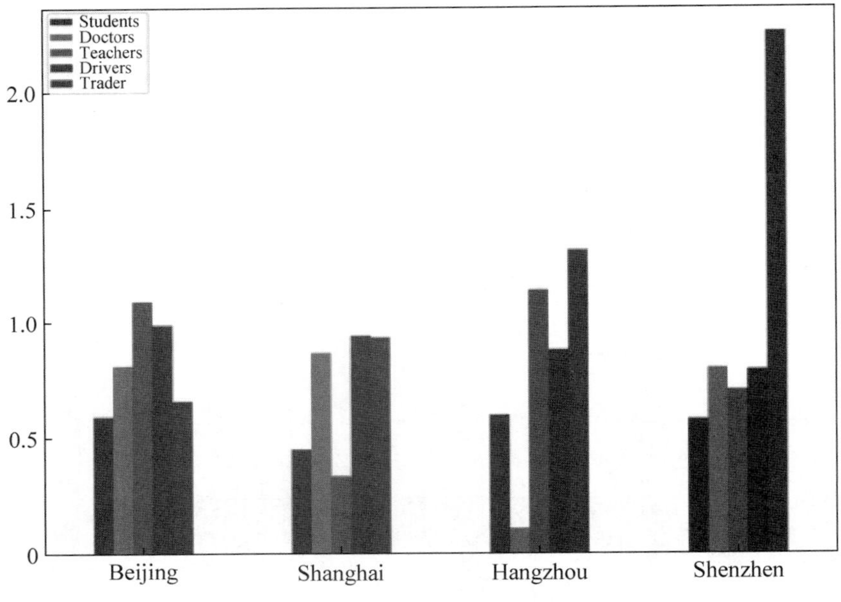

图 10-3　绘制 DataFrame 柱状图

10.4 Matplotlib

matplotlib.pyplot 是 Matplotlib 中最常用的模块，几乎就是一个从 MATLAB 的风格“迁移”过来的 Python 工具包。每个绘图函数对应某种功能，例如创建图形，创建绘图区域，设置绘图标签等。

```
from matplotlib import pyplot as plt
import numpy as np

x = np.linspace( - np.pi, np.pi)
plt.plot(x,np.cos(x), color = 'red')
plt.show()
```

这就是一段最基本的绘图代码，plot()方法会进行绘图工作，我们还需要使用 show()方法将图表显示出来，最终的绘制结果如图 10-4 所示。

在绘图时，我们可以通过一些参数设置图表的样式，例如颜色可以使用英文字母(表示对应颜色)、RGB 数值、十六进制颜色等方式来设置，线条样式可设置为“：”(表示点状线)、“—”(表示实线)等，点样式还可设置为“.”(表示圆点)、“s”(方形)、“o”(圆形)等等。可以通过这前 3 种默认提供的样式，直接进行组合设置，使用一个参数字符串，第一个字母为颜色，第二个字母为点样式，最后是线段样式：

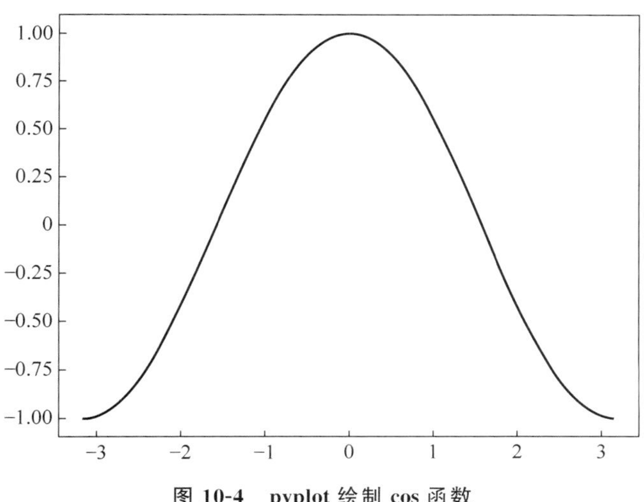

图 10-4 pyplot 绘制 cos 函数

```
x = np.linspace(0, 2 * np.pi, 50)
plt.plot(x, np.sin(x),'c:',
         x, np.sin(x - np.pi/2),'b - .')
plt.show()
```

另外,还可以添加 xy 轴标签、函数标签、图表名称等,效果如图 10-5 所示。

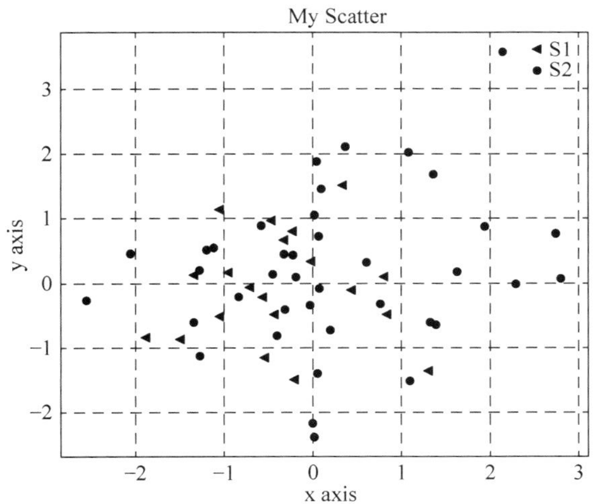

图 10-5 为散点图添加标签与名称

```
x = np.random.randn(20)
y = np.random.randn(20)
x1 = np.random.randn(40)
y1 = np.random.randn(40)
#绘制散点图
plt.scatter(x,y,s = 50,color = 'b',marker = '<',label = 'S1') #s:表示散点尺寸
```

```
plt.scatter(x1,y1,s = 50,color = 'y',marker = 'o',alpha = 0.2,label = 'S2') #alpha 表示透明度
plt.grid(True)              #为图表打开网格效果
plt.xlabel('x axis')
plt.ylabel('y axis')
plt.legend()                #显示图例
plt.title('My Scatter')
plt.show()
```

为了在一张图表中使用子图，需要添加一个额外的语句：在调用 plot() 函数之前先调用 subplot()。该函数的第一个参数代表子图的总行数，第二个参数代表子图的总列数，第三个参数代表子图的活跃区域。绘图效果如图 10-6 所示。

```
x = np.linspace(0, 2 * np.pi, 50)
plt.subplot(2, 2, 1)
plt.plot(x, np.sin(x), 'b',label = 'sin(x)')
plt.legend()
plt.subplot(2, 2, 2)
plt.plot(x, np.cos(x), 'r',label = 'cos(x)')
plt.legend()
plt.subplot(2, 2, 3)
plt.plot(x, np.exp(x), 'k',label  = 'exp(x)')
plt.legend()
plt.subplot(2, 2, 4)
plt.plot(x, np.arctan(x), 'y',label = 'arctan(x)')
plt.legend()
plt.show()
```

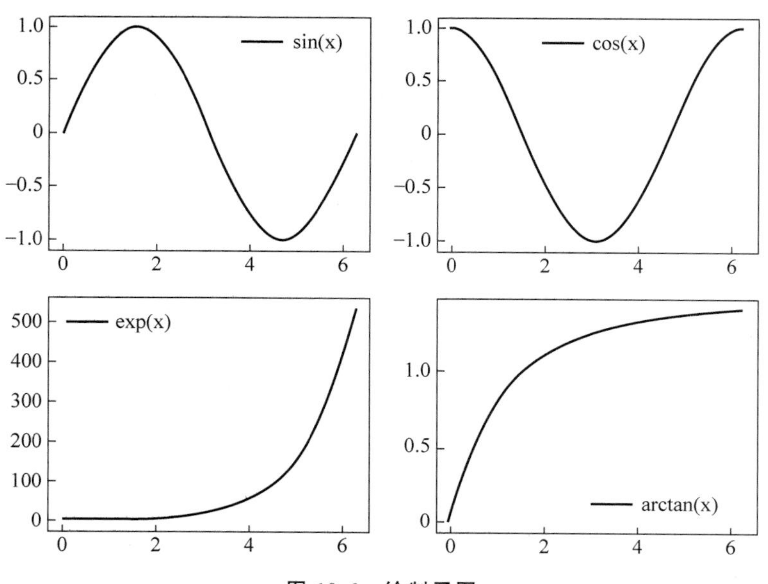

图 10-6　绘制子图

另外几种常用的图表绘图方式如下：

```
#条形图
x = np.arange(12)
y = np.random.rand(12)
labels = ['Jan','Feb','Mar','Apr','May','Jun','Jul','Aug','Sep','Oct','Nov','Dec']
plt.bar(x,y,color = 'blue',tick_label = labels)          #条形图(柱状图)
#plt.barh(x,y,color = 'blue',tick_label = labels)      #横条
plt.title('bar graph')
plt.show()

#饼图
size = [20,20,20,40]                                       #各部分占比
plt.axes(aspect = 1)
explode = [0.02,0.02,0.02,0.05]                            #突出显示
plt.pie(size,labels = ['A','B','C','D'],autopct = '%.0f%%',explode = explode,shadow = True)
plt.show()

#直方图
x = np.random.randn(1000)
plt.hist(x, 200)
plt.show()
```

最后要提到的是3D绘图功能，绘制三维图像主要通过mplot3d模块实现，它主要包含四个大类：

- mpl_toolkits.mplot3d.axes3d()
- mpl_toolkits.mplot3d.axis3d()
- mpl_toolkits.mplot3d.art3d()
- mpl_toolkits.mplot3d.proj3d()

其中，axes3d()下面主要包含了各种实现绘图的类和方法，可通过下面的语句导入：

```
from mpl_toolkits.mplot3d.axes3d import Axes3D
```

导入后开始作图：

```
from mpl_toolkits.mplot3d import Axes3D

fig = plt.figure()                                            #定义figure
ax = Axes3D(fig)
x = np.arange(-2, 2, 0.1)
y = np.arange(-2, 2, 0.1)
X, Y = np.meshgrid(x, y)                                      #生成网格数据
Z = X**2 + Y**2
ax.plot_surface(X, Y, Z ,cmap = plt.get_cmap('rainbow'))   #绘制3D曲面
ax.set_zlim(-1, 10)                                           #Z轴区间
plt.title('3d graph')
plt.show()
```

运行代码绘制出的图表如图10-7所示。

Matplotlib中还有很多实用的工具和细节用法（如等高线图、图形填充、图形标记等

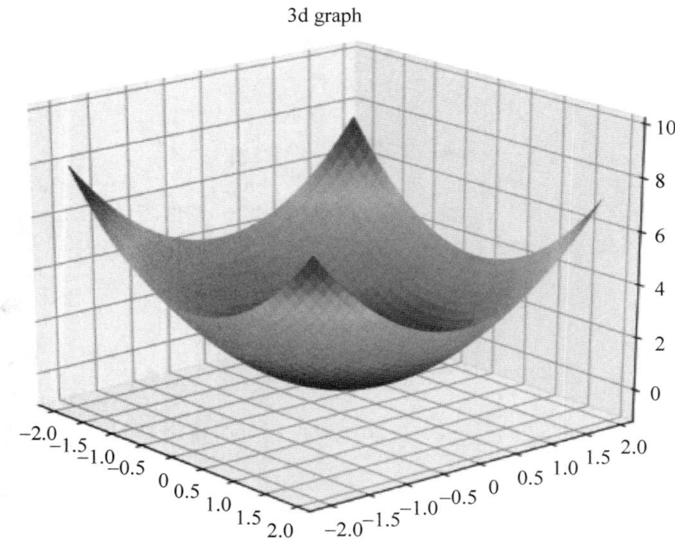

图 10-7　3D 绘图下的 z ＝ x^2＋y^2 函数曲线

等)，在有需求的时候查询用法和 API 即可。掌握上面的内容即可绘制一些基础的图表，便于进一步数据分析或者做数据可视化应用。如果需要更多图表样例，可以参考官方的这个页面：https://matplotlib.org/gallery.html，其中提供了十分丰富的图表示例。

10.5 SciPy 与 SymPy

SciPy 也是基于 NumPy 的库，它包含众多的数学、科学工程计算中常用的函数。例如，线性代数、常微分方程数值求解、信号处理、图像处理、稀疏矩阵等等。SymPy 是数学符号计算库，可以进行数学公式的符号推导。例如求定积分：

```
from sympy import  integrate
from sympy.abc import  a,x,y
a = integrate(x,
            (x,0,2.0)
            )
print(a) #输出为 2.0
```

SciPy 和 SymPy 在信号处理、概率统计等方面还有其他更复杂的应用，超出了我们主题的范围，在此就不做讨论了。

10.6 案例：新生数据分析与可视化

10.6.1　使用 Pandas 对数据预处理

每年开学季，很多学校都会为新生们制作一份描述性统计分析报告，并用公众号推送给新生，让每个人对这个将陪伴自己四年的群体有一个初步的印象。这份报告里面有各式各样的统计图，帮人们直观认识各种数据。本案例就是介绍如何使用 Python 来完成这些统计图的制作。案例将提供一份 Excel 格式的数据，里面有新生的年龄、身高、籍贯等基本信息。

首先用 Pandas 中 read_excel 方法将表格信息导入，并查看数据信息。

```
import pandas as pd
#这两个参数的默认设置都是 False,若列名有中文,展示数据时会出现对齐问题
pd.set_option('display.unicode.ambiguous_as_wide', True)
pd.set_option('display.unicode.east_asian_width', True)
#读取数据
data = pd.read_excel(r'D:\编程\机器学习与建模\可视化\小作业使用数据.xls')
#查看数据信息
print(data.head())
print(data.shape)
print(data.dtypes)
print(data.describe())
```

输出如下所示：

```
      序号 性别  年龄  身高  体重      籍贯     星座
0      1   女    19   164  57.4    陕西省   双子座
1      2   男    19   173  63.0      福建   射手座
2      3   男    21   177  53.0      天津     水瓶
3      4   女    19   160  94.0      宁夏   射手座
4      5   男    20   183  65.0      山东     摩羯
(160, 7)
序号       int64
性别      object
年龄       int64
身高       int64
体重     float64
籍贯      object
星座      object
dtype: object
              序号          年龄          身高          体重
count  160.000000  160.000000  160.000000  160.000000
mean    80.500000   19.831250  173.962500   67.206875
std     46.332134    2.495838    7.804117   14.669873
min      1.000000   18.000000  156.000000   42.000000
25%     40.750000   19.000000  168.750000   56.750000
50%     80.500000   20.000000  175.000000   65.250000
75%    120.250000   20.000000  180.000000   75.000000
max    160.000000   50.000000  188.000000  141.200000
```

由以上输出结果可以看出一共有 160 条数据，每条数据 7 个属性，其名称和类型也都给出。通过 Pandas 为 Dataframe 型数据提供的 describe 方法，可以求出每一列数据的数量

(count)、均值(mean)、标准差(std)、最小值(min)、下四分位数(25%)、中位数(50%)、上四分位数(75%)、最大值(max)等统计指标。

对于'籍贯'等字符串型数据,describe 方法无法直接使用,但是可以将其类型改为'category'(类别):

```
data['籍贯'] = data['籍贯'].astype('category')
print(data.籍贯.describe())
```

输出如下所示:

```
count         160
unique         55
top         山西省
freq           10
Name: 籍贯, dtype: object
```

输出结果中,count 表示非空数据条数,unique 表示去重后非空数据条数,top 表示数量最多的数据类型,freq 是最多数据类型的频次。

去重后非空数据条数为 55,远多于我国省级行政区数量,这说明数据存在问题。在将籍贯改为'category'类型后,可以调用 cat.categories 来查看所有类型,以发现原因:

```
print(data.籍贯.cat.categories)
```

输出如下所示:

```
Index(['上海市', '云南', '内蒙古', '北京', '北京市', '吉林省', '长春',
       '四川', '四川省', '天津', '天津市', '宁夏', '安徽',
       '安徽省', '山东', '山东省', '山西', '山西省', '广东', '广东省',
       '广西壮族自治区', '新疆', '新疆维吾尔自治区', '江苏', '江苏省', '江西',
       '江西省', '河北', '河北省', '河南', '河南省', '浙江', '浙江省',
       '海南省', '湖北', '湖北省', '湖南', '湖南省', '甘肃', '甘肃省', '福建',
       '福建省', '西藏', '西藏自治区', '贵州省', '辽宁', '辽宁省', '重庆',
       '重庆市', '陕西', '陕西省', '青海', '青海省', '黑龙江省'],
      dtype = 'object')
```

可以看到数据并不是十分的完美,同一省份有不同的名称,例如'山东'和'山东省'。这是在数据搜集时考虑不完善,没有统一名称导致的。这种情况在实际中十分常见。而借助 Python,可以在数据规模庞大的时候高效准确地完成数据清洗工作。

这里要用到 apply 方法。apply 方法是 Pandas 中自由度最高的方法,有着十分广泛的用途。apply 最有用的是第一个参数,这个参数是一个函数,依靠这个参数,可以完成对数据的清洗。代码如下:

```
data['籍贯'] = data['籍贯'].apply(lambda x: x[:2])
print(data.籍贯.cat.categories)
```

输出如下所示：

```
Index(['上海', '云南', '内蒙', '北京', '吉林', '四川', '天津', '宁夏', '安徽',
       '山东', '山西', '广东', '广西', '新疆', '江苏', '江西', '河北', '河南',
       '浙江', '海南', '湖北', '湖南', '甘肃', '福建', '西藏', '贵州', '辽宁',
       '重庆', '陕西', '青海', '黑龙'],
      dtype = 'object')
```

从这个例子里可以初步体会到 apply 方法的妙处。这里给第一参数设置的是一个 lambda 函数，功能很简单，就是取每个字符串的前两位。这样处理后数据就规范很多了，也有利于后续的统计工作。但仔细观察后发现，仍存在问题。像'黑龙江省'这样的名称，前两个字'黑龙'显然不能代表这个省份。这时可以另外编写一个函数。示例如下：

```
def deal_name(name):
    if '黑龙江' == name or '黑龙江省' == name:
        return '黑龙江'
    elif '内蒙古自治区' == name or '内蒙古' == name:
        return '内蒙古'
    else:
        return name[:2]
data['籍贯'] = data['籍贯'].apply(deal_name)
print(data.籍贯.cat.categories)
```

输出如下所示：

```
Index(['上海', '云南', '内蒙古', '北京', '吉林', '四川', '天津', '宁夏',
       '安徽', '山东', '山西', '广东', '广西', '新疆', '江苏', '江西', '河北',
       '河南', '浙江', '海南', '湖北', '湖南', '甘肃', '福建', '西藏', '贵州',
       '辽宁', '重庆', '陕西', '青海', '黑龙江'],
      dtype = 'object')
```

如果想将数据中的省份名字都换为全称或简称，编写对应功能的函数就可以实现。对星座这列数据的处理同理，留作本章练习。

10.6.2 使用 Matplotlib 库画图

处理完数据就进入画图环节。首先是男生身高分布的直方图，代码如下：

```
import matplotlib.pyplot as plt
#设置字体,否则汉字无法显示
plt.rcParams['font.sans-serif'] = ['Microsoft YaHei']
#选中男生的数据
male = data[data.性别 == '男']
#检查身高是否有缺失
if any(male.身高.isnull()):
    #存在数据缺失时丢弃掉缺失数据
```

```
    male.dropna(subset = ['身高'], inplace = True)
  #画直方图
  plt.hist(x = male.身高,                    #指定绘图数据
          bins = 7,                         #指定直方图中条块的个数
          color = 'steelblue',              #指定直方图的填充色
          edgecolor = 'black',              #指定直方图的边框色
          range = (155,190),                #指定直方图区间
          density = False                   #指定直方图纵坐标为频数
          )
  #添加x轴和y轴标签
  plt.xlabel('身高(cm)')
  plt.ylabel('频数')
  #添加标题
  plt.title('男生身高分布')
  #显示图形
  plt.show()
  #保存图片到指定目录
  plt.savefig(r'D:\figure\男生身高分布.png')
```

plt.hist 需要留意的参数有三个：bins、range 和 density。bins 决定了画出的直方图有几个条块，range 则决定了直方图绘制时的上下界。range 默认取给定数据(x)中的最小值和最大值，通过控制这两个参数就可以控制直方图的区间划分。示例代码中将[155,190]划分为 7 个区间，每个区间长度恰好为 5。density 参数默认值为布尔值 False，此时直方图纵坐标含义为频数，如图 10-8 所示。

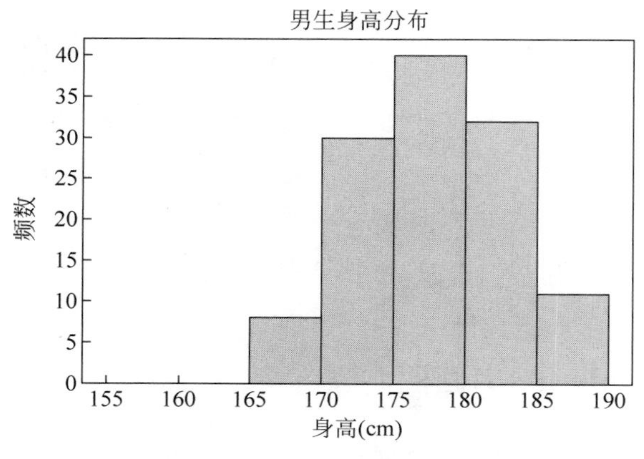

图 10-8　男生身高分布图

自然界中有很多正态分布，那么新生中男生的身高符合正态分布吗？可以在直方图上加一条正态分布曲线，可直观比较。需要注意，此时直方图的纵坐标必须代表频率，density 参数需改为 True，否则正态分布曲线就失去意义。在上述代码 plt.show 中添加如下内容：

```
import numpy as np
from scipy.stats import norm
```

```
x1 = np.linspace(155, 190, 1000)
normal = norm.pdf(x1, male.身高.mean(), male.身高.std())
plt.plot(x1, normal, 'r-', linewidth=2)
```

可以看出男生身高分布与正态分布比较吻合，如图 10-9 所示。

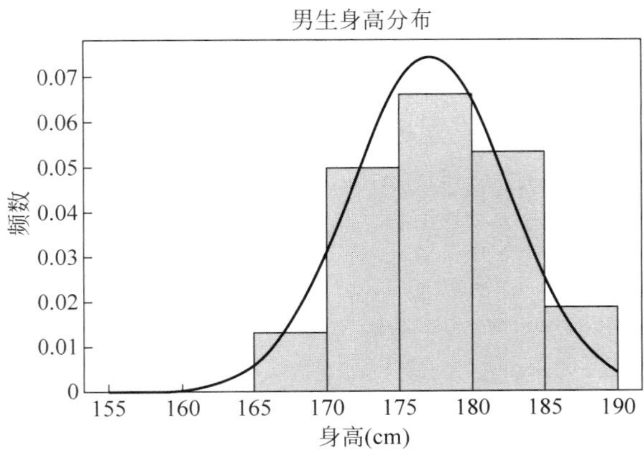

图 10-9　男生身高分布图拟合曲线

10.6.3　使用 Pandas 进行绘图

除了用 Matplotlib 库外，读取 Excel 表格时用的 Pandas 库也可以绘图。Pandas 里的绘图方法其实是 Matplotlib 库里 plot 的高级封装，使用起来更简单方便。这里用柱状图的绘制作示范。

首先用 Pandas 统计各省份男生和女生的数量，将结果存储为 Dataframe 格式。

```
people_counting = data.groupby(['性别','籍贯']).size()
p_c = {'男': people_counting['男'], '女': people_counting['女']}
p_c = pd.DataFrame(p_c)
print(p_c.head())
```

输出如下所示：

```
          女    男
籍贯
内蒙古   1.0  1.0
北京     4.0  4.0
四川     2.0  8.0
宁夏     2.0  NaN
山东     3.0  8.0
```

标签标题设置方法与 Matplotlib 中一致。绘图部分代码如下：

```
#空缺值设为零(没有数据就是 0 条数据)
p_c.fillna(value=0, inplace=True)
```

```
#调用 Dataframe 中封装的 plot 方法
p_c.plot.bar(rot = 0, stacked = False)
plt.xticks(rotation = 90)
plt.xlabel('省份')
plt.ylabel('人数')
plt.title('各省人数分布')
plt.show()
plt.savefig(r'D:\figure\各省人数分布')
```

使用封装好的 plot 方法，图例自动生成，代码有所简化，如图 10-10 所示。

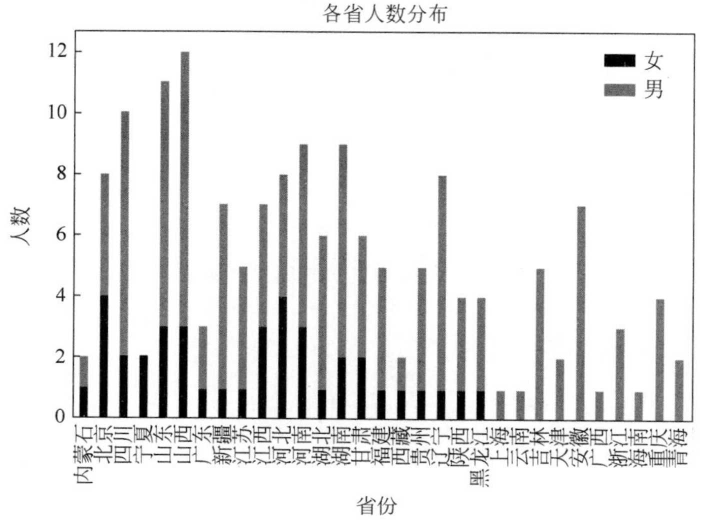

图 10-10　各省人数分布图(堆叠条形图)

将 plot. bar()的 stack 参数改为 False，得到的图为非堆叠条形图，如图 10-11 所示。

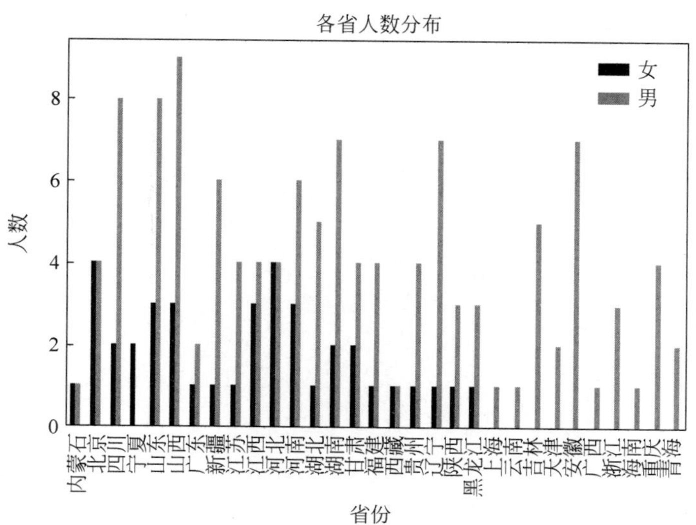

图 10-11　各省人数分布图(非堆叠条形图)

10.7 案例：美国波士顿房价预测

10.7.1 背景介绍

这一节我们将提供一个银行业经常处理的房价预测问题案例。银行在开出购房贷款时，除了审核由贷款者提供的住房信息外，通常还需要使用额外的手段在银行内部对贷款者提供的信息进行评定；房价预测就是银行所可能使用的手段之一。此外，房屋中介商也可以通过现场勘测所获得的房屋信息，利用房价预测的模型了解最终可能出售的价格区间，从而制定一系列谈判方案，帮助买卖双方完成交易。

通常，完整的数据分析包含五个步骤：定义问题、收集数据、预处理数据(又称清洗数据)、数据分析与分析结果。这一案例需要解决的问题是如何利用手头上已有的波士顿房源信息和房价，来对后续尚未出售房屋进行估价；数据已经由代理收集完毕，并提交到了指定的文件中(这一案例中使用到的数据来源于知名的数据分析竞赛 Kaggle，所有数据都可以从 https://www.kaggle.com/c/5407/download-all 下载)。因此，我们的工作主要集中在收集数据之后的部分，即从预处理数据这一环节开始。在对数据完成清洗之后，利用在这一步骤中对数据获取的认识选用合适的模型来对数据进行建模，最后用测试数据来对生成的模型进行评估。

数据分析中人们通常使用 Jupyter Notebook 来运行 Python 代码，它是一个基于网页的交互计算程序。利用它，开发人员可以完成计算的全过程，即开发、文档编写、运行代码和展示结果。同时，由于 Jupyter Notebook 基于 Web 技术开发，使用者还可以通过它使用另一台远程计算机的计算资源完成运算。很多公司都开放了免费的 Jupyter 计算实例，如 Google Colab 就为使用者提供了免费的 GPU 计算资源。图 10-12 展示了如何使用 Jupyter Notebook 来执行一段代码。

【试一试】 安装 Jupyter Notebook，并创建一个笔记本文件，在这个笔记本文件中仿照图 10-12 编写一段代码，生成两组各 100 个随机数，以第一组为横坐标、第二组为纵坐标，绘制出这些数据的散点图。

10.7.2 数据清洗

要使得模型能够正确地处理数据，必须先对数据做出一定的预处理，对特征以及特征的值进行变换。下面依次介绍对此数据集进行预处理的各个步骤。

在 Python 数据分析中，通常使用 Pandas 库来对数据进行管理，它能够实现类似于 DBMS 的数据操作，如对两个表进行拼接、条件检索等。公开数据集通常以 CSV 的格式提供，使用 Pandas 的 pandas.read_csv(path，…) 方法就能够将它们引入进来。下面的代码将训练集数据从本地文件系统中引入，引入的数据在代码中体现为 train 这一变量引用的一个 pandas DataFrame。

```
INPUT_PATH = './input/house-prices-advanced-regression-techniques'
train = pd.read_csv(f'{INPUT_PATH}/train.csv')
```

引入库。

```
In [1]: import matplotlib.pyplot as plt
        import numpy as np
```

随机生成 100 个点，绘制它们的散点图。

```
In [14]: data = np.random.rand(100, 2)
         data.shape
Out[14]: (100, 2)

In [15]: plt.scatter(x=data[:,0], y=data[:,1])
Out[15]: <matplotlib.collections.PathCollection at 0x13ad2278670>
```

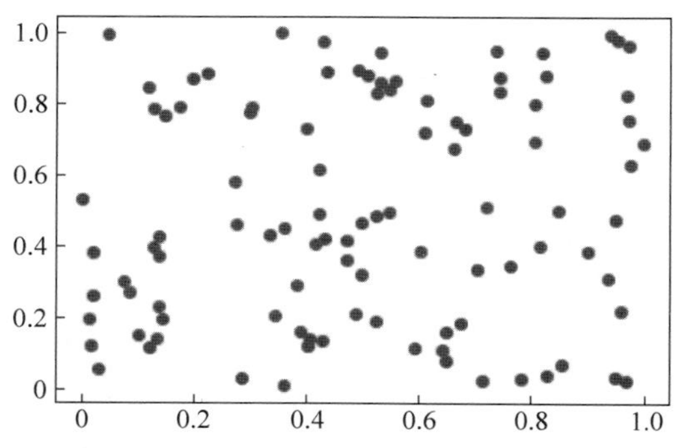

图 10-12 Jupyter Notebook 示例

在开始所有工作之前，应当先对要处理的数据建立一个感性认识。本数据集提供了一个描述文件 data_description.txt，其中描述了每一特征具体的含义及可能的值。另外，还可以使 DataFrame.head(self, n, …) 输出前 n 个数据点，使用 DataFrame.describe(self, include='all', …) 来查看所有特征的各个统计学特性；两个描述方法的运行结果分别如图 10-13 和图 10-14 所示。

```
train.head(10)
```

	Id	MSSubClass	MSZoning	LotFrontage	LotArea	Street	Alley	LotShape
0	1	60	RL	65.0	8450	Pave	NaN	Reg
1	2	20	RL	80.0	9600	Pave	NaN	Reg
2	3	60	RL	68.0	11250	Pave	NaN	IR1
3	4	70	RL	60.0	9550	Pave	NaN	IR1
4	5	60	RL	84.0	14260	Pave	NaN	IR1
5	6	50	RL	85.0	14115	Pave	NaN	IR1
6	7	20	RL	75.0	10084	Pave	NaN	Reg
7	8	60	RL	NaN	10382	Pave	NaN	IR1
8	9	50	RM	51.0	6120	Pave	NaN	Reg
9	10	190	RL	50.0	7420	Pave	NaN	Reg

图 10-13 训练集前十个数据点

```
df.describe(include = 'all')
```

	Id	MSSubClass	MSZoning	LotFrontage	LotArea
count	1460.000000	1460.000000	1460	1201.000000	1460.000000
unique	NaN	NaN	5	NaN	NaN
top	NaN	NaN	RL	NaN	NaN
freq	NaN	NaN	1151	NaN	NaN
mean	730.500000	56.897260	NaN	70.049958	10516.828082
std	421.610009	42.300571	NaN	24.284752	9981.264932
min	1.000000	20.000000	NaN	21.000000	1300.000000
25%	365.750000	20.000000	NaN	59.000000	7553.500000
50%	730.500000	50.000000	NaN	69.000000	9478.500000
75%	1095.250000	70.000000	NaN	80.000000	11601.500000
max	1460.000000	190.000000	NaN	313.000000	215245.000000

图 10-14　训练集各个特征的统计学指标

通过这两个方法,可以了解到一个 DataFrame 的大致特征,这在数据清洗的过程中非常重要,因此实践时这两个接口在后续的分析过程中还会被大量的使用。

【提示】 可以使用类似于词典索引的方法来对 DataFrame 的数据进行条件检索。例如,可以使用 DataFrame[condition]来检索出所有 condition == True 的数据点,使用 DataFrame[list] 来抽取出所有列名存在于 list 中的数据子集。图 10-15 和图 10-16 给出了两个示例。

```
train[['Id', 'SalePrice']].head(5)
```

	Id	SalePrice
0	1	208500
1	2	181500
2	3	223500
3	4	140000
4	5	250000

图 10-15　DataFrame[list] 运行结果

```
train[(train.SalePrice < 200000) & (train.Id < 10)]
```

	Id	MSSubClass	MSZoning	LotFrontage	LotArea	Street	Alley
1	2	20	RL	80.0	9600	Pave	NaN
3	4	70	RL	60.0	9550	Pave	NaN
5	6	50	RL	85.0	14115	Pave	NaN
8	9	50	RM	51.0	6120	Pave	NaN

图 10-16　DataFrame[condition] 运行结果

观察上面的输出结果不难发现，某些数据点的一部分特征中存在着 NaN 值。由于数据收集中存在的各种问题，如收集方案的变更、内容涉及调查对象隐私等，数据集中的数据并不总是完整的，它们可能在某些特征上有缺失，这些缺失的部分不能参与后续的模型计算，因此必须先通过某种手段对数据进行一定的预处理，使得数据集中不存在任何缺失。具体的手段主要有三种，一是移除缺失某种特征的所有数据点，二是移除所有数据点中的某一特征，三是对缺失的数据进行填补，这些手段分别适用于不同的场景。

首先分析哪些特征发生了缺失。下面的代码能够按照列计算发生了对应特征缺失的样本数量，产生的结果 miss_cnt 也是一个 DataFrame。运行结果如图 10-17 所示。

```
print('数据总条数：', train.shape[0])
miss_cnt = train.isna().sum()
miss_cnt = miss_cnt[miss_cnt != 0].sort_values(ascending = False)
print(miss_cnt)
```

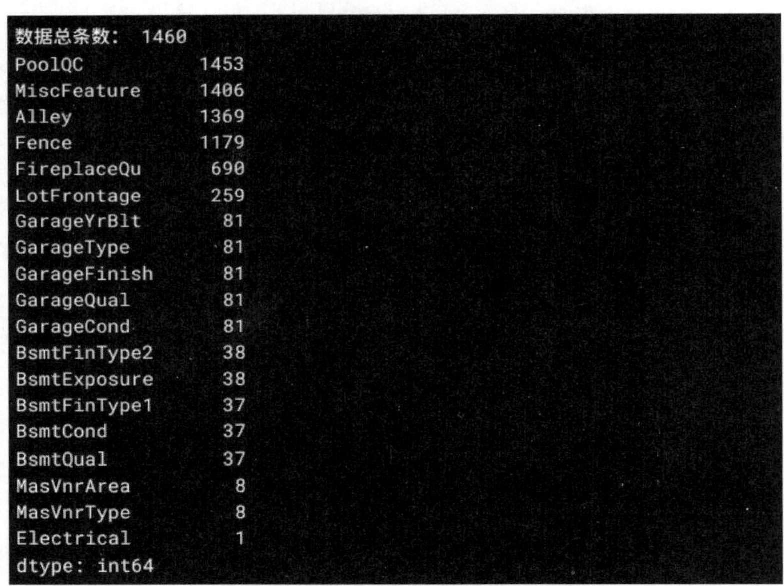
```
数据总条数： 1460
PoolQC          1453
MiscFeature     1406
Alley           1369
Fence           1179
FireplaceQu      690
LotFrontage      259
GarageYrBlt       81
GarageType        81
GarageFinish      81
GarageQual        81
GarageCond        81
BsmtFinType2      38
BsmtExposure      38
BsmtFinType1      37
BsmtCond          37
BsmtQual          37
MasVnrArea         8
MasVnrType         8
Electrical         1
dtype: int64
```

图 10-17　缺失数据的数量

可以发现，这些数据特征存在着不同程度的缺失。查看 data_description.txt 可以得知，PoolQC 这一特征指的是房子游泳池的品质，是一个分类型特征，即其值是离散的、不具有数学意义的。例如，常用的分类型评价指标包含四个值："优秀""良好""中等"和"差"。由于这一特征缺失的比例过高(99.5%)，直接丢弃此特征。剩余的特征中，MiscFeature、Alley、Fence、FireplaceQu、BsmtQual 也是分类型特征，由于它们都有一个 NA 类来代表没有此方面特性，例如，FireplaceQu 特征的 NA 表示这个房子没有壁炉，因此直接 NA 来对缺失值进行填充即可。另一些特征，如 LotFrontage、BsmtExposure 等，它们是数值类特征，即其值是连续的、具有数学意义的。这些数值缺失的比例并不高，可以根据特征具体含义，采取填充平均值或填充 0 的方法来进行补充。

【试一试】 查阅 Pandas 的文档，使用 DataFrame.drop(self, …)、DataFrame.dropna(self, …)和 DataFrame.fillna(self, …)三个方法完成上述数据处理操作。

用于训练的数学模型大多数都很容易受到异常值(outlier)的影响，因此最好在训练之前先将这些异常值从训练集中移除。图 10-18 展示了一种发现异常值的方法，可以看到 GrLivArea 和 SalePrice 大致是红色箭头所展示的线性关系，然而红框标注的两个样本严重偏移了这条线，因此应当将它们从训练集中移除。

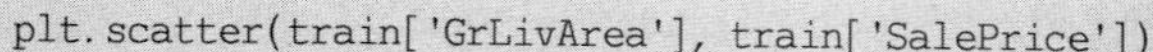

```
plt.scatter(train['GrLivArea'], train['SalePrice'])
```

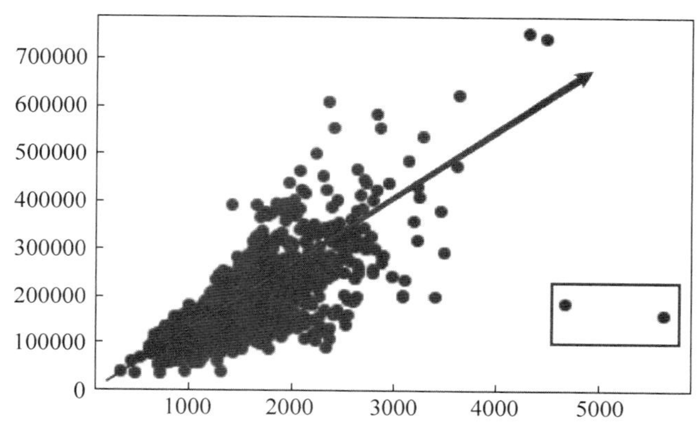

图 10-18　横坐标 GrLivArea 和纵坐标 SalePrice 两特征之间的散点图

使用以下代码来移除这两个异常值：

```
outliers = train[(train['GrLivArea'] > 4000) & (train['SalePrice'] < 200000)]
train.drop(index = outliers.index, inplace = True)
```

除了逐个特征手工绘制以外，还可以使用 seaborn.pairplot(data, …) 绘制成对矩阵图；它能够根据横纵坐标的数据类型自动选择绘制直方图和散点图。下面的代码对选定的几个特征绘制了成对矩阵图，结果如图 10-19。可以注意到，其中第 1 行第 3 列的子图实际上就是图 10-18。

```
sns.pairplot(train[[
    'SalePrice', 'OverallQual', 'GrLivArea', 'GarageCars'
]])
```

【试一试】 继续寻找其他的异常值，并将它们从训练集中移除。剩余的异常值数量不多，但移除它们能够显著改善模型的表现。

由于数据分析模型采用数学的方法来对各个特征进行运算操作，且分类型特征的值无法参与数学运算，还需要将分类型特征转化为数值型特征。主要做法有两种，第一种是标签编码(label encode)，即对一个特征下的所有已知离散值建立一个到整数值映射，如“中国”“美国”“德国”和“日本“分别映射到 0、1、2、3。但这种方法并不常用，首先这一映

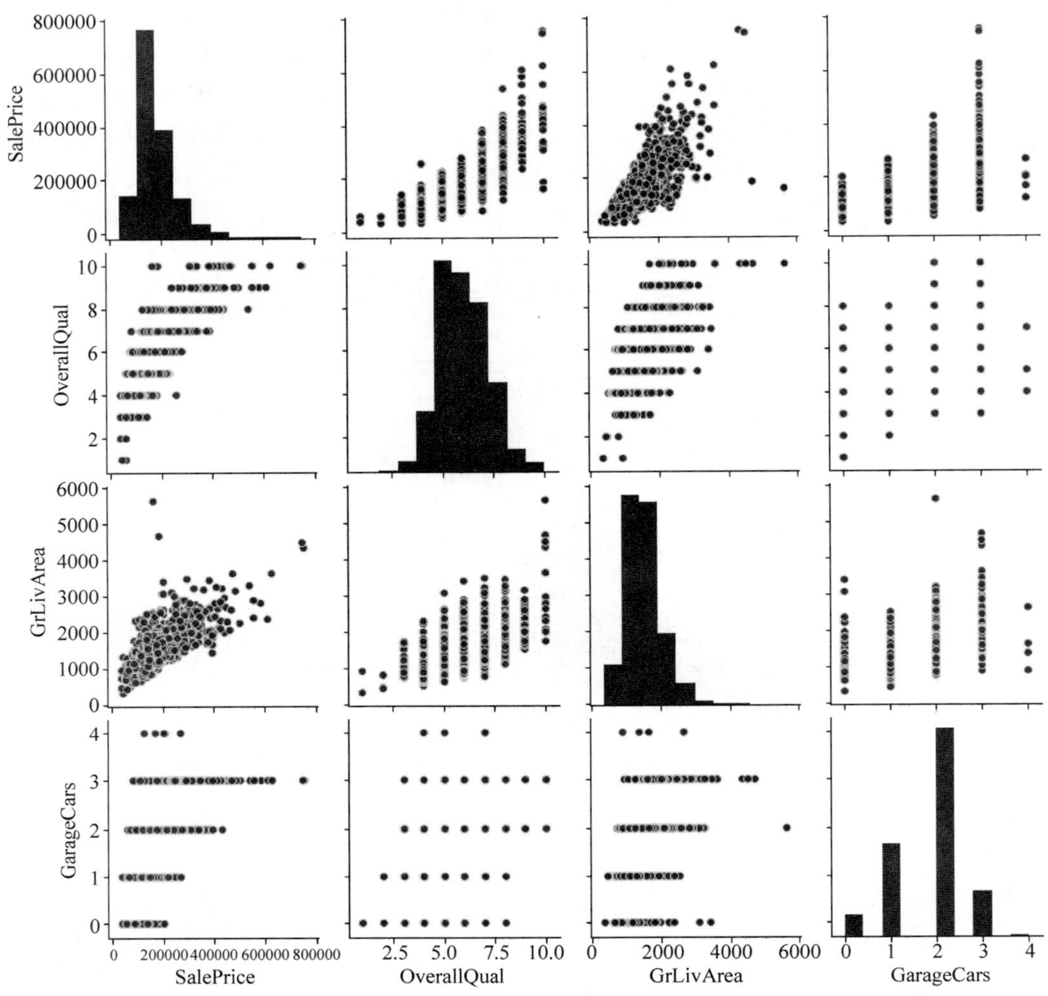

图 10-19 选定特征之间的成对矩阵图

射可能不是满射，如果此时出现了未知的离散类型值，这一种编码方式将无法有效地处理（例如，在前面的分类型特征中出现了一个值为“法国”的数据点）；另外，这些类型值本身可能是不可比的，但其映射之后的数值却存在着大小关系，例如“中国”和“美国”并不存在大小关系，但其映射值 0 小于 1，这有可能会影响到模型的表现。因此，人们通常采用另一种方法独热编码（one hot encode），即将一个类型值转换为一个二元值域的新特征。独热编码避免了标签编码的缺陷，但也带来了一些新的问题，其中之一是它可能会导致数据特征过多，从而影响模型的训练速度。图 10-20 演示了独热编码方法编码的过程。

【试一试】 Pandas 提供了 pandas. get_dummies(dataframe, …) 这一方法来快速地实现独热编码，而 scikit-learn. prepocessing 也提供了 LabelEncoder 和 OneHotEncoder 两个类来帮助实现自动化的特征编码。查阅 scikit-learn 的文档，使用 OneHotEncoder 来完成对训练集数据特征的编码工作。注意，OneHotEncoder. transform() 返回的是一个 NumPy

In[52]:

```
dt = pd.DataFrame([
    {'Country': 'China'},
    {'Country': 'US'},
    {'Country': 'Japan'},
    {'Country': 'China'}
])
dt.head()
```

Out[52]:

	Country
0	China
1	US
2	Japan
3	China

In[51]:

```
pd.get_dummies(dt)
```

Out[51]:

	Country_China	Country_Japan	Country_US
0	1	0	0
1	0	0	1
2	0	1	0
3	1	0	0

图 10-20　独热编码 效果演示

数组，因此可能还需要搭配 OneHotEncoder. get_feature_names() 接口来获取生成的特征名，再使用 pandas. DataFrame(array, …) 复原出一个 DataFrame。

除了通过特征编码来生成新的特征之外，还可以通过人工分析生成一些更有效的特征。例如，数据集中的两个特征 YearRemodAdd 和 YrSold 分别表示房子上一次重新装修的年份和房子出售的年份，可以将两个特征相减得到一个新的特征：YrSinceRemod，即房子重新装修了多久，这一特征显然对于房价会有更直接、更显著的影响。再例如，我们可以将房子里的浴室面积按照公式 df['TotalBath'] = df['FullBath'] + df['BsmtFullBath'] + 0.5 * (df['HalfBath'] + df['BsmtHalfBath']) 相加，生成 TotalBath 这一新的特征。

【试一试】 仔细阅读 data_description. txt，分析还能生成哪些特征。

在回归问题当中，数据的特征非常重要，更多的特征能够使得模型达到更好的拟合程度，但同时也更容易使模型遇到过拟合的问题，即模型一味贴合训练数据导致其泛化能力变差。一种避免这一问题的手段是通过分析数据各个特征之间的相关度来去除一些冗余的特征。可以使用 DataFrame. corr(self, …) 来计算各个特征之间的相关度，再使用 seaborn. heatmap(corr, …) 来生成相关度的热度图。如通过图 10-21，可以发现选定的特征与房价之间均有着非常高的相关度，而 GrLivArea 和 TotRmsAbvGrd 两个特征之间也具有非常高的相关度。如果后续训练模型的过程中发现可能存在过拟合的问题，可以返回这一步，将高相关度的特征去除一部分，再进行尝试。

```
selected_columns = [
  'OverallQual', 'TotalBsmtSF', 'GrLivArea',
  'TotRmsAbvGrd', 'Fireplaces', 'GarageCars', 'SalePrice'
]
corr = train[selected_columns].corr()
sns.heatmap(corr)
```

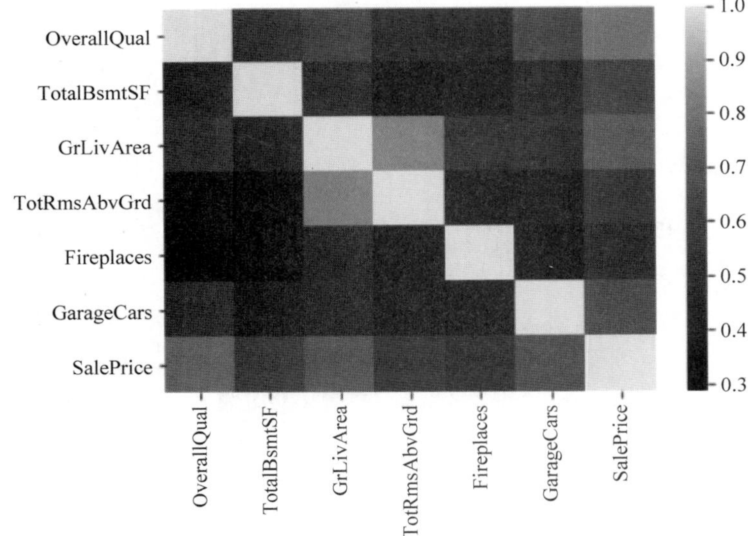

图 10-21　选定特征之间相关度的热力图

为了进一步了解各个特征和目标变量之间的关系，可以绘制箱线图。箱线图的“箱”上界为 Q3(第三四分位，即数据排序后 75%的位置)，下界为 Q1(第一四分位，即数据排序后 25%的位置)；Q3-Q1 的对应值称为 IQR(interquartile range)；“线”的上界为 Q3＋1.5 * IQR，下界为 Q1-1.5 * IQR，位于线外的点均为可能的异常值。图 10-22 展示了如何使用 seaborn 绘制箱线图来描述 OverallQual(房屋总体质量)和房价之间的联系，可以发现两者之间大致存在着正相关的关系，因此最好保留 OverallQual 这一特征，但其中存在着比较多的异常值，因此可能需要对这一特征进行进一步的变换。

除了手动进行相关度分析，还可以使用主成分分析(PCA)等信息学方法来对数据进行降维，但 PCA 存在一定局限性，这里限于篇幅不再详细展开。

为了让模型能够更好地对数据进行拟合，通常还要对数据的数值进行一定的处理。首先，很多回归模型对于符合正态分布的数据具有最好的拟合度，因此我们需要对数据进行一定的处理，使得数据更趋近于正态分布。偏度(skewness)是用来描绘一系列数据符合正态分布的程度的指标，完全正态分布的数据偏度为 0；偏度绝对值越大，数据就越不符合正态分布。使用 DataFrame.skew(self, …) 或者 scipy.stats.skew() 可以计算每一类特征总体的偏度。应用统计学中通常使用 np.log1p() 来降低数据的偏度，即对数据值加 1 后求自然对数；也有更加通用的 Box-Cox 转换来实现去偏度。

```
sns.boxplot(data = train, x = 'OverallQual', y = 'SalePrice')
```

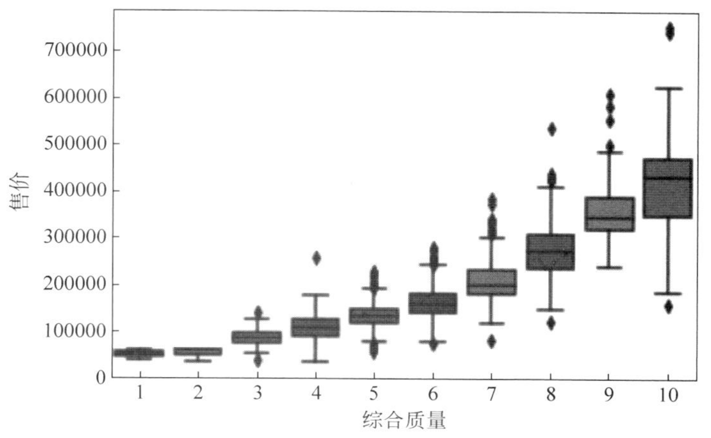

图 10-22 综合质量和售价之间的箱线图

首先对目标变量进行分析。使用 sns.displot(list, fit, …) 可以绘制出数据的分布图，从图 10-23 可以看出目标变量(蓝色)与拟合的正态分布(黑色)相比存在一定的左偏；这在概率曲线图中也有所体现，如图 10-24 所示。对于目标变量(即 SalePrice)来说，使用 np.log1p(data, …)来降低偏度，这样方便之后对预测结果的复原。

```
from scipy.stats import norm
sns.distplot(train['SalePrice'], fit = norm)
```

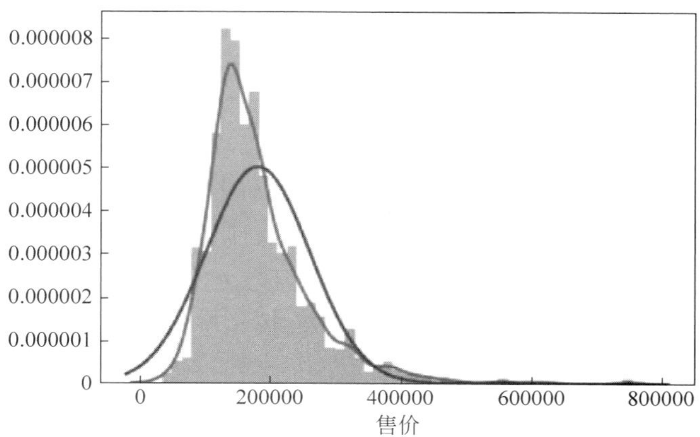

图 10-23 售价的分布概率图及其正态分布拟合曲线

```
from scipy import stats
res = stats.probplot(train['SalePrice'], plot = plt)
```

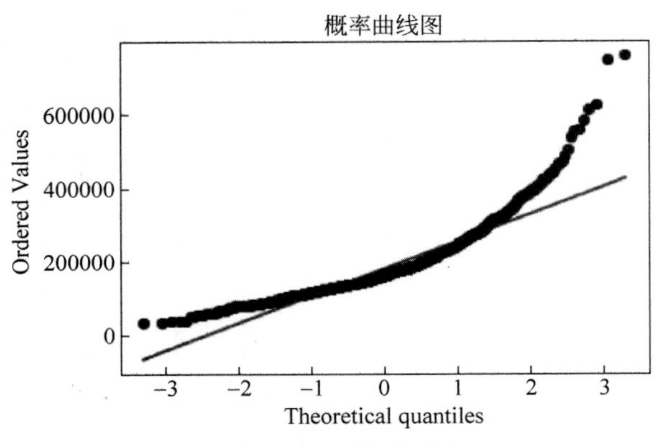

图 10-24　售价的概率曲线图

对于剩余的特征，使用以下代码自动地对偏度较高的特征进行 Box-Cox 转换来完成去偏度处理：

```
from scipy.special import boxcox1p
from scipy.stats import boxcox_normmax
skewness = dt.skew().abs()
skewed_columns = skewness[skewness >= 0.5].index
for column in skewed_columns:
dt[column] = boxcox1p(dt[column], boxcox_normmax(dt[column] + 1))
```

除了去偏度之外，还可以对变量的值域进行限定。scikit-learn 提供了 preprocessing.MinMaxScaler 将所有数据转换到 [0, 1] 的值域内，preprocessing.StandardScaler()将数据的均值置 0 且将方差置 1，这些都有助于提升模型的表现。

【注意】 使用的数据预处理方法并不总是越多越好。例如，scikit-learn 提供了 feature_selection.SelectKBest 这一接口，它可以选择出与目标变量有最高相关度的特征子集。然而在这一个回归问题中，由于特征的数量并不特别大，而且后续使用了其他的方法来避免模型过拟合的影响，因此使用它反而会导致模型最终的表现变差。

到这一步，能够影响房源价格的信息就已经基本预处理完成了。仍然需要注意的是，数据的清洗和后续的分析并不是一个线性的关系，往往在分析数据的过程中还会发现数据清洗存在着一部分缺陷，这个时候可以再回过头来，继续修正。

10.7.3　数据分析

在完成了对数据的预处理之后，即可开始建模拟合。在建模过程中，主要的工作主要集中在两个部分，即模型的选择以及参数的调整。

可以用于回归的模型有很多种，如线性模型的脊回归(ridge regression)、Lasso 回归、

RANSAC 回归、树模型的决策树回归、随机森林回归乃至神经网络回归模型，等等。它们各有优缺点，例如，Lasso 回归中带有数据降维的步骤，RANSAC 回归在处理异常值时仍能有较好的鲁棒性，而随机森林回归不易发生过拟合。使用这些模型当中的任意一个，配合合理的参数，都能够达到比较好的学习结果。

大多数的数据拟合模型都可以在 scikit-learn 库中找到，这些模型都具有类似的 API。以最简单的线性回归 linear_model. LinearRegression 为例，可以通过其构造方法 __init__(fit_intercept=True, normalize=False, copy_X=True, n_jobs=None) 构建一个模型，此构造方法中的各个参数是对模型接受调整的参数。除了用于调整训练过程的参数，大多数模型还有两个额外的参数：

① copy_X：bool，默认为 True。这一参数表示是否要在训练前对提供的训练集进行拷贝。除非训练集非常庞大，否则出于代码可预测性和可维护性的考虑，不需要修改这一参数。

② n_jobs：int or None，默认为 None。表示在训练过程中最多会创建几个线程，设置为 −1 将会自动创建数量和 CPU 核心数量相等的线程，默认的 None 表示只使用 1 个线程，除非 joblib 的上下文另有说明。官方的说明为，除非数据集足够大，否则修改这一参数不会带来特别多的速度提升。对于本章的数据集以及模型来说，将这个参数修改为 −1 更为合理。

所有 scikit-learn 模型的构造方法，其返回的模型对象永远都会有两个方法：fit() 和 predict()。

fit(self, X, y, sample_weight)：用于训练拟合模型；返回值为 self(用于链式调用)。

① X：可迭代对象，表示训练集数据。

② y：可迭代对象，在无监督学习的模型中为可选参数，表示与训练集数据相对应的目标变量集。

③ sample_weight：表示各个样本的权重，默认为 None。本案例中不需要对这个参数进行调整。

predict(self, X)：使用此模型给出对应的预测；返回值为一个 NumPy 数组，表示预测值。

X：可迭代对象，表示需要给定预测的样本集合。

这些 API 规定实际上形成了一个编程接口(interface)，这使得任何调用模型的代码都可以通过替换提供的对象来实现对模型本身的更换。同时，其他的库可以通过采用此接口来实现与 scikit-learn 模型的互换性(interchangeability)。一个典型的例子是同样在数据分析社区中非常受欢迎的 xgboost 库，任何 scikit-learn 的优化器都可以不加修改地直接套用在 xgboost 提供的模型上。

为了避免样本抽样给模型拟合带来的消极影响，通常会使用交叉验证(cross validation)的方法将数据分为多个折(fold)，分多次使用这些折对模型进行训练与验证，从而提高模型的健壮性，但手动实现交叉验证需要考虑到对模型抽样的记录，比较烦琐。与此同时，模型训练参数的调整也是一件比较烦琐的事情，需要手动编写代码不断地生成新的模型对象并对它们的结果进行比较。幸运的是，scikit-learn 提供了 GridSearchCV 类，它是一个宏模型(meta model)，它在自动生成新的模型的同时对每个模型进行交叉验证，并自动将结果最好的一组参数设置为当前模型的参数。下面的代码给出了使用 GridSearchCV 对 XGB 回归器参数的自动选择。

```
from sklearn.ensemble import GridSearchCV
from xgboost import XGBRegressor
```

```
tuned_parameters = [{
  'alpha': [1e-3, 0.01, 0.1, 0.2],
  'learning_rate': [1e-3, 0.01, 0.1, 0.5],
  'n_estimators': [50, 100, 150]
}, {
  'alpha': [1e-5],
  'n_estimators': [200]
}]
gridcv_xgb = GridSearchCV(XGBRegressor(), tuned_parameters, n_jobs = -1)
gridcv_xgb.fit(train, target)
print(gridcv_xgb.cv_results_)
```

tuned_parameters 是一个列表，其中的每一个对象是一个词典，词典的键为需要测试的模型参数名，词典的值是一个可迭代对象，其中的每一个值是需要测试的参数值。上面的代码一共会生成 4×4×3+1×1=49 个模型，并自动对这些模型进行训练、测试，并从所有模型中选择得分最高的一组。

【提示】 代码最终打印出的 cv_results_ 包含了各组参数生成模型的决定系数 R^2，它反映了模型预测结果的好坏；其值域为$(-\infty, 1]$，越接近于 1 模型表现越好。

为了追求更好的学习效果，这里将使用集成学习的方法，采用投票(voting)或堆叠(stacking)的方式将多个模型的学习结果进行综合。其中，由于堆叠能够在有效结合各个模型优点的同时避免各个模型的缺点，它更广泛地在数据分析的各类比赛中被使用。堆叠的大致原理：对每个模型进行交叉验证训练，对训练集的预测结果共同送入下一层模型中继续训练，如图 10-25 所示。

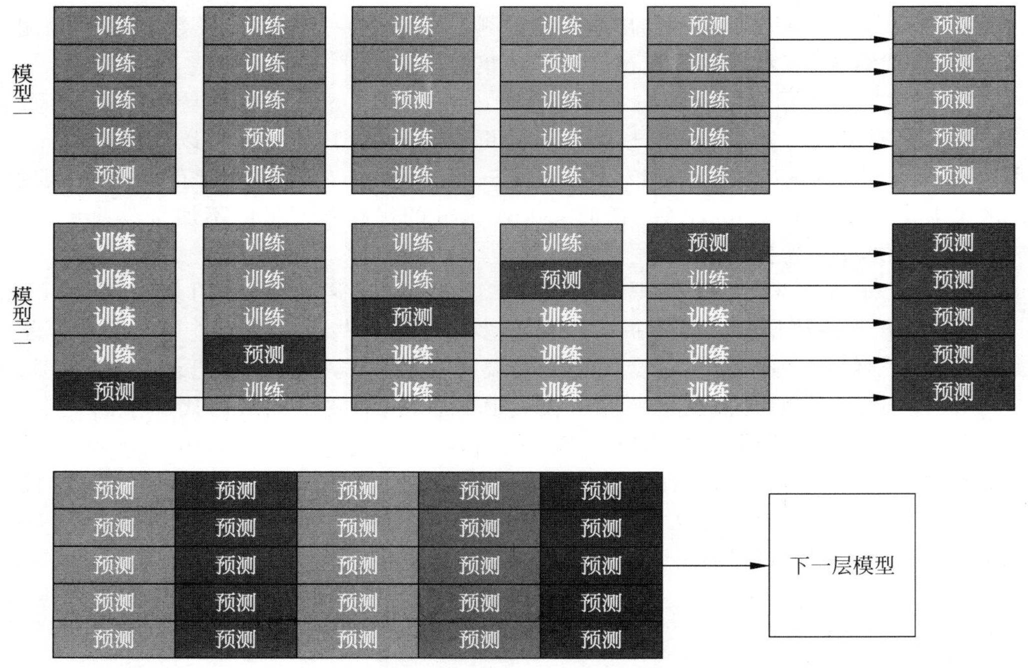

图 10-25 堆叠回归训练过程

scikit-learn 同样提供了自动实现堆叠训练的类 ensemble. StackingRegressor，它与其他的模型具有相同的 API。下面的代码使用 StackingRegressor 完成了最终模型的建立与训练。为了节省时间，避免单个 cell 执行时间太长，其中各个子模型的参数都由先前的 GridSearchCV 得到后固定住。

【试一试】 使用 GridSearchCV 定义一些模型，并将它们替换至 StackingRegressor 的构造方法调用中去，使得参数不再是固定住的。

```
from sklearn.gaussian_process import GaussianProcessRegressor
from sklearn.gaussian_process.kernels import RationalQuadratic, WhiteKernel, RBF
from sklearn.experimental import enable_hist_gradient_boosting
from sklearn.ensemble import StackingRegressor, HistGradientBoostingRegressor
from sklearn.linear_model import Lasso, ARDRegression, RANSACRegressor, Ridge
from sklearn.tree import ExtraTreeRegressor
from xgboost import XGBRegressor

kernel = RBF() + WhiteKernel() + RationalQuadratic()

sreg = StackingRegressor([
    ('adaboost', XGBRegressor(objective = 'reg:squarederror',
                              alpha = 0.1,
                              colsample_bytree = 0.35,
                              learning_rate = 0.1,
                              max_depth = 5,
                              n_estimators = 100)),
    ('guassian', GaussianProcessRegressor(kernel = kernel,
                                          n_restarts_optimizer = 3,
                                          alpha = 1e - 6)),
    ('lasso', Lasso(alpha = 1e - 4)),
    ('ard', ARDRegression(n_iter = 300)),
    ('randtree', ExtraTreeRegressor()),
    ('histgb', HistGradientBoostingRegressor(max_depth = 25, max_leaf_nodes = 10, max_iter = 100)),
    ('ransac - outlier', RANSACRegressor(base_estimator = Ridge(), max_trials = 500))
], n_jobs = - 1)
sreg.fit(train, target)
```

训练结束之后，使用 predict 方法即可生成最终的预测。需要注意的是，之前我们对目标变量进行了 np. log1p 的变换，因此需要在这里对此变换进行还原：

```
pred = sreg.predict(test)
pred = np.exp(pred) - 1
```

预测 pred 是一个 NumPy 数组，可以使用 ndarray. to_csv(self, path, …) 将其保存到一个 CSV 文件中去。

10.7.4 分析结果

在很多数据分析问题中，测试集是通过对原训练集分割划定出来的，此时可以通过

AUC(area under curve,是 ROC 曲线与坐标轴围成的区域面积)来对预测结果进行评测。AUC 的值域为[0.5，1],AUC 越接近 1,检测方法的真实程度越高。scikit-learn 同样提供了一系列用于评价模型表现的指标实现,可以使用 metrics.auc(x，y) 来计算 AUC。下面的代码给出了计算 AUC 的具体方法。

```
from sklearn import metrics
#y 为真实值,pred 为预测值
#fpr 为计算出的 false positive rate,tpr 为计算出的 true positive rate
fpr, tpr, thresholds = metrics.roc_curve(y, pred, pos_label = 2)
metrics.auc(fpr, tpr)
```

在本案例中,由于数据来自数据分析比赛,测试集的目标值并不公开,但可以通过 https://www.kaggle.com/c/5407/ 提交预测结果文件来获得模型最终的评估得分,分数越接近 0 表示与真实值的差异越小。本案例中的预测结果最终获得了 0.109 的评分,这表明我们的模型表现非常优异,已经能够很好地对波士顿这一街区的房价做出较为精准的预测。

本章小结

本章介绍了如何使用 Python 进行数据分析和可视化,主要用到 Matplotlib 库、NumPy 库、Pandas 库、Scipy 库等第三方库。实际上与数据分析和可视化有关的库不止这些,感兴趣的读者可以自行搜索,掌握更多数据分析与可视化的技巧。

本章习题

1. 尝试用 Pandas 库画出饼状图。
2. 尝试写出本章提到的库的依赖关系。

第 11 章

Python 机器学习

上一章介绍了很多数据分析的库，实际上它们当中的很多都是为机器学习服务的。本章选取了两种基础的机器学习算法，通过两个案例来初步介绍使用 Python 进行机器学习的过程。

11.1 机器学习概述

机器学习是相对于人的学习而言的，先来看几个学习的例子。

小明感觉身体不舒服，去医院告诉医生自己出现了哪些症状，医生根据小明说的情况能简单判断小明可能得了什么病。

今天天气很闷热，外面乌云密布，蜻蜓飞得很低，你判断马上就要下雨了。

爸爸带儿子去动物园看动物，见到一种动物，爸爸会告诉儿子这是什么动物。

你跟你的房东产生了纠纷，要去打官司。你去找律师，说明情况，律师会告诉你，哪些方面会对你有利，哪些方面会对你不利，你可能会胜诉或败诉等。

你有一套房子要卖，去找中介，中介根据你房子的大小、户型、小区绿化、周边交通便利情况等，给你一个预估的价格。

……

医生根据病人的主诉进行诊治；你能根据天气状况判断要下雨了；爸爸见到一种动物就知道那是什么动物；律师根据情况判断你胜诉还是败诉；中介人员预估你房子的价格等。这些都可以说是基于经验做出的预测：医生在之前的工作中碰到过很多类似状况的病人；你之前碰到过很多类似天气后都会出现下雨的天气；爸爸之前见到过这种动物；律师之前碰到过很多类似的案件；中介人员之前碰到过很多类似的房子。根据自己的经验，就能判断新出现的情况。

那么经验是怎么来的呢？可以说是“学习”来的。那么计算机系统可以做这样的工作吗？这就是机器学习这门学科的任务。

机器学习是一种从数据当中发现复杂规律，并且利用规律对未来时刻、未知状况进行预测和判定的方法，是当下被认为最有可能实现人工智能的方法。机器学习理论主要是设计和分析一些让计算机可以自动“学习”的算法。

要进行机器学习，先要有数据，数据是进行机器学习的基础。把所有数据的集合称为数据集(Dataset)，其中每条记录是关于一个事件或对象的描述，称为样本(Sample)，每个样本在某方面的表现或性质称为属性(Attribute)或特征(Feature)，每个样本的特征通常对应特征空间中的一个坐标向量，称为特征向量(Feature Vector)。从数据中学得模型的过程称为学习(Learning)或者训练(Training)，这个过程通过执行某个学习算法来完成。训练过程中使用的数据称为训练数据(Training Data)，每个样本称为一个训练样本(Training Sample)，训练样本组成的集合称为训练集。训练数据中可能会指出训练结果的信息，称为标记(Label)。

若使用计算机学习出的模型进行预测得到的是离散值，如猫、狗等，此类学习任务称为分类(Classification)；若预测得到的是连续值，如房价，则此类学习任务称为回归(Regression)。对只涉及两个类别的分类任务，称为二分类(Binary Classification)。二分类任务中称其中一个类为正类(Positive Class)，另一个类为负类(Negative Class)，如是猫、不是猫两类。涉及多个类别的分类任务，称为多分类(Multi-class Classification)任务。

学习到模型后，使用其进行预测的过程称为测试(Test)。机器学习的目标是使得学习到的模型能很好得适用于新样本，而不是仅仅在训练样本上适用。学习到的模型适用于新样本的能力，称为泛化能力(Generalization)。

图 11-1 很形象地说明了机器学习的过程与人脑思维过程的比较。

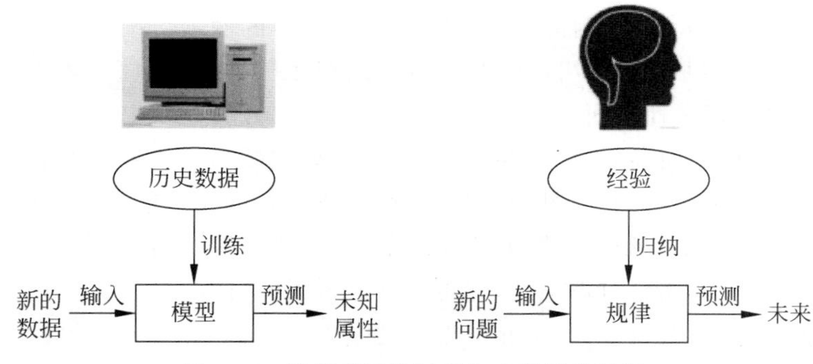

图 11-1　机器学习的过程与人脑思维过程

根据学习方式的不同，机器学习可分为监督学习、非监督学习、半监督学习和强化学习。

监督学习是最常用的机器学习方式，其在建立预测模型的过程中将预测结果与训练数据的实际结果进行比较，不断地调整预测模型，直到模型的预测结果达到一个预期的准确率。上面介绍的分类和回归任务属于监督学习。决策树、贝叶斯模型、支持向量机属于监督学习，深度学习一般也属于监督学习的范畴。

非监督式学习的任务中，数据并不被特别标识，计算机自行学习分析数据内部的规律、特征等，进而得出一定的结果(如内部结构、主要成分等)。聚类算法是典型的非监督学习算法。

半监督学习介于监督学习和非监督学习之间，输入数据部分被标识，部分没有被标识，没标识数据的数量常常远远大于有标识数据数量。半监督学习可行的原因在于：数据的分布必然不是完全随机的，通过一些有标识数据的局部特征以及更多没标识数据的整体分布，就可以得到可以接受甚至是非常好的结果。这种学习模型可以用来进行预测，但是模型首先需要学习数据的内在结构以便合理的组织数据来进行预测。

强化学习是不同于监督学习和非监督学习的另一种机器学习方法，它是基于与环境的交互进行学习。通过尝试来发现各个动作产生的结果，对各个动作产生的结果进行反馈(奖励或惩罚)。在这种学习模式下，输入数据直接反馈到模型，模型必须作出调整。

scikit-learn 是基于 Python 语言的机器学习工具。它建立在 NumPy、SciPy、Pandas 和 Matplotlib 之上，里面的 API 的设计非常好，所有对象的接口简单，很适合新手上路。下面将用两个案例来介绍 scikit-learn 如何使用。

11.2 案例：基于线性回归、决策树和 SVM 算法的鸢尾花分类任务

11.2.1 数据集介绍与分析

鸢尾花数据集是机器学习领域非常经典的一个分类任务数据集。它的英文名称为 Iris Data Set，使用 Sklearn 库可以直接下载并导入该数据集。如图 11-2 所示为在代码中导入

```
from sklearn import datasets
#加载 iris 数据集
iris_dataset = datasets.load_iris()
print(iris_dataset['DESCR'])
```

```
**Data Set Characteristics:**

    :Number of Instances: 150 (50 in each of three classes)
    :Number of Attributes: 4 numeric, predictive attributes and the class
    :Attribute Information:
        - sepal length in cm
        - sepal width in cm
        - petal length in cm
        - petal width in cm
        - class:
                - Iris-Setosa
                - Iris-Versicolour
                - Iris-Virginica

    :Summary Statistics:

    ============== ==== ==== ======= ===== ====================
                    Min  Max   Mean    SD   Class Correlation
    ============== ==== ==== ======= ===== ====================
    sepal length:   4.3  7.9   5.84   0.83    0.7826
    sepal width:    2.0  4.4   3.05   0.43   -0.4194
    petal length:   1.0  6.9   3.76   1.76    0.9490  (high!)
    petal width:    0.1  2.5   1.20   0.76    0.9565  (high!)
    ============== ==== ==== ======= ===== ====================

    :Missing Attribute Values: None
    :Class Distribution: 33.3% for each of 3 classes.
    :Creator: R.A. Fisher
    :Donor: Michael Marshall (MARSHALL%PLU@io.arc.nasa.gov)
    :Date: July, 1988
```

图 11-2 鸢尾花数据集信息

该数据集后可以看到的详细信息，导入数据集代码如下所示。数据集总共包含 150 行数据。每一行数据由 4 个特征值及 1 个标签组成。特征值分别为：萼片长度、萼片宽度、花瓣长度、花瓣宽度。标签为三种不同类别的鸢尾花，分别为：Iris Setosa、Iris Versicolour 和 Iris Virginica。

对于多分类任务，有较多机器学习的算法可以支持，在红酒起源地分类一章中，使用了决策树和 SVM 算法完成多分类。本章将使用决策树、线性回归、SVM 等多种算法来完成这一任务，并对不同方法进行比较。

11.2.2 评价指标

对于一个多分类任务，往往可以训练许多不同模型来完成这一任务，那么，如何从众多模型中挑选出综合表现最好的那一个，这就涉及了对模型的评价问题。接下来将介绍一些常用的模型评价指标，并在后面的代码实现中亲手实现并挑选出最合适的模型。

1. 混淆矩阵

混淆矩阵是理解大多数评价指标的基础，这里用一个经典表格来解释混淆矩阵是什么，如表 11-1 所示。

表 11-1 混淆矩阵示意图

		预测值	
		0	1
真实值	0	True negative(TN)	False positive(FP)
	1	False negative(FN)	True positive(TP)

显然，混淆矩阵包含四部分的信息：

① True negative(TN)，称为真阴率，表明实际是负样本预测成负样本的样本数。

② False positive(FP)，称为假阳率，表明实际是负样本预测成正样本的样本数。

③ False negative(FN)，称为假阴率，表明实际是正样本预测成负样本的样本数。

④ True positive(TP)，称为真阳率，表明实际是正样本预测成正样本的样本数。

对照着混淆矩阵，很容易就能把关系、概念理清楚，但是久而久之，也很容易忘记概念。可以按照位置前后分为两部分记忆，前面的部分是 True/False 表示真假，即代表着预测的正确性，后面的部分是 positive/negative 表示正负样本，即代表着预测的结果，所以，混淆矩阵即可表示为正确性一预测结果的集合。现在再来看上述四个部分的概念：

① TN，预测是负样本，预测对了。

② FP，预测是正样本，预测错了。

③ FN，预测是负样本，预测错了。

④ TP，预测是正样本，预测对了。

大部分的评价指标都是建立在混淆矩阵基础上的，包括准确率、精准率、召回率、F1-score，当然也包括 AUC。

2. 准确率

准确率是最为常见的一项指标，即预测正确的结果占总样本的百分比，其公式如下：

$$\text{Accuracy} = \frac{\text{TP} + \text{TN}}{\text{TP} + \text{TN} + \text{FP} + \text{FN}}$$

虽然准确率可以判断总的正确率，但是在样本不平衡的情况下，并不能作为很好的指标来衡量结果。假设在所有样本中，正样本占 90%，负样本占 10%，样本是严重不平衡的。模型将全部样本预测为正样本即可得到 90%的高准确率，如果仅使用准确率这一单一指标，模型就可以像这样偷懒获得很高的评分，这就说明：由于样本不平衡的问题，准确率就会失效。

正因为如此，也就衍生出了其他两种指标：精准率和召回率。

3. 精确率与召回率

精准率(Precision)又叫查准率，它是针对预测结果而言的，它的含义是在所有被预测为正的样本中实际为正的样本的概率，意思就是在预测为正样本的结果中，有多少把握可以预测正确，其公式如下：

$$\text{Precision} = \frac{\text{TP}}{\text{TP} + \text{FP}}$$

召回率(Recall)又叫查全率，它是针对原样本而言的，它的含义是在实际为正的样本中被预测为正样本的概率，其公式如下：

$$\text{Recall} = \frac{\text{TP}}{\text{TP} + \text{FN}}$$

召回率一般应用于宁可错杀一千，绝不放过一个的场景下。例如，在网贷违约率预测中，相比信誉良好的用户，我们更关心可能会发生违约的用户。如果模型过多的将可能发生违约的用户当成信誉良好的用户，后续可能会发生的违约金额会远超过好用户偿还的借贷利息金额，造成严重偿失。召回率越高，代表实际坏用户被预测出来的概率越高。

4. PR 曲线

PR 曲线实则是以 Precision(精准率)和 Recall(召回率)这两个为变量而做出的曲线，其中 Recall 为横坐标，Precision 为纵坐标。

在绘制一条 PR 曲线时会有许多不同的点，每一个点都对应一个阈值，通过使用不同的阈值将预测结果分为正反样例，再计算相应的精准率与召回率，许多个不同的阈值可以计算出不同的精确率与召回率的点对，最后将这些点对连接起来就得到了一条 PR 曲线，如图 11-3 所示。

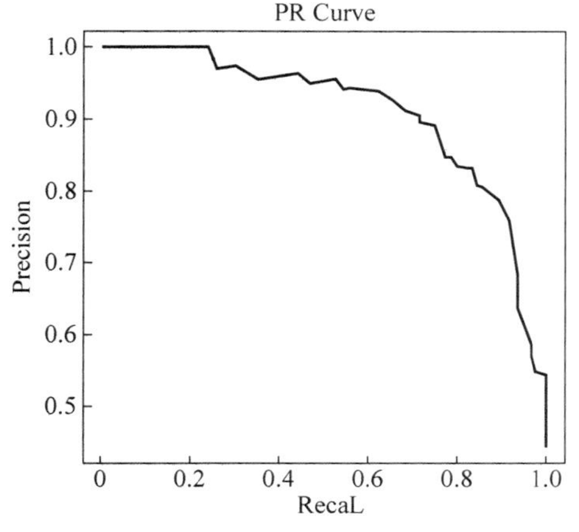

图 11-3　PR 曲线示意图

5. ROC 曲线与 AUC 曲线

对于某个二分类分类器来说，输出结果标签(0 还是 1)往往取决于输出的概率以及预定的概率阈值，例如常见的阈值就是 0.5，大于 0.5 的认为是正样本，小于 0.5 的认为是负样本。如果增大这个阈值，预测错误(针对正样本而言，即指预测是正样本但是预测错误，下同)的概率就会降低但是随之而来的就是预测正确的概率也降低；如果减小这个阈值，那么预测正确的概率会升高但是同时预测错误的概率也会升高。实际上，这种阈值的选取也一定程度上反映了分类器的分类能力。我们当然希望无论选取多大的阈值，分类都能尽可能的正确，也就是希望该分类器的分类能力越强越好，一定程度上可以理解成分类器的鲁棒能力。

为了形象地衡量这种分类能力，ROC 曲线很好地进行了表征，如图 11-4 所示，即为一条 ROC 曲线。

横轴：False Positive Rate(假阳率，FPR)

$$FPR = \frac{FP}{TN + FP}$$

纵轴：True Positive Rate(真阳率，TPR)

$$TPR = \frac{TP}{TP + FN}$$

显然，ROC 曲线的横纵坐标都在[0,1]之间，自然 ROC 曲线的面积不大于 1。现在分析几个 ROC 曲线的特殊情况，更好地掌握其性质。

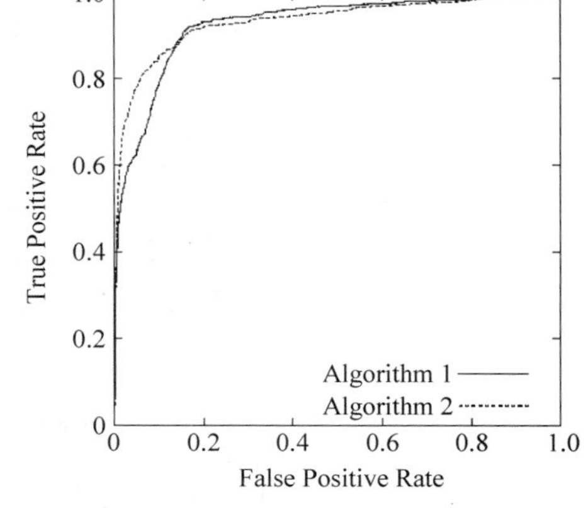

图 11-4　ROC 曲线示意图

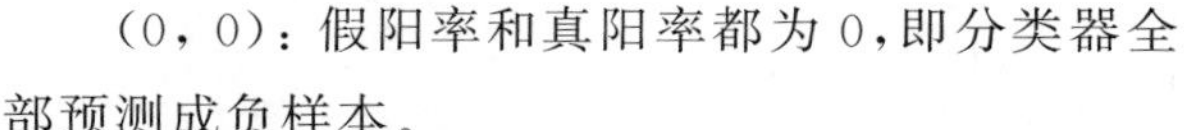

(0, 0)：假阳率和真阳率都为 0，即分类器全部预测成负样本。

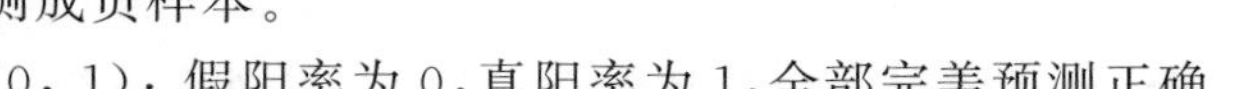

(0, 1)：假阳率为 0，真阳率为 1，全部完美预测正确。

(1, 0)：假阳率为 1，真阳率为 0，全部完美预测错误。

(1, 1)：假阳率和真阳率都为 1，即分类器全部预测成正样本

当 TPR=FPR 为一条斜对角线时，表示预测为正样本的结果一半是对的，一半是错的，即为随机分类器的预测效果，ROC 曲线在斜对角线以下，表示该分类器效果差于随机分类器，反之，效果好于随机分类器。当然，我们希望 ROC 曲线尽量除于斜对角线以上，也就是向左上角(0,1)凸。

11.2.3　使用 Logistic 实现鸢尾花分类

在前面介绍过 Logistic 用于二分类任务，对其进行扩展也用于多分类任务，具体扩展过程可参考上一章中的二分类问题与多分类问题。下面将使用 sklearn 库完成一个基于 Logistic 的鸢尾花分类任务。

首先是载入各种包以及数据集。

```
from sklearn.datasets import load_iris
from sklearn.linear_model import LogisticRegression
from sklearn.model_selection import train_test_split
import numpy as np
from sklearn.preprocessing import label_binarize
from sklearn.metrics import confusion_matrix, precision_score, accuracy_score,recall_score,
f1_score, roc_auc_score, \
    roc_curve
```

```
import matplotlib.pyplot as plt
#加载数据集
def loadDataSet():
    iris_dataset = load_iris()
    X = iris_dataset.data
    y = iris_dataset.target
    #将数据划分为训练集和测试集
    X_train, X_test, y_train, y_test = train_test_split(X, y, test_size=0.2)
    return X_train, X_test, y_train, y_test
```

本部分代码与前面几个样例基本一致，导入 sklearn.datasets 包从而导入数据集，并将数据集按照测试集占比 0.2 随机分为训练集和测试集，最后将训练集和测试集返回。

编写函数训练 Logistic 模型。

```
#训练 Logistic 模性
def trainLS(x_train, y_train):
    #Logistic 生成和训练
    clf = LogisticRegression()
    clf.fit(x_train, y_train)
    return clf
```

Logistic 模型较为简单，不需要额外设置超参数即可开始训练，如下所示为初始化 Logistic 模型并将模型在训练机上训练，返回训练好的模型的代码实现。

```
#测试模型
def test(model, x_test, y_test):
    #将标签转换为 one-hot 形式
    y_one_hot = label_binarize(y_test, np.arange(3))
    #预测结果
    y_pre = model.predict(x_test)
    #预测结果的概率
    y_pre_pro = model.predict_proba(x_test)

    #混淆矩阵
    con_matrix = confusion_matrix(y_test, y_pre)
    print('confusion_matrix:\n', con_matrix)
    print('accuracy:{}'.format(accuracy_score(y_test, y_pre)))
    print('precision:{}'.format(precision_score(y_test, y_pre, average='micro')))
    print('recall:{}'.format(recall_score(y_test, y_pre, average='micro')))
    print('f1-score:{}'.format(f1_score(y_test, y_pre, average='micro')))

    #绘制 ROC 曲线
    drawROC(y_one_hot, y_pre_pro)
```

在预测结果时，为了方便后面绘制 ROC 曲线，需要首先将测试集的标签转化为 one-hot 的形式，并得到模型在测试集上预测结果的概率值即 y_pre_pro，从而传入 drawROC 函数完成 ROC 曲线的绘制。

除此以外，该函数实现了输出混淆矩阵以及计算准确率、精准率、查全率以及 f1-score

的功能。

绘制 ROC 曲线的代码实现,如下所示:

```
def drawROC(y_one_hot, y_pre_pro):
    # AUC 值
    auc = roc_auc_score(y_one_hot, y_pre_pro, average = 'micro')
    # 绘制 ROC 曲线
    fpr, tpr, thresholds = roc_curve(y_one_hot.ravel(), y_pre_pro.ravel())
    plt.plot(fpr, tpr, linewidth = 2, label = 'AUC = %.3f' % auc)
    plt.plot([0, 1], [0, 1], 'k-- ')
    plt.axis([0, 1.1, 0, 1.1])
    plt.xlabel('False Postivie Rate')
    plt.ylabel('True Positive Rate')
    plt.legend()
    plt.show()
```

最后将加载数据集、训练模型,以及模型验证的整个流程连接起来从而实现 main 函数。

```
if __name__ == '__main__':
    X_train, X_test, y_train, y_test = loadDataSet()
    model = trainLS (X_train, y_train)
    test(model, X_test, y_test)
```

将上述所有代码放在同一 py 脚本文件中,如图 11-5 所示可得最终的输出结果为:

```
confusion_matrix:
 [[11  0  0]
 [ 0  8  3]
 [ 0  0  8]]
accuracy:0.9
precision:0.9
recall:0.9
f1-score:0.9
```

图 11-5　命令行打印的测试结果

绘制得到的 ROC 曲线如图 11-6 所示。

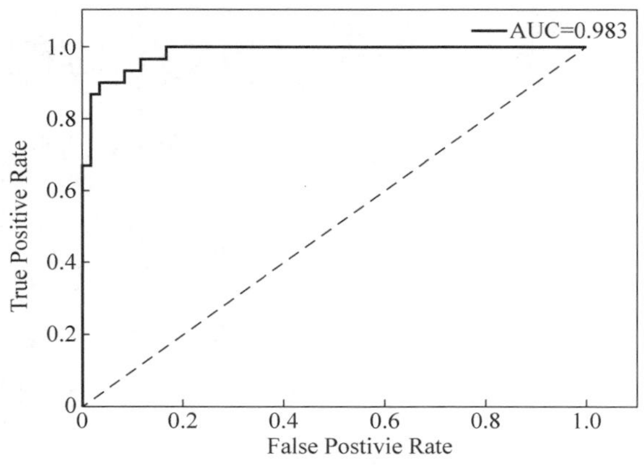

图 11-6　ROC 曲线

Logistic 是一个较为简单的模型，参数量较少，一般也用于较为简单的分类任务中，当任务更为复杂时，可以选取更为复杂的模型获得更好的效果，下面将使用不同的模型从而验证同一任务在不同模型下的表现。

11.2.4 使用决策树实现鸢尾花分类

由于只改动了模型，加载数据集、模型评价等其他部分的代码不需要改动，如下所示增加新的函数用于训练决策树模型。

```
from sklearn import tree
#训练决策树模性
def trainDT(x_train, y_train):
    #DT 生成和训练
    clf = tree.DecisionTreeClassifier(criterion = "entropy")
    clf.fit(x_train, y_train)
    return clf
```

同时修改 main 函数中调用的训练函数如下所示：

```
if __name__ == '__main__':
    X_train, X_test, y_train, y_test = loadDataSet()
    #训练 Logistic 模型
    #model = trainLS(X_train, y_train)
    #训练决策树模型
    model = trainDT(X_train, y_train)
    test(model, X_test, y_test)
```

最后运行可得命令行输出如图 11-7 所示。

```
confusion_matrix:
 [[ 6  0  0]
 [ 0 13  1]
 [ 0  0 10]]
accuracy:0.9666666666666667
precision:0.9666666666666667
recall:0.9666666666666667
f1-score:0.9666666666666667
```

图 11-7 决策树模型预测结果

以及 ROC 曲线如图 11-8 所示。

相比 Logistic 模型，决策树模型无论在哪一项指标上都得到了更高的评分，且决策树模型不会像 Logistic 模型一样受初始化的影响，多次运行程序均可获得相同的输出模型，而 Logistic 模型运行多次会发现评价指标会在某个范围内上下抖动。

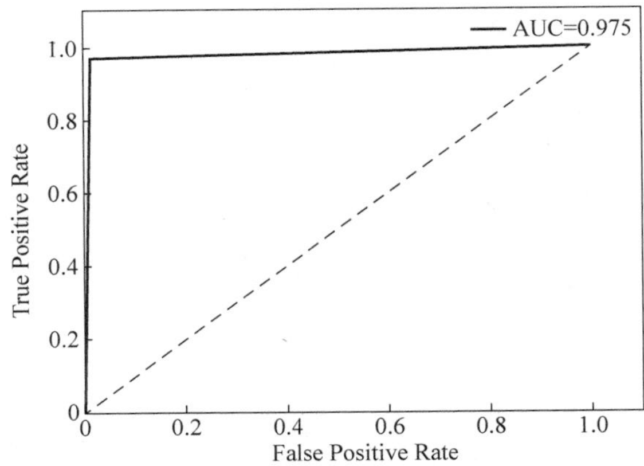

图 11-8　决策树模型绘制 ROC 曲线

11.2.5　使用 SVM 实现鸢尾花分类

到现在相信你们都已经非常熟悉如何继续修改代码从而实现 SVM 模型的预测，实现 SVM 模型的训练代码如下所示：

```
#训练 SVM 模性
from sklearn import svm
def trainSVM(x_train, y_train):
    #SVM 生成和训练
    clf = svm.SVC(kernel='rbf', probability=True)
    clf.fit(x_train, y_train)
    return clf
```

同时修改 main 函数。

```
if __name__ == '__main__':
    X_train, X_test, y_train, y_test = loadDataSet()
    #训练 Logistic 模型
    #model = trainLS(X_train, y_train)
    #训练决策树模型
    #model = trainDT(X_train, y_train)
    #训练 SVM 模型
    model = trainSVM(X_train, y_train)
    test(model, X_test, y_test)
```

程序运行输出如图 11-9 所示。

```
confusion_matrix:
 [[ 8  0  0]
 [ 0 11  0]
 [ 0  0 11]]
accuracy:1.0
precision:1.0
recall:1.0
f1-score:1.0
```

图 11-9　使用 SVM 模型预测结果

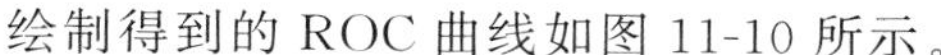

绘制得到的ROC曲线如图11-10所示。

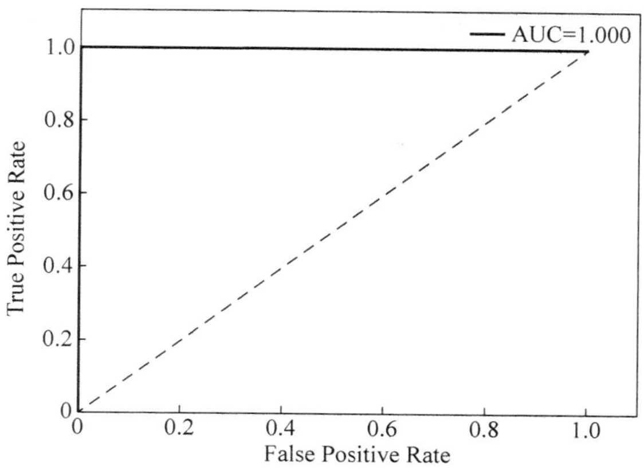

图11-10 使用SVM模型绘制的ROC曲线

可以发现,随着模型进一步变得复杂,最终预测的各项指标进一步上升,在三个模型中SVM模型的高斯核最终结果在测试集中表现得最好且没有发生过拟合的现象,因此可以选用SVM模型来完成鸢尾花分类这一任务。

11.3 案例:使用PyTorch进行基于卷积神经网络的手写数字识别

11.3.1 MINST数据集介绍与分析

MINST数据库是机器学习领域非常经典的一个数据集,其由Yann提供的手写数字数据集构成,包含了0~9共10类手写数字图片,每张图片都做了尺寸归一化,都是28×28大小的灰度图。每张图片中像素值大小在0~255之间,其中0是黑色背景,255是白色前景。编写程序导入数据集并展示,代码如下:

```
from sklearn.datasets import fetch_mldata
from matplotlib import pyplot as plt

mnist = fetch_mldata('MNIST original', data_home = './dataset')
X, y = mnist["data"], mnist["target"]
print("MNIST数据集大小为:{}".format(X.shape))

for i in range(25):
    digit = X[i * 2500]
    #将图片重新resize到28*28大小
    digit_image = digit.reshape(28, 28)
    plt.subplot(5, 5, i + 1)
    #隐藏坐标轴
    plt.axis('off')
    #按灰度图绘制图片
```

```
        plt.imshow(digit_image, cmap = 'gray')
    plt.show()
```

在控制台可以看到的输出为：MNIST 数据集大小为：(70000，784)。一共有 70000 张数字，且 784＝28×28，即每一张手写数字图片存成了一维的数据格式。可视化前 25 张图片以及中间的数据可得如图 11-11 所示。

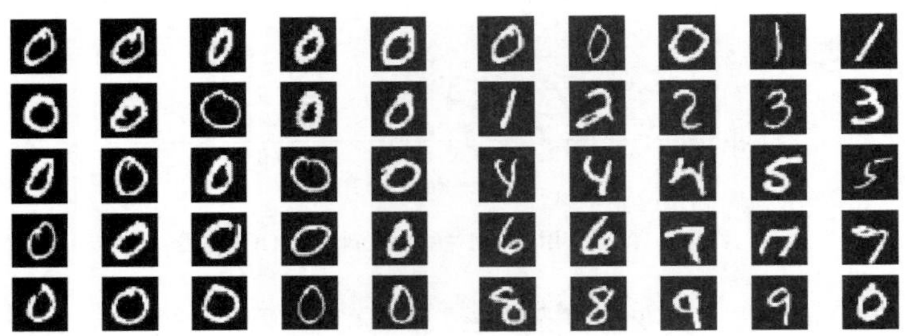

图 11-11　MNIST 数据集可视化效果

手写数字的识别也是一个多分类任务，与前面介绍的分类任务不同之处在于，一张手写数字图片的特征提取任务也需要我们自己实现，将 28×28 的图片直接序列化为 784 维的向量也是一种特征提取的方式，但经过一些处理，可以获得更反映出图片内容的信息，例如在原图中使用 sift、surf 等算子后的特征，或者使用最新的一些深度学习预训练模型来提取特征。MNIST 数据集样例数目较多且为图片信息，近些年随着深度学习技术的发展，对于大多数视觉任务，通过构造并训练卷积神经网络可以获得更高的准确率，本章将基于 PyTorch 框架完成网络的训练以及识别的任务。

11.3.2　卷积神经网络

卷积神经网络(CNN)是深度神经网络中的一种，其受生物视觉认知机制启发而来，神经元之间使用类似动物视觉皮层组织的链接方式，大多数情况下用于处理计算机视觉相关的任务，例如分类、分割、检测等。与传统方法相比较，卷积神经网络不需要利用先验知识进行特征设计，预处理步骤较少，在大多数视觉相关任务上获得了不错的效果。卷积神经网络最先出现于 20 世纪 80 年代到 90 年代，LeCun 提出了 LeNet 用于解决手写数字识别的问题，随着深度学习理论的不断完善，计算机硬件水平的提高，卷积神经网络也随之快速发展。

卷积神经网络通常由一个输入层(Input Layer)和一个输出层(Output Layer)以及多个隐藏层组成。隐藏包括卷积层(Convolutional Layer)、激活层(Activation Layer)、池化层(Pooling Layer)以及全连接层(Fully-connected Layer)等。如图 11-12 所示为一个 LeNet 神经网络的结构，目前大多数研究者针对于不同任务对层或网络结构进行设置，从而获得更优的效果。

卷积神经网络的输入层可以对多维数据进行处理，常见的二维卷积神经网络可以接受

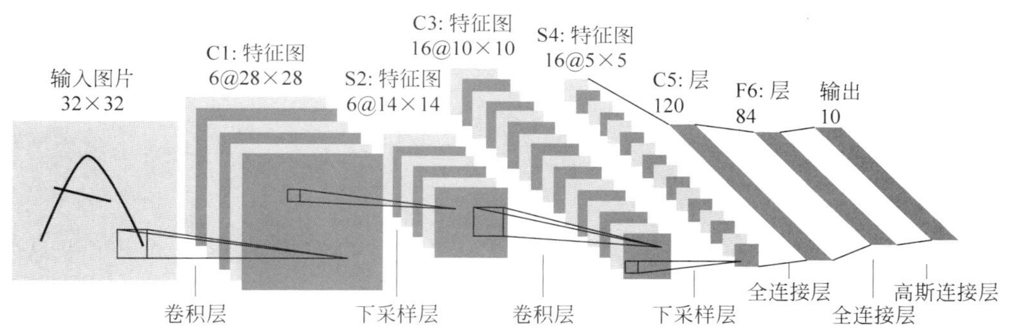

图 11-12 LeNet 卷积神经网络

二维或三维数据作为输入，对于图片类任务，一张 RGB 图片作为输入的大小可写为 C×H×W，C 为通道数，H 为长，W 为宽。对于视频识别类任务，一段视频作为输入的大小可写为 T×C×H×W，T 为视频帧的数目，对于三维重建任务，一个三维体素模型，其作为输入的大小可写为 1×H×L×W，H、L、W 分别为模型的高、长、宽。与其他神经网络算法相似，在训练时会使用梯度下降法对参数进行更新，因此所有的输入都需要进行在通道或时间维度归一化或标准化的预处理过程。归一化是通过计算极值将所有样本的特征值映射到 0～1 之间。而标准化是通过计算均值、方差将数据分布转化为标准正态分布，本章中所有的数据预处理均使用标准化的方法。

卷积层是卷积神经网络所特有的一种子结构，一个卷积层包含多个卷积核，卷积核在输入数据上进行卷积计算从而提取得到特征。在前向传播中，如图 11-13 所示，中间为一个 3×3 的卷积核，卷积核在输入上进行滑动，每次滑动都计算逐像素相乘再相加的结果。作为输出特征上某一点的值，一个卷积操作一般由四个超参数组成，卷积核大小 F（kernel size）、步长 S（stride）、填充 P（padding）以及卷积核数目 C（number ofnels），具体来说，假设

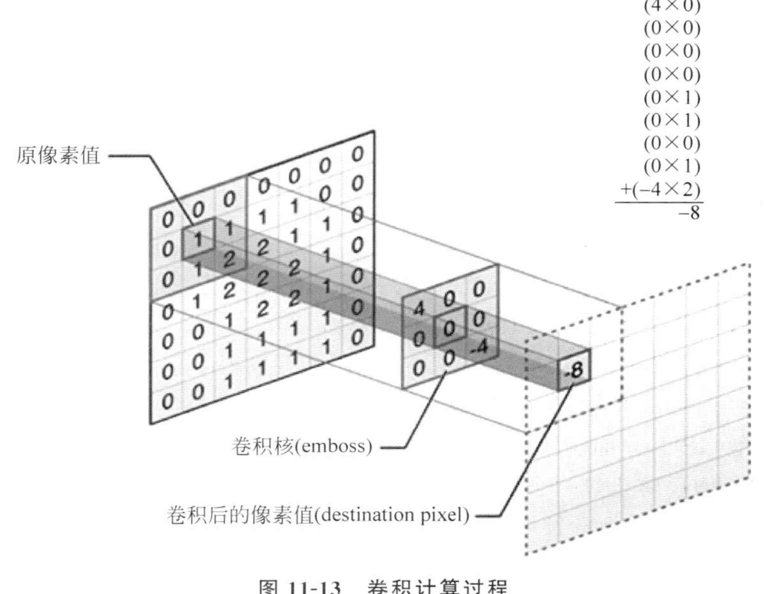

图 11-13 卷积计算过程

输入的特征大小为 $N \times W \times H$，则输出特征的维度 W'、H'以及 N'为：

$$W' = \frac{W + 2 * P - F}{S} + 1$$

$$H' = \frac{H + 2 * P - F}{S} + 1$$

$$N' = C$$

激活层在前几章中已经进行了介绍，如图 11-14 所示，有 Sigmoid、ReLU、Tanh 等常用的激活函数可供使用。

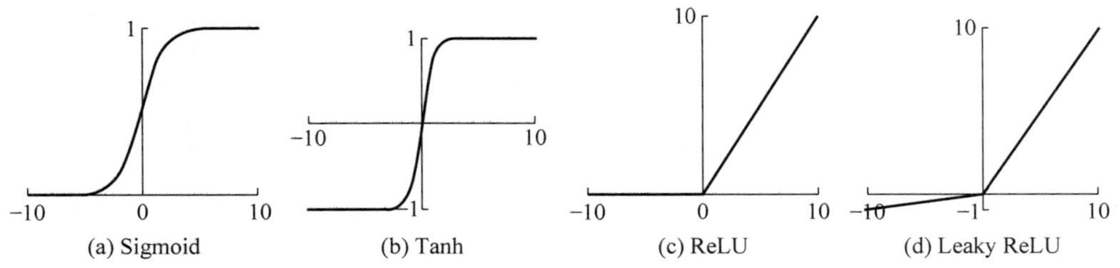

图 11-14　常用激活函数

池化层一般包括两种，一种是平均池化层（Average Pooling），另一种是最大值池化（Max Pooling），池化层可以起到保留主要特征，减少下一层的参数量和计算量的作用，从而防止过拟合风险。

全连接层一般用于分类网络最后面，起到类似于“分类器”的作用，将数据的特征映射到样本标记特征，相比卷积层的某一位置的输出仅与上一层中相邻位置有关，全连接层中每一个神经元都会与前一层的所有神经元有关，因此全连接层的层数量也是很大的。

归一化层包括了 BatchNorm、LayerNorm、InstanceNorm、GroupNorm 等方法，本文仅使用了 BatchNorm。BatchNorm 在 batch 的维度上进行归一化，使得深度网络中间卷积的结果也满足正态分布，整个训练过程更快，网络更容易收敛。

前面介绍的这些部件组合起来就能构成一个深度学习的分类器，基于大量的训练集从而在某些任务上可以获得与人类判断相比相当准确性。科学家们也在不断实践如何去构建一个深度学习的网络，如何设计并搭配这些部件，从而获得更优异的分类性能，下面是较为经典的一些网络结构，甚至其中有一些依旧活跃在科研的一线。

LeNet 卷积神经网络由 LeCun 在 1998 年提出，这个网络仅由两个卷积层、两个池化层以及两个全连接层组成，在当时用以解决手写数字识别的任务，也是早期最具有代表性的卷积神经网络之一，同时也奠定了卷积神经网络的基础架构，包含了卷积层、池化层、全连接层。

2012 年，Alex 提出的 Alexnet 在 ImageNet 比赛上取得了冠军，其正确率远超第二名。AlexNet 成功使用 Relu 作为激活函数，并验证了在较深的网络上，Relu 效果好于 Sigmoid，同时成功实现在 GPU 上加速卷积神经网络的训练过程。另外 Alex 在训练中使用了 dropout 和数据扩增以防止过拟合的发生，这些处理成为后续许多工作的基本流程。从而开启了深度学习在计算机视觉领域的新一轮爆发。

GoogleNet，2014 年 ImageNet 比赛的冠军模型，证明了使用更多的卷积层可以得到更好的结果。其巧妙地在不同的深度增加了两个损失函数来保证梯度在反向传播时不会消失。

VGGNet 是牛津大学计算机视觉组和 Google DeepMind 公司的研究员一起研发的深度卷积神经网络。他探索了卷积神经网络的性能与深度的关系，通过不断叠加 3×3 的卷积核与 2×2 的最大池化层，从而成功构建了一个 16～19 层深的卷积神经网络，并大幅下降了错误率。虽然 VGGNet 简化了卷积神经网络的结构，但训练中的需要更新的参数量依旧非常巨大。

虽然卷积深度的不断上升会带来效果的提升，但当深度超过一定数目后又会引入新的问题，即梯度消失的现象出现的越来越明显，反而导致无法提升网络的效果。ResNet 提出了残差模块来解决这一问题，允许原始信息可以直接输入到后面的层之中。传统的卷积层或全连接层在进行信息传递时，每一层只能接受其上一层的信息，导致可能会存在信息丢失的问题。ResNet 在一定程度上缓解了该问题，通过残差的方式，提供了让信息从输入传到输出的途径，保证了信息的完整性。使用深度模型时需要注意的一点在于由于模型参数较多，因此要求数据集也不能太小，否则会出现过拟合的现象，还有一种使用深度模型的方法是，使用在 ImageNet 上预训练好的模型，固定除了全连接层外所有的参数，只在当前数据集下训练全连接层参数，这种方式可以大大减小训练的参数量，使深度模型在较小的数据集上也能得到应用。

11.3.3　基于卷积神经网络的手写数字识别

上一节中介绍了几种经典的卷积神经网络模型，MNIST 数据集中图片的尺寸仅为 28×28，相比 ImageNet 中 224×224 的图片尺寸显得十分小，因此在模型的选取上，不能选择太过于复杂、参数量过多的模型，否则会带来过拟合的风险。本文自定义了一个仅包含两个卷积层的卷积神经网络以及经过一些调整的 AlexNet。首先是定义网络的类，该类在 mnist_models.py 内，继承了 torch.nn.Module 类，并需要重新实现 forword 函数，即一张图作为输入，如何通过卷积层得到最后的输出。

```
class ConvNet(torch.nn.Module):
    def __init__(self):
        super(ConvNet, self).__init__()
        self.conv1 = torch.nn.Sequential(
            torch.nn.Conv2d(1, 10, 5, 1, 1),
            torch.nn.MaxPool2d(2),
            torch.nn.ReLU(),
            torch.nn.BatchNorm2d(10)
        )
        self.conv2 = torch.nn.Sequential(
            torch.nn.Conv2d(10, 20, 5, 1, 1),
            torch.nn.MaxPool2d(2),
            torch.nn.ReLU(),
            torch.nn.BatchNorm2d(20)
        )
        self.fc1 = torch.nn.Sequential(
            torch.nn.Linear(500, 60),
            torch.nn.Dropout(0.5),
```

```
            torch.nn.ReLU()
        )
        self.fc2 = torch.nn.Sequential(
            torch.nn.Linear(60, 20),
            torch.nn.Dropout(0.5),
            torch.nn.ReLU()
        )
        self.fc3 = torch.nn.Linear(20, 10)
```

如上面的代码块所示，在构造函数中，定义了网络的结构，主要包含了两个卷积层以及三个全连接层的参数设置。

```
    def forward(self, x):
        x = self.conv1(x)
        x = self.conv2(x)
        x = x.view(-1, 500)
        x = self.fc1(x)
        x = self.fc2(x)
        x = self.fc3(x)
        return x
```

接下来在 forward 函数中 x 为该网络的输入，经过前面定义的网络结构按顺序进行计算后，返回结果。

同样，可以定义 AlexNet 的网络结构以及 forword 函数如下所示：

```
class AlexNet(torch.nn.Module):
    def __init__(self, num_classes=10):
        super(AlexNet, self).__init__()
        self.features = torch.nn.Sequential(
            torch.nn.Conv2d(1, 64, kernel_size=5, stride=1, padding=2),
            torch.nn.ReLU(inplace=True),
            torch.nn.MaxPool2d(kernel_size=3, stride=1),
            torch.nn.Conv2d(64, 192, kernel_size=3, padding=2),
            torch.nn.ReLU(inplace=True),
            torch.nn.MaxPool2d(kernel_size=3, stride=2),
            torch.nn.Conv2d(192, 384, kernel_size=3, padding=1),
            torch.nn.ReLU(inplace=True),
            torch.nn.Conv2d(384, 256, kernel_size=3, padding=1),
            torch.nn.ReLU(inplace=True),
            torch.nn.Conv2d(256, 256, kernel_size=3, padding=1),
            torch.nn.ReLU(inplace=True),
            torch.nn.MaxPool2d(kernel_size=3, stride=2),
        )
        self.classifier = torch.nn.Sequential(
            torch.nn.Dropout(),
            torch.nn.Linear(256 * 6 * 6, 4096),
            torch.nn.ReLU(inplace=True),
```

```
                torch.nn.Dropout(),
                torch.nn.Linear(4096, 4096),
                torch.nn.ReLU(inplace = True),
                torch.nn.Linear(4096, num_classes),
            )
    def forward(self, x):
        x = self.features(x)
        x = x.view(x.size(0), 256 * 6 * 6)
        x = self.classifier(x)
        return x
```

定义完网络结构后，新建一个新的.py脚本完成网络训练和预测的过程。一般来说，一个Pytorch项目主要包含几大模块，数据集加载、模型定义及加载、损失函数以及优化方法设置、训练模型、打印训练中间结果、测试模型。对于MNIST这样小型的项目，可以将除了数据集加载和模型定义外所有的代码使用一个函数实现。首先是加载相应的包以及设置超参数，EPOCHS指在数据集上训练多少个轮次，而SAVE_PATH指中间以及最终模型保存的路径。

```
import torch
from torchvision.datasets import mnist
from mnist_models import AlexNet, ConvNet
import torchvision.transforms as transforms
from torch.utils.data import DataLoader
import matplotlib.pyplot as plt
import numpy as np
from torch.autograd import Variable

#设置模型超参数
EPOCHS = 50
SAVE_PATH = './models'
```

核心训练函数以模型、训练集、测试集作为输入。首先定义损失函数为交叉熵函数以及优化方法选取了SGD，初始学习率为1E－2。

```
def train_net(net, train_data, test_data):
    losses = []
    acces = []
    #测试集上Loss变化记录
    eval_losses = []
    eval_acces = []
    #损失函数设置为交叉熵函数
    criterion = torch.nn.CrossEntropyLoss()
    #优化方法选用SGD,初始学习率为1e-2
    optimizer = torch.optim.SGD(net.parameters(), 1e-2)
```

接下来，一共有50个训练轮次，使用for循环实现，在训练过程中记录在训练集以及测试集上 Loss 以及 Acc 的变化情况。在训练过程中，net.train()是指将网络前向传播的过程设为训练状态，在类似 Droupout 以及归一化层中，对于训练和测试的处理过程是不一样的。因此每次进行训练或测试时，最好显式地进行设置，防止出现一些意料之外的错误。

```
for e in range(EPOCHS):
    train_loss = 0
    train_acc = 0
    #将网络设置为训练模型
    net.train()
    for image, label in train_data:
        image = Variable(image)
        label = Variable(label)
        #前向传播
        out = net(image)
        loss = criterion(out, label)
        #反向传播
        optimizer.zero_grad()
        loss.backward()
        optimizer.step()
        #记录误差
        train_loss += loss.data
        #计算分类的准确率
        _, pred = out.max(1)
        num_correct = (np.array(pred, dtype = np.int) == np.array(label, dtype = np.int)).sum()
        acc = num_correct / image.shape[0]
        train_acc += acc
losses.append(train_loss / len(train_data))
        acces.append(train_acc / len(train_data))
        #在测试集上检验效果
        eval_loss = 0
        eval_acc = 0
        net.eval() #将模型改为预测模式
        for image, label in test_data:
            image = Variable(image)
            label = Variable(label)
            out = net(image)
            loss = criterion(out, label)
            #记录误差
            eval_loss += loss.data
            #记录准确率
            _, pred = out.max(1)
            num_correct = (np.array(pred, dtype = np.int) == np.array(label, dtype = np.
int)).sum()
            acc = num_correct / image.shape[0]
            eval_acc += acc
        eval_losses.append(eval_loss / len(test_data))
        eval_acces.append(eval_acc / len(test_data))
        print('epoch: {}, Train Loss: {:.6f}, Train Acc: {:.6f}, Eval Loss: {:.6f}, Eval Acc: {:.6f}'
              .format(e, train_loss / len(train_data), train_acc / len(train_data),
```

```
                eval_loss / len(test_data), eval_acc / len(test_data)))
        torch.save(net.state_dict(), SAVE_PATH + '/Alex_model_epoch' + str(e) + '.pkl')
    return eval_losses, eval_acces
```

在训练集上训练完一个轮次之后，在测试集上进行验证，并记录结果，保存模型参数，并打印数据，方便后续进行调参。训练完成后返回测试集上 Acc 和 Loss 的变化情况。

最后完成 Loss 和 Acc 变化曲线的绘制函数以及主函数 main 如下所示：

```
if __name__ == "__main__":
    train_set = mnist.MNIST('./data', train = True, download = True, transform = transforms.
ToTensor())
    test_set = mnist.MNIST('./data', train = False, download = True, transform = transforms.
ToTensor())

    train_data = DataLoader(train_set, batch_size = 64, shuffle = True)
    test_data = DataLoader(test_set, batch_size = 64, shuffle = False)

    a, a_label = next(iter(train_data))
    net = AlexNet()
    eval_losses, eval_acces = train_net(net, train_data, test_data)
    draw_result(eval_losses, eval_acces)

def draw_result(eval_losses, eval_acces):
    x = range(1, EPOCHS + 1)
    fig, left_axis = plt.subplots()
    p1, = left_axis.plot(x, eval_losses, 'ro-')
    right_axis = left_axis.twinx()
    p2, = right_axis.plot(x, eval_acces, 'bo-')
    plt.xticks(x, rotation = 0)

    # 设置左坐标轴以及右坐标轴的范围、精度
    left_axis.set_ylim(0, 0.5)
    left_axis.set_yticks(np.arange(0, 0.5, 0.1))
    right_axis.set_ylim(0.9, 1.01)
    right_axis.set_yticks(np.arange(0.9, 1.01, 0.02))

    # 设置坐标及标题的大小、颜色
    left_axis.set_xlabel('Labels')
    left_axis.set_ylabel('Loss', color = 'r')
    left_axis.tick_params(axis = 'y', colors = 'r')
    right_axis.set_ylabel('Accuracy', color = 'b')
    right_axis.tick_params(axis = 'y', colors = 'b')
    plt.show()
```

运行脚本，等待控制台逐渐输出训练过程的中间结果如图 11-15 所示，随着训练的进行，可以发现在测试集上分类的正确率不断上升且 Loss 稳步下降，到第 20 轮左右后，正确率基本不再变化，网络收敛。

```
epoch: 0, Train Loss: 1.410208, Train Acc: 0.513659, Eval Loss: 0.350297, Eval Acc: 0.941381
epoch: 1, Train Loss: 0.681639, Train Acc: 0.770522, Eval Loss: 0.132352, Eval Acc: 0.969148
epoch: 2, Train Loss: 0.511084, Train Acc: 0.829707, Eval Loss: 0.092504, Eval Acc: 0.975219
epoch: 3, Train Loss: 0.436462, Train Acc: 0.852162, Eval Loss: 0.075111, Eval Acc: 0.980195
epoch: 4, Train Loss: 0.397029, Train Acc: 0.866071, Eval Loss: 0.064513, Eval Acc: 0.982882
epoch: 5, Train Loss: 0.367091, Train Acc: 0.877116, Eval Loss: 0.058863, Eval Acc: 0.984076
epoch: 6, Train Loss: 0.349804, Train Acc: 0.885161, Eval Loss: 0.054199, Eval Acc: 0.984674
epoch: 7, Train Loss: 0.330363, Train Acc: 0.891658, Eval Loss: 0.048918, Eval Acc: 0.986365
epoch: 8, Train Loss: 0.315867, Train Acc: 0.894689, Eval Loss: 0.048814, Eval Acc: 0.987062
epoch: 9, Train Loss: 0.305941, Train Acc: 0.898937, Eval Loss: 0.049366, Eval Acc: 0.986067
epoch: 10, Train Loss: 0.295570, Train Acc: 0.900736, Eval Loss: 0.040770, Eval Acc: 0.988356
epoch: 11, Train Loss: 0.292002, Train Acc: 0.900820, Eval Loss: 0.042456, Eval Acc: 0.988555
epoch: 12, Train Loss: 0.285730, Train Acc: 0.904068, Eval Loss: 0.043145, Eval Acc: 0.987958
epoch: 13, Train Loss: 0.272309, Train Acc: 0.907733, Eval Loss: 0.041198, Eval Acc: 0.989152
epoch: 14, Train Loss: 0.270461, Train Acc: 0.908166, Eval Loss: 0.041936, Eval Acc: 0.988555
epoch: 15, Train Loss: 0.269044, Train Acc: 0.908549, Eval Loss: 0.040801, Eval Acc: 0.988555
epoch: 16, Train Loss: 0.259841, Train Acc: 0.911697, Eval Loss: 0.038691, Eval Acc: 0.989053
epoch: 17, Train Loss: 0.257612, Train Acc: 0.912513, Eval Loss: 0.036028, Eval Acc: 0.989849
epoch: 18, Train Loss: 0.252930, Train Acc: 0.912880, Eval Loss: 0.039637, Eval Acc: 0.989351
epoch: 19, Train Loss: 0.251038, Train Acc: 0.914379, Eval Loss: 0.042213, Eval Acc: 0.989550
epoch: 20, Train Loss: 0.250204, Train Acc: 0.913863, Eval Loss: 0.038448, Eval Acc: 0.990048
epoch: 21, Train Loss: 0.248055, Train Acc: 0.913846, Eval Loss: 0.041348, Eval Acc: 0.989053
epoch: 22, Train Loss: 0.239153, Train Acc: 0.916211, Eval Loss: 0.037426, Eval Acc: 0.990844
epoch: 23, Train Loss: 0.241672, Train Acc: 0.914695, Eval Loss: 0.036528, Eval Acc: 0.990346
epoch: 24, Train Loss: 0.232018, Train Acc: 0.917494, Eval Loss: 0.037779, Eval Acc: 0.990545
epoch: 25, Train Loss: 0.233888, Train Acc: 0.916878, Eval Loss: 0.036705, Eval Acc: 0.990943
epoch: 26, Train Loss: 0.232257, Train Acc: 0.917661, Eval Loss: 0.036787, Eval Acc: 0.990744
epoch: 27, Train Loss: 0.232892, Train Acc: 0.917394, Eval Loss: 0.037767, Eval Acc: 0.989550
epoch: 28, Train Loss: 0.228626, Train Acc: 0.919343, Eval Loss: 0.032566, Eval Acc: 0.991441
epoch: 29, Train Loss: 0.227480, Train Acc: 0.918010, Eval Loss: 0.036922, Eval Acc: 0.991640
```

图 11-15　训练过程中的输出

【小技巧】 在进行深度学习方法进行训练时，一定要将中间结果打印出来，因为模型训练往往会比较慢，如果中间感到哪里不对时可以及时停止，节省时间。另外，训练的中间模型一定要保存下来！

等待程序运行结束，可以得到绘制结果如图 11-16 所示，最终分类正确率可达 99.1% 左右。

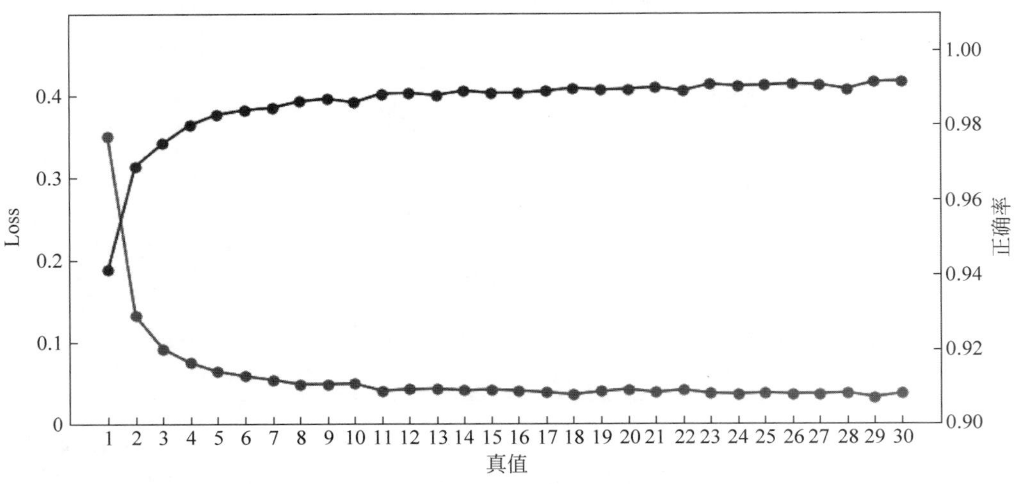

图 11-16　Loss 和 Accuracy 随训练轮次的变化图

那么，下来请你将 main 函数中的 net 换为 AlexNet，再次运行程序，看看最后的输出结果会是什么吧。

本章小结

本章介绍了鸢尾花数据集以及对于多分类任务常用的评价指标，根据这些评价指标，就可以有根据的选择不同的模型进行尝试，最终得到对数据集拟合最优的模型。本章对该数据集分别使用 Logistic、决策树以及 SVM 模型分别进行拟合并打印了在测试集上各评价指标的得分，最终发现 SVM 模型的高斯核可以获得完美的预测效果。

MNIST 数据集在学术界是一个非常经典的数据集，很多目前大名鼎鼎的网络都曾在这个数据集上做过实验，2012 年，随着 ImageNet 的提出，卷积神经网络处理计算机视觉相关的任务出现了一轮大爆发，类似于图片分类、分割、目标检测等任务不断打破他们自己原有的上限，甚至逐渐超越人类。本章为读者介绍了这些深度神经网络最基本的组件，读者也可以像搭积木一样构造属于你的卷积神经网络，在 MNIST 数据集上达到超越人类的正确率！PyTorch 框架是目前深度学习框架中非常容易上手的一个框架，尤其是 Debug 的过程变得非常简单，推荐读者尝试进行学习！

本章习题

1. 试说明逻辑回归算法适用范围。
2. 试析使用“最小训练误差”作为决策树划分选择的缺陷。
3. 解释并比较“池化”和“卷积”的概念。

参 考 文 献

[1] 黑马程序员. Python 快速编程入门[M]. 北京：人民邮电出版社，2017.

[2] 鲁特兹. Python 学习手册[M]. 4 版. 李军，刘红伟，译. 北京：机械工业出版社，2011.

[3] 韦玮. Python 程序设计基础实战教程[M]. 北京：清华大学出版社，2018.

[4] 小甲鱼. 零基础入门学习 Python[M]. 北京：清华大学出版社，2016.

[5] https://openpyxl. readthedocs. io/en/stable/.

[6] https://www. kaggle. com/xuefeifen0720/starter-consumer-reviews-of-amazon-1a3e015d-7.

[7] https://www. mathworks. com/help/matlab/ref/plotmatrix. html.

[8] https://s3. amazonaws. com/amazon-reviews-pds/readme. html.

[9] https://blog. miguelgrinberg. com/post/the-flask-mega-tutorial-part-i-hello-world.

[10] http://librosa. github. io/librosa/.

[11] http://effbot. org/tkinterbook/.

[12] https://pandas. pydata. org/pandas-docs/stable/.

[13] https://docs. djangoproject. com/zh-hans/3. 0.

[14] Mitchell, Ryan. Web Scraping with Python: Collecting Data from the Modern Web[M]. O'Reilly Media, 2015.

[15] Wesley J. Chun. Core Python Programming[M]. London: Prentice Hall PTR, 2001.

[16] Richard Lawson. Web Scraping with Python[M]. Packt Publishing Ltd, 2015.

[17] Pilgrim, Mark, and Simon Willison. Dive Into Python 3[M]. Apress, 2009.

[18] Martelli, Alex, Anna Ravenscroft, David Ascher. Python Cookbook[M]. O'Reilly Media, Inc. , 2005.

[19] VanderPlas, Jake. Python Data Science Handbook: Essential Tools for Working with Data[M]. O'Reilly Media, Inc. , 2016.

[20] 范传辉. Python 爬虫开发与项目实战[M]. 北京：机械工业出版社，2017.

[21] 卢布诺维克. Python 语言及其应用[M]. 梁杰，丁嘉瑞，禹常隆，译. 北京：人民邮电出版社，2015.

[22] 卡塞尔·高尔德. Python 项目开发实战[M]. 高弘扬，卫莹，译. 北京：清华大学出版社，2015.

[23] 张志强，赵越. 零基础学 Python[M]. 北京：机械工业出版社，2015.

[24] 梁勇. Python 语言程序设计[M]. 北京：机械工业出版社，2016.

[25] 周元哲. Python 程序设计基础[M]. 北京：清华大学出版社，2015.

[26] 董付国. Python 程序设计基础[M]. 北京：清华大学出版社，2015.

[27] 美麦金尼. 利用 Python 进行数据分析[M]. 唐学韬，等，译. 北京：机械工业出版社，2014.

[28] 伊德里斯. Python 数据分析基础教程：NumPy 学习指南[M]. 张驭宇，译. 北京：人民邮电出版社，2014.

[29] 伊德里斯. Python 数据分析[M]. 韩波，译. 北京：人民邮电出版社，2016.

[30] http://scikit-learn. org/stable/user_guide. html.

[31] 迈克尔·S. 刘易斯-贝克. 数据分析概论[M]. 洪岩璧，译. 上海：格致出版社，2014.

[32] 彭鸿涛，聂磊. 发现数据之美：数据分析原理与实践[M]. 北京：电子工业出版社，2014.

[33] 酒卷隆治，里洋平. 数据分析实战[M]. 肖峰，译. 北京：人民邮电出版社，2017.

[34] https://scikit-learn. org/stable/.

[35] 李航. 统计学习方法[M]. 北京：清华大学出版社，2019.

[36] https://baike. baidu. com/item/Django/61531.

[37] https://docs.djangoproject.com/zh-hans/2.1/intro/overview/.
[38] https://www.cnblogs.com/robindong/p/9610057.html.
[39] https://www.w3cschool.cn/flask/flask_overview.html.
[40] https://baike.baidu.com.
[41] https://www.mongodb.org.cn/.
[42] http://docs.mongoengine.org/.
[43] https://dormousehole.readthedocs.io/en/latest/index.html.
[44] http://scikit-learn.org/stable.

图书资源支持

感谢您一直以来对清华版图书的支持和爱护。为了配合本书的使用，本书提供配套的资源，有需求的读者请扫描下方的“书圈”微信公众号二维码，在图书专区下载，也可以拨打电话或发送电子邮件咨询。

如果您在使用本书的过程中遇到了什么问题，或者有相关图书出版计划，也请您发邮件告诉我们，以便我们更好地为您服务。

我们的联系方式：

地　　址：北京市海淀区双清路学研大厦 A 座 714

邮　　编：100084

电　　话：010-83470236　010-83470237

客服邮箱：2301891038@qq.com

QQ：2301891038（请写明您的单位和姓名）

资源下载：关注公众号“书圈”下载配套资源。

资源下载、样书申请

书圈

获取最新书目

观看课程直播